基于计算思维的计算机基础实践指导

主　编：周晓辉　王晓荣　吴卫龙
副主编：蓝红莉　刘永娟
编　者：周晓辉　王晓荣　吴卫龙
蓝红莉　刘永娟　侯超平
韦忠庆　刘　智

西北工业大学出版社
西　安

【内容简介】 本书涉及计算机基础教学的实践部分内容，即对应“计算机系统平台”的计算机硬件系统介绍和 Windows 10 操作系统应用，对应“数据分析和信息处理”的 Office 2016 主要办公软件应用，对应“网络技术”的 Internet 基础应用，对应“信息系统开发”的 Access 2016 基础应用，对应“计算机程序设计基础”的 Python 程序设计共 5 个领域。

本书贴合软件较新版本和主流内容，知识宽而浅，主要起到引导和启发作用。

本书适合作为大中专院校、高职高专新生的计算机基础课程实践教材，也适合作为课时数较少、学生信息素养层次落差大的大学计算机公共选修课教材。

图书在版编目(CIP)数据

基于计算思维的计算机基础实践指导/周晓辉，王晓荣，吴卫龙主编. —西安：西北工业大学出版社，2021.5

ISBN 978-7-5612-7728-7

Ⅰ.①基… Ⅱ.①周… ②王… ③吴… Ⅲ.①电子计算机-高等学校-教材 Ⅳ.①TP3

中国版本图书馆 CIP 数据核字(2021)第 079928 号

JIYU JISUAN SIWEI DE JISUANJI JICHU SHIJIAN ZHIDAO

基于计算思维的计算机基础实践指导

责任编辑：张 潼 **策划编辑**：罗 西

责任校对：梁 卫 **装帧设计**：李 飞

出版发行：西北工业大学出版社

通信地址：西安市友谊西路 127 号 邮编：710072

电 话：(029)88491757，88493844

网 址：www.nwpup.com

印 刷 者：兴平市博闻印务有限公司

开 本：787 mm×1 092 mm 1/16

印 张：18.5

字 数：485 千字

版 次：2021 年 5 月第 1 版 2021 年 5 月第 1 次印刷

定 价：49.80 元

前　言

在信息技术蓬勃发展的今天，掌握计算机知识非常重要。随着大学计算机基础教学的改革，将计算思维培养植入计算机基础教育势在必行；但是教育在仰望星空的同时必须脚踏实地。由于各高等院校生源背景的差异化较大，信息素养基础也参差不齐，与此同时，各高校通识课时提倡缩减，通识课多为大班授课，在一节课堂上讲授相同的实操内容，必然会出现有同学"吃不饱"，有同学"消化不了"的现象。诸如此类的教学背景和教学现状使得计算机基础教学分层进行势在必行。而作为实践教学，合理的教材教学资源构建是其必不可少的环节。本书旨在指导学生学会自主学习，自主训练。教师可以借助本书省去基础操作技能的反复讲解工作，更多关注重难点及更深层次的内容，关注学生的个性化学习发展，满足分层教学要求。

本书注重实践案例设计的计算思维导向和训练，对各操作技能配备微课教学视频，打破学习的时空限制；操作的软件版本为当下最常用且较新的版本。依托具体实验，进行知识点的梯度式教学，由浅入深开展学习。几个主要软件的操作实验难度有高低之分，可以在教学中根据学生的专业和基础来选择实验任务安排，在每部分学习结束后都配有丰富的数字练习素材。在指导中，一改其他教材普遍采用的大量文字描述操作性知识点的形式，只是清晰简明地陈述实验步骤，代替阅读大量文字而导致的乏味和视觉疲劳，以提高学习效率。

全书共分为 3 个部分，涵盖操作实验部分、全国计算机等级考试大纲以及全国计算机等级考试模拟题。在第 1 章中，对于计算机硬件的组装和操作系统的安装给出了较全面的操作指导。第 2 章是关于 Windows 10 操作系统的操作实验。操作系统作为使用计算机的桥梁，在计算机基础应用部分显得尤为重要，本章用了较大篇幅，尽量详尽实用地对各个实验进行构思和设计。第 3～5 章是 Microsoft Office 2016 家族中 Word，PowerPoint，Excel 三大常用工具软件的操作实验设计。在这三章的实验设计中，考虑到作为大学生在校期间的专业学习、作业、活动等的主要辅助工具以及在毕业后的工作中会高频使用的软件，在实验设计时本着量足、面全的原则，实验设计充分，视频讲解到位，基本可以满足各专业学生后续学习工作的基本应用需求。第 6 章是关于 Internet 的学习和使用，给出了实用的实验设计，讲解了网络连接、浏览器的使用以及邮件收发。对于经管专业的学生，数据库开发和应用必不可少，在第 7 章中非常全面地介绍了 Access 2016 的应用，学生通过本章实验的练习，基本可以实现小型数据库的开发和使用。在第 8 章中，对于面向对象的高级语言程序设计 Python 做出了初级应用指导，进一步具体演绎计算思维，给有意向继续进行计算机深度学习的同学很好的前期知识导入。

本书由广西科技大学周晓辉等老师联合编写。周晓辉、王晓荣，吴卫龙任主编，蓝红莉、刘永娟任副主编，周晓辉、王晓荣、吴卫龙、蓝红莉、刘永娟、侯超平、韦忠庆、刘智参与了编写。其中第 1 章和第 6 章由侯超平编写，第 2 章和第 8 章由刘智编写，第 3 章由刘永娟、韦忠庆编写，第 4 章由蓝红莉编写，第 5 章由周晓辉编写，第 7 章由王晓荣编写，全国计算机等级考试大纲，以及全国计算机等级考试模拟题部分由周晓辉、吴卫龙整理，数字素材由周晓辉整理。全书由周晓辉和吴卫龙策划和统稿，周晓辉和王晓荣完成内容审核。

本书的出版得到了广西科技大学网络与教育技术中心的大力支持，也得到了本校计算机基础教研室全体教师的各阶段有效建议及共同支持，在此表示衷心的感谢。

限于笔者水平有限，书中难免有疏漏和不足之处，欢迎读者多提宝贵意见。

获取本书配套视频资源请下载手机 APP“工大书苑”或登录工大书苑网页端(http://nwpup.iyuecloud.com)搜索图书名查询。

编　者

2020 年 12 月

目　　录

第 1 章　计算机系统

1.1　计算机系统硬件的认识

1.1.1　实验目的

· 掌握计算机系统的硬件组成。
· 掌握计算机主机接口类型。
· 掌握主机箱的内部组成。

1.1.2　实验内容

1. 认识计算机系统的硬件

观察实验环境下计算机的外观，如图 1－1 所示。

图 1－1　某型号计算机的外观

计算机系统的硬件由主机和外部设备组成。主机机箱由小至大可分为普通机箱、中塔机箱、全塔机箱三种。普通机箱一般可以安装 Micro ATX 主板和一个标准电源，仅有 1～2 个光驱位；中塔机箱可以安装标准 ATX 主板和一个标准电源，拥有 3～4 个光驱位；全塔机箱可以支持安装 EATX 主板，拥有 4 个以上的光驱位，部分全塔机箱可安装 2 个主机电源。

外部设备由输入设备、外存储器、输出设备及通信设备(模块)组成。

1)输入设备：如键盘、鼠标、手写板等。目前常用的键盘和鼠标主要分为有线和无线(蓝牙)两种类型。有线键盘和鼠标一般连接主机的 PS2 接口或 USB 接口，无线键盘和鼠标一般配有 USB 接口的无线接收器。

2)外存储器：硬盘、光盘、U 盘、移动硬盘等。

常用的硬盘主要有机械硬盘及 SSD 固态硬盘两种，常见接口主要有 SATA 及 SAS 两种。机械硬盘有 3.5 in(1 in=2.54 cm)及 2.5 in 两种，其容量较大、速度慢、单位容量价格相对便宜，较适合用于存放视频等容量较大的文件；SSD 固态硬盘通常为 2.5 in，其速度快，单位容量价格较贵，比较适合作为系统盘或读写频繁的文件存储。

光盘常见的有 CD-RW、CD-ROM、DVD-RW 和 DVD-ROM 这 4 种类型，CD-RW、DVD-RW 光盘可以通过刻录机等设备对光盘上的内容进行擦除重写操作，CD-ROM、DVD-ROM 无法对光盘上的内容进行任何更改，只能读取上面记录的内容。CD 光盘只能容纳 650～700 MB 的数据，而 DVD 光盘最少可以容纳 4.7 GB 的数据。

U 盘主要用于数据文件存储或在不同计算机之间通过 USB 接口进行数据交换，常见的 U 盘接口有 USB 2.0、USB 3.0、USB 3.1 等版本，除了接口版本外，不同规格主控芯片及闪存颗粒对 U 盘的读写速度具有重大影响。

移动硬盘与 U 盘类似，一般也通过 USB 接口与主机连接，容量相对 U 盘更大。

3)输出设备：常见的输出设备有显示器、打印机、音频输入/输出设备等。

显示器有屏幕尺寸、屏幕比例、分辨率、响应时间、视频接口等指标。显示器屏幕尺寸以 in 为单位，以对角线量，常见有 19 in、21 in、24 in 等，常见屏幕比例为 16∶9、16∶10、4∶3 等。显示器分辨率是指纵横向上的像素点数，常见的有 1 280×1 024、1 920×1 200 等。显示器响应时间指的是液晶显示器对输入信号的反应速度，一般而言越小越好(画面不容易产生拖影)，市面上的显示器响应时间一般已可达到 5 ms 或更小。显示器视频接口是连接显卡的接口，常见的有 VGA、DVI、HDMI 等。

打印机的主要指标有打印分辨率、打印速度、接口类型等，常见的激光打印机的打印分辨率有 600×600 dpi、1 200×1 200 dpi 等，打印分辨率越高，打印效果越精细。打印机打印速度指打印机每分钟的打印最大页数，对于同一打印机来说，一般纸张越大打印速度越慢。打印机目前常见接口类型有 USB、RJ-45 网络接口、无线 Wi-Fi 模块，其中 USB、RJ-45 网络接口需要使用 USB 线或网线(通过有线网络)与主机进行连接，无线 Wi-Fi 模块通过接入 Wi-Fi 网络与主机进行连接(打印机与计算机所连接的网络须能正常互访)。

音频输入/输出设备主要有麦克风、多媒体音箱、耳机等，根据主机声道的输出数量，多媒体音箱对应可支持 2.0、2.1、5.1 声道输入等，通常而言声道数越多越能重现现场声音，音频输入/输出设备与计算机的连接方式常见的有 AUX 接口线缆(3.5 mm)、光纤、无线(蓝牙)等。

4)通信设备(模块)：通信设备一般有网卡、无线传输设备等。

网卡分为有线及无线两种，有线网卡一般通过 RJ45 接口提供 100 Mb/s、1 Gb/s、10 Gb/s 带宽的网络连接速度，无线网卡一般提供 2.4 GHz 及 5 GHz 两个频段的连接能力，根据支持的 Wi-Fi 标准不同提供 54 Mb/s～9.6 Gb/s的带宽。

其他无线传输设备常见的还有蓝牙适配器，常用于无线键盘鼠标与计算机的连接、无线耳机与计算机的连接。注意:若两个无线传输设备工作频率相同,工作时距离太近(例如两个接收器插入主机中相邻的 USB 接口)容易产生严重的同频串扰(如无线鼠标蓝牙适配器与蓝牙耳机适配器插入主机中相邻的 USB 接口,常会产生鼠标移动精度下降、蓝牙耳机有效传输距离明显缩短等现象),建议调整适配器的位置间距(如分别插入主机的前置和后置 USB 接口)。

2. 掌握计算机主机接口类型

计算机主机接口一般集中于主机的背面,图 1－2 为某型号主机的背视图。

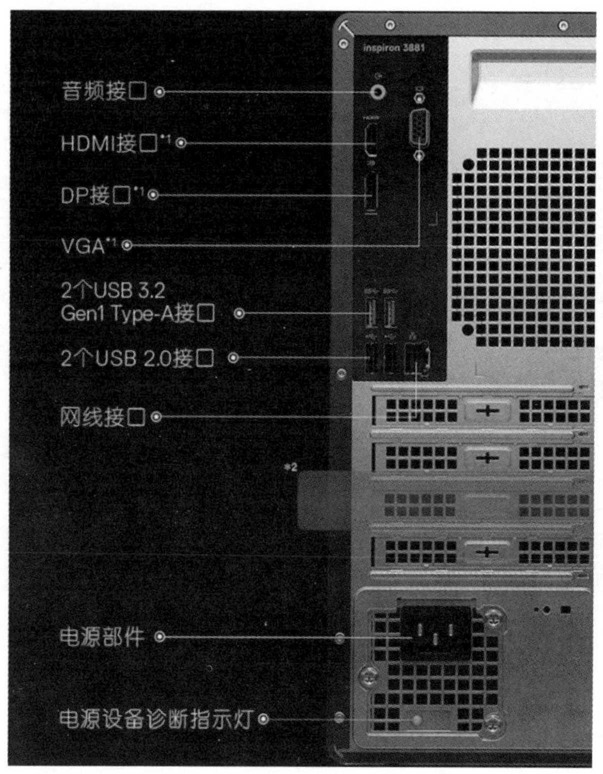

图 1－2　计算机主机背视图

常见的主机接口包括电源接口、USB 接口、视频输出接口、网络接口、音频输入/输出接口等。

电源接口:为主机提供 220 V 的电源接入。

USB 接口:当前最常用的接口之一,包括手机、主流打印机、扫描仪、鼠标、键盘以及摄像头、U 盘、移动硬盘都采用这种接口。常用版本有 USB 2.0、USB 3.0、USB 3.1 三种,USB 2.0 接口一般为黑色,USB 3.0 及 USB 3.1 接口一般为蓝色,USB 3.1 接口连续读写速度在 500～600 MB/s,甚至可以达到 700 MB/s。

视频输出接口:常见接口有 VGA、DVI 及 HDMI 这三种类型,一般用于连接显示器或投影仪等显示设备,部分主机提供两个及以上的视频输出接口。VGA 接口为针数为 15 的视频接口,主要用于老式的电脑输出,VGA 输出和传递的是模拟信号。DVI 接口传输的是数字信号,可以传输大分辨率的视频信号。HDMI 接口传输的也是数字信号,HDMI 接口还能够传送音频信号。

网络接口：RJ - 45 以太网接口，现在主流传输速率为 100 Mb/s 和 1 000 Mb/s。

音频输入/输出接口：麦克风接口，通常为红色，用于连接麦克风。音频输入端，通常为蓝色，可将 CD 机、录音机等的音频信号输入计算机，进行音频编辑。音箱接口，通常为绿色，用于连接两声道音箱、耳机。

3. 认识主机箱的内部组成

打开主机箱的盖板，可观察主机箱内部的硬件组成，如图 1 - 3 所示。主机箱中有电源、硬盘、主板，主板上有 CPU、内存和显卡。

图 1 - 3　计算机主机箱的内部组成

(1)主板。主板是主机内最大的一个部件，CPU、内存安装于其上，主板还有硬盘数据接口(如 SATA)、USB 等连接其他配件的接口、为保存 BIOS 配置信息的电池等。主板上一般都提供几个扩展插槽，供 PC(个人计算机)外围设备的控制卡(适配器)插接，例如插接独立显卡、SAS 阵列卡等。主板常见结构有 ATX、Micro ATX、E - ATX 等结构。根据 CPU 型号选择支持该 CPU 的主板，较知名的主板厂商有 Intel、华硕、技嘉等。

(2)CPU。CPU 是计算机主机内最重要的部件，承担着运算及指令执行的功能。目前主流的消费级 CPU 为 Intel 及 AMD 公司产品，支持 64 位处理技术及多线程技术，核心数从双核至 18 核不等，主频从 1.2～3.8 GHz。Intel 公司 CPU 采用 EM64T 技术，主流产品系列有酷睿 i3、i5、i7、i9 等；AMD 公司采用 AMD64 技术，主流产品系列有锐龙 R5、锐龙 R7 等。部分 CPU 中集成了 GPU(图形处理器，如 Intel 公司的酷睿 i 系列处理器)，此时支持该系列 CPU 的主板中一般集成了视频输出接口，不需要额外在主板上安装独立显卡。

(3)内存。内存也叫主存，是与 CPU 直接交换数据的内部存储器。内存用来加载各种程序与数据以供 CPU 直接运行与调用。目前主流的内存有 DDR3、DDR4 两种，频率也从 1 300 MHz～4 000 MHz 不等，频率越高速度越快。主流主板支持内存双通道技术，需要内存条成对使用。常见的内存品牌有三星、金士顿、威刚等。

(4)显卡。显卡又称为显示卡，承担视频输出任务。显卡的主要处理单元是显示芯片，也称为GPU。目前主流显卡的显示芯片主要由NVIDIA和AMD两大厂商制造，不同芯片的频率及运算速度存在极大差异。暂存显示芯片处理过或即将提取的渲染数据的部件称为显示存储器，常称显存，显存频率越高、容量越大，则显卡的性能相对越好。显卡一般分为独立显卡及核芯显卡，独立显卡安插于主板的扩展插槽(如PCI-E)上，核芯显卡则是将图形核心与处理核心集成至CPU中，并由主板上的视频接口输出图形。

(5)硬盘。硬盘主要有机械硬盘及SSD固态硬盘两类。机械硬盘可分为消费级、监控级、企业级三类。消费级硬盘用于一般用途的主机，性价比较高；监控级硬盘主要用于视频监控，容量大，侧重于写入性能；企业级硬盘读写速度最快，可靠性最好，价格最贵。机械硬盘的主要指标有容量、转速及缓存容量，转速越快、缓存容量越大性能越好，常见的尺寸为2.5 in及3.5 in，接口为SATA及SAS，主流厂商有希捷、西部数据。SSD固态硬盘的性能主要取决于主控芯片及存储数据的闪存芯片，不同芯片对硬盘的读写性能具有较大影响。SSD固态硬盘的接口为SATA、SAS及M.2接口，一般M.2用于高性能的SSD固态硬盘中。SSD固态硬盘的主流厂商有三星、Intel、闪迪等。

(6)电源。主机内的电源是一个容易被忽视的重要部件，但其工作稳定性直接影响主机的可用性。电源的主要指标有输出功率、输入电压幅度、转换效率等。一般根据配件的总功率来选择电源，保留超过最大功率20%的余量，一般的电脑选用功率为250～300 W电源，游戏主机选用功率为500 W以上电源。

1.2 计算机硬件的组装和操作系统的安装

1.2.1 实验目的

- 了解计算机硬件的组装过程。
- 了解计算机操作系统的安装过程。

1.2.2 实验内容

1.计算机硬件组装的准备

配件选型：充分考虑所组装主机的用途，根据用途选择不同规格及性能的配件进行组装。例如：若需要组装一台普通办公使用的电脑，则CPU、内存、硬盘选用中低规格的产品，显卡使用CPU内的核显或集成显卡即可；若需要组装一台用于图形处理及视频编辑使用的电脑，则CPU、内存及硬盘均需要高规格的产品，此外还需要配置独立显卡，以满足使用需求。此外，配置的电源必须具有足够的输出功率，否则容易发生供电不足从而造成死机、系统自行重启等异常。

安装准备：按实际需要购买机箱、显示器、电源、主板、CPU、内存、显卡、硬盘、键盘、鼠标、CPU散热器等。除了机器配件以外，还需要准备螺丝刀、硅脂、捆扎带等工具和材料。

2.计算机硬件的组装

【操作步骤】

1)安装主机电源。将电源安装于机箱内(此时注意机箱内电源风扇的排风方向，切勿装反，否则电源过热会影响供电稳定）。

2）安装 CPU 及散热器。在主板 CPU 插座上插入 CPU，并且安装散热器。

3）安装内存条。把内存条插入主板内存插槽中（安装时注意内存条上的缺口需要与插槽内凸块对齐，若无法对齐请调换安装方向，切勿强行安装，否则可能烧毁内存条）。

4）安装主板。用螺丝将主板固定在机箱上。

5）安装硬盘。将硬盘用螺丝或硬盘架固定在机箱硬盘位上。

6）安装显卡。选择接口规格与显卡规格相同的插槽，将显卡安装在主板的插槽上。

7）连接各类线缆。如连接硬盘电源线和数据线、前置 USB 接口线、音频接口线、指示灯线等。

8）连接键盘鼠标。将键盘鼠标线连接到主板对应接口，或在主板 USB 接口上插入无线蓝牙接收器。

9）安装显示器。将显示器视频线插入主机相应接口，将电源线插入市电插座。

10）开机测试，若显示器能显示视频信息，则进入 BIOS 配置界面，查看 CPU、内存、硬盘等硬件信息是否正确，若硬件信息正确，则断电关机。

11）封闭机箱。

至此，硬件安装基本完成。

3. 计算机操作系统的安装

【操作步骤】

1）开机进入 BIOS 配置界面，根据操作系统安装介质的实际情况选择首先启动的设备（如 USB 或光驱），配置完成后保存配置并重启电脑。

2）将操作系统安装介质插入主机中（光盘插入光驱或启动 U 盘插入 USB 接口）。

3）启动操作系统安装，根据提示进行系统分区、软件功能安装等操作，直至系统安装完成。

4）启动已完成安装的操作系统，检查有无系统未能正确识别的硬件设备，若存在某些设备未被操作系统识别，则需要安装这些硬件的驱动程序（如显卡、网卡等驱动程序）。

同步练习

模拟组装购机过程。根据自身计算机使用需求或资金预算，到京东、苏宁等网上商城查询计算机相关配件的具体型号和价格，填写好表 1-1。

表 1-1　计算机各部件的型号与价格

配件名称	型　号	单　价	数　量	小　计
CPU				
主板				
内存				
硬盘				
刻录机				
电源				
机箱				
键盘、鼠标				

续表

配件名称	型　号	单　价	数　量	小　计
显示器				
显卡				
网卡				
音箱				
合计				

第 2 章　Windows 10 操作系统

2.1　Windows 10 的基本操作

2.1.1　实验目的

- 熟悉 Windows 10 的启动和退出。
- 掌握图标、菜单、窗口、对话框的基本操作。
- 掌握快捷方式的创建方法。

2.1.2　实验内容

1. *Windows 10 的启动*

打开计算机外部设备(显示器、打印机、音箱等)电源开关,按下计算机主机电源开关,系统开始检测内存、硬盘等设备,然后自动进入 Windows 10 的启动过程。如果设置了多个用户,会出现多用户欢迎界面,根据屏幕提示输入某用户名及密码,进入 Windows 10 的桌面;如果为单用户,直接显示如图 2-1 所示的“桌面”。

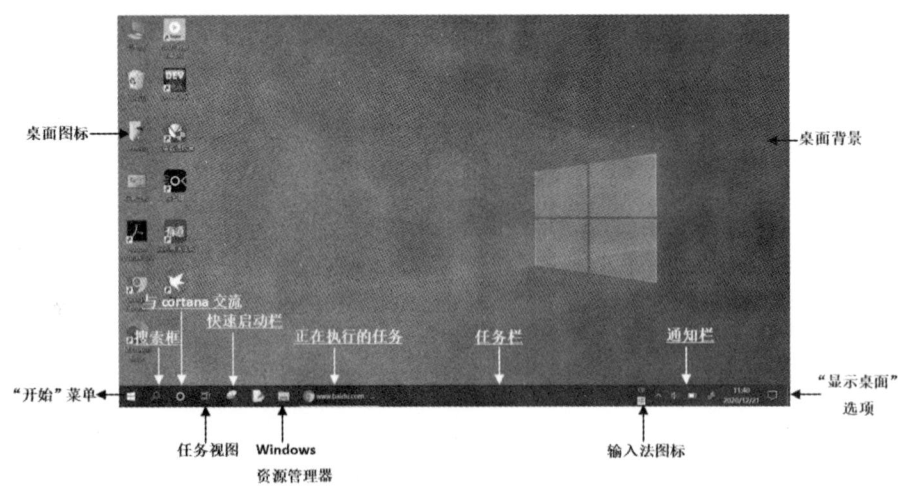

图 2-1　Windows 10 桌面

2. Windows 10 的退出

关闭所有运行的应用程序窗口，单击任务栏左侧“开始”菜单→单击“电源”命令→单击“关机”，计算机将关闭，如图 2 - 2 所示。

图 2 - 2　“关闭 Windows”操作

3. 桌面图标操作

(1)查看图标。

· 以中等图标方式查看桌面图标。

【操作步骤】

鼠标右击桌面空白处，在弹出的快捷菜单中选择“查看”→“中等图标”(见图 2 - 3)，观察操作后桌面图标的变化结果。

· 隐藏所有桌面图标后，又恢复桌面图标为正常显示模式。

【操作步骤】

1)右击桌面空白处，在弹出的快捷菜单中选择“查看”→“显示桌面图标”命令(见图 2 - 3)，单击“√显示桌面图标(D)”，将隐藏桌面上的所有图标。

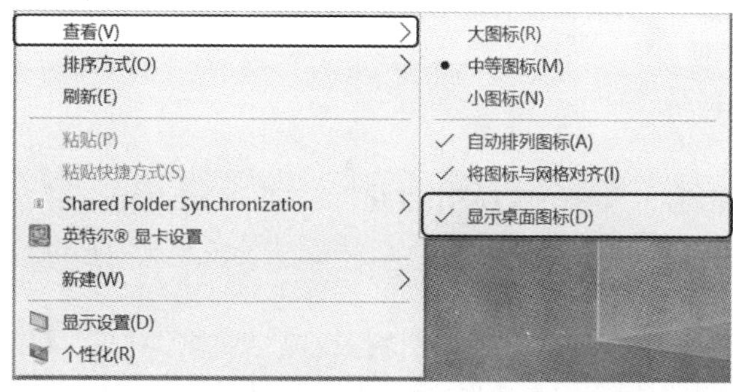

图 2 - 3　查看图标菜单

2）再单击“显示桌面图标”命令，会恢复显示全部图标。

（2）排列图标。

分别以自动排列或非自动排列两种方式排列桌面图标。

【操作步骤】

1）自动排列。右击桌面空白处，在弹出的快捷菜单中选择“查看”→“自动排列图标”命令（见图 2－3），系统将按照默认方式自动排列桌面图标。此命令表示对图标的其他调整（如移动）将失效。

2）非自动排列。右击桌面空白处，在弹出的快捷菜单中选择“排序方式”→“名称”“大小”“项目类型”或“修改日期”命令（见图 2－4），观察操作后桌面图标的变化结果。

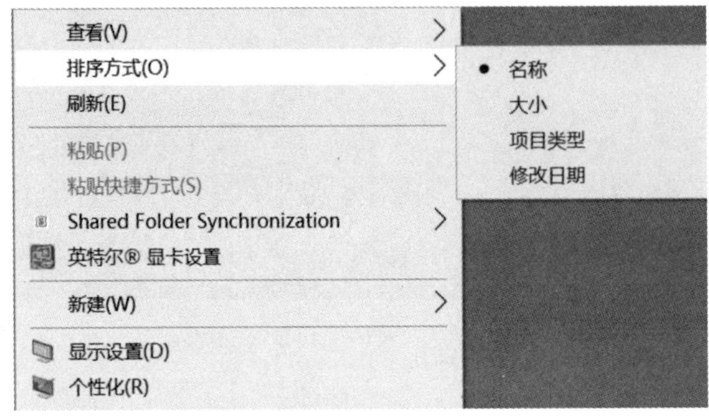

图 2－4　排序方式菜单

（3）移动图标。

· 单独移动“此电脑”图标到桌面任意位置。

【操作步骤】

1）移动图标时，首先需要执行取消“查看”→“自动排列图标”命令（见图 2－3）。

2）鼠标左键单击“此电脑”图标，并拖动鼠标到桌面任意位置，释放鼠标。

· 同时移动多个图标到桌面任意位置。

【操作步骤】

选定移动的任意多个图标（按下鼠标左键在桌面上拖出一个矩形框，矩形框包含的图标为选中的图标），再拖动鼠标到桌面任意位置，释放鼠标。

（4）隐藏桌面图标。

隐藏桌面上的“网络”图标。

【操作步骤】

1）在桌面空白处，右击鼠标→选择“个性化”菜单项，弹出“个性化”窗口，如图 2－5 所示。

2）如图 2－5 所示，单击“个性化”窗口左侧“主题”菜单项，弹出“主题”窗口，如图 2－6 所示。

3）如图 2－6 所示，单击窗口右侧“桌面图标设置”菜单项，弹出“桌面图标设置”对话框，如图 2－7 所示，勾选需要图标前的复选框，桌面上便会显示这些图标，相反取消勾选各复选框，图标便不会在桌面显示。例如，单击取消勾选“网络”前面的复选框，将隐藏桌面上的“网络”图标。

图 2－5　“个性化”窗口

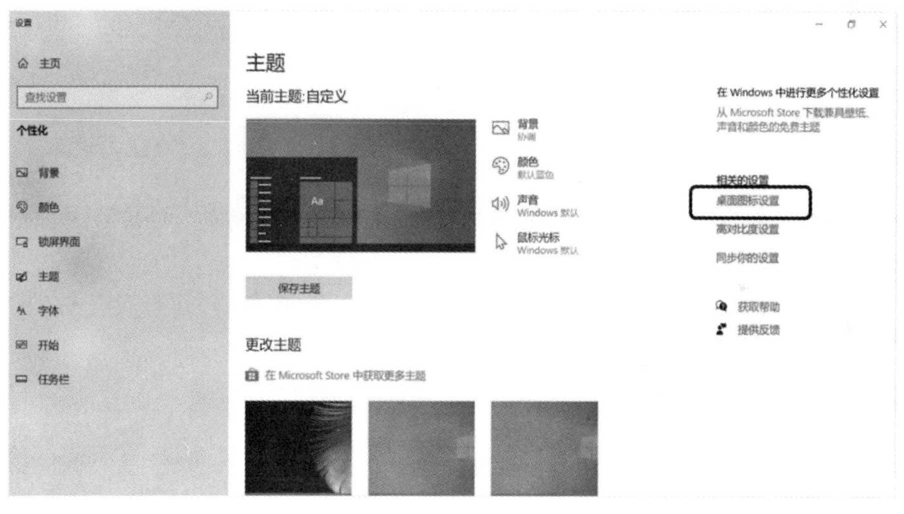

图 2－6　“主题”窗口

（5）个性化桌面图标设置。

更改桌面上的“此电脑”图标显示。

【操作步骤】

1)如图 2－7 所示，单击选定“此电脑”图标→选择“更改图标”按钮，弹出“更改图标”对话框，如图 2－8 所示。单击选择自己喜欢的任意图标→单击“确定”按钮，完成更改“此电脑”图标显示。

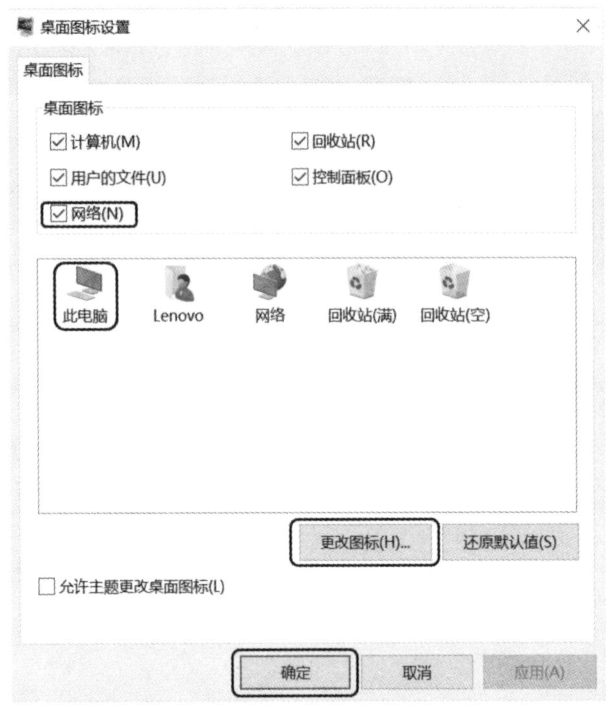

图 2-7 “桌面图标设置”对话框

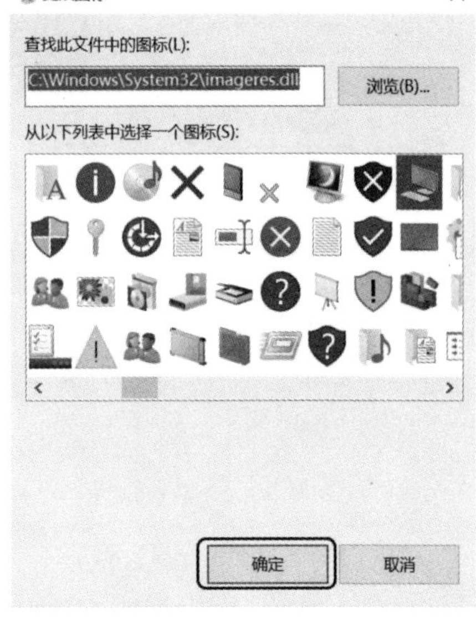

图 2-8 “更改图标”对话框

4.桌面的基本操作

(1)改变桌面背景。

改变桌面背景图案为“夜幕下的绿帐篷”,设置屏幕保护为“气泡”,等待时间为 5 min。

【操作步骤】

1)右击桌面空白处,如图 2-3 所示,在弹出的快捷菜单中选择“个性化”→打开“背景”窗口,如图 2-9 所示。

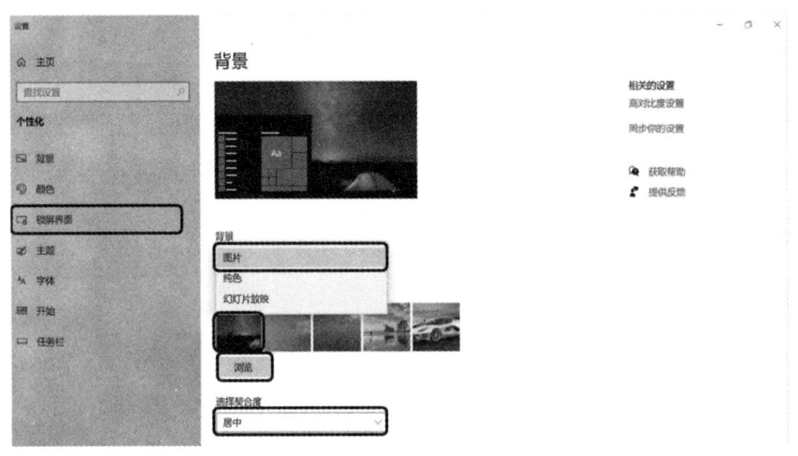

图 2-9 “背景”窗口

2）如图 2－9 所示，在“背景”窗口的“背景”列表框中选择“图片”选项→单击选择“夜幕下的绿帐篷”图片→在“选择契合度”列表框中选择“居中”选项→在“背景”窗口中预览结果。

3）Windows 10 系统默认背景图片存储路径为“C:\Windows\Web\Wallpaper”。如图 2－9 所示，单击“浏览”→打开图片所在位置，如图 2－10 所示→单击选择“夜幕下的绿帐篷”图片→单击“选择图片”，也可以更改窗口背景。

图 2－10　图片位置窗口

4）如图 2－9 所示，单击“背景”窗口左侧“锁屏界面”菜单项→打开“锁屏界面”窗口，如图 2－11 所示。

图 2－11　“锁屏界面”窗口

5）如图 2－11 所示，单击“屏幕保护程序设置”链接，打开“屏幕保护程序设置”对话框，如图 2－12 所示。在“屏幕保护程序”选项卡中选择“气泡”，等待时间设置为 5 min，最后单击“确定”按钮，保存信息设置。

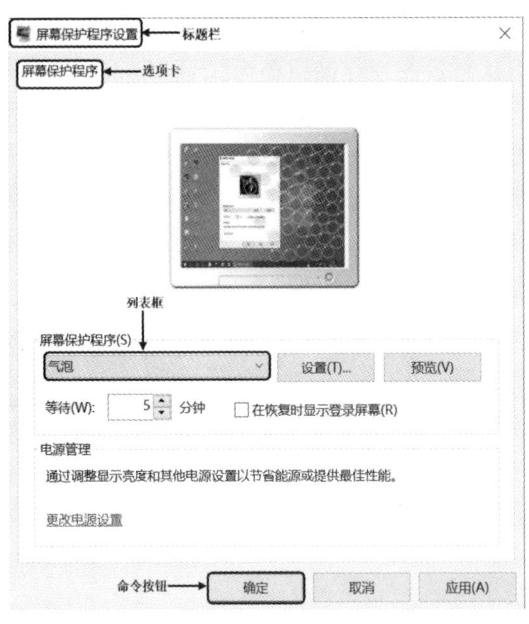

图 2-12 “屏幕保护程序设置”对话框

(2) 为 Windows 10 系统添加时钟。

为 Windows 10 系统添加泰国曼谷时间。

【操作步骤】

1)单击任务栏左侧“开始”菜单(见图 2-13)→单击“设置”命令→打开 Windows 设置窗口,如图 2-14 所示。

图 2-13 “设置”菜单项

2)如图 2-14 所示,单击“时间和语言”链接→弹出“日期和时间”窗口,如图 2-15 所示。

图 2－14　“Windows 设置”窗口

图 2－15　“日期和时间”窗口

3)单击“添加不同时区的时钟”链接→弹出“日期和时间”对话框，进行如图 2－16 所示设置，单击“确定”按钮。

4)为 Windows 10 系统添加泰国曼谷时间，如图 2－17 所示。

5. 任务栏属性设置

(1)调整任务栏。

· 自由调整任务栏高度。

【操作步骤】

1)如图 2-1 所示任务栏,如果鼠标指向任务栏边界时,指针未出现↕形状,表示任务栏已锁定,可右击任务栏(见图 2-18)→单击取消“锁定任务栏”命令。

2)鼠标指向任务栏上边界,鼠标指针变成双向箭头↕时,上下拖动鼠标,即可改变任务栏的高度。

图 2-16 “日期和时间”对话框

图 2-17 “泰国曼谷时钟”显示

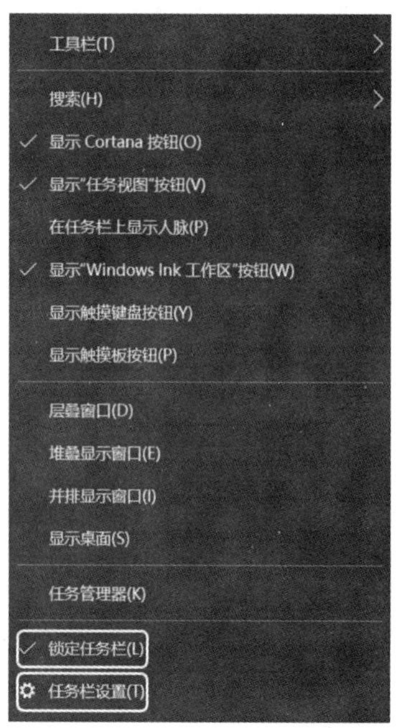

图 2-18 任务栏锁定

・自动隐藏任务栏。

【操作步骤】

1)右击任务栏的空白处，弹出“快捷菜单”，如图 2 - 18 所示→选择“任务栏设置”→ 打开“任务栏”窗口，如图 2 - 19 所示。

2)打开“在桌面模式下自动隐藏任务栏”开关。

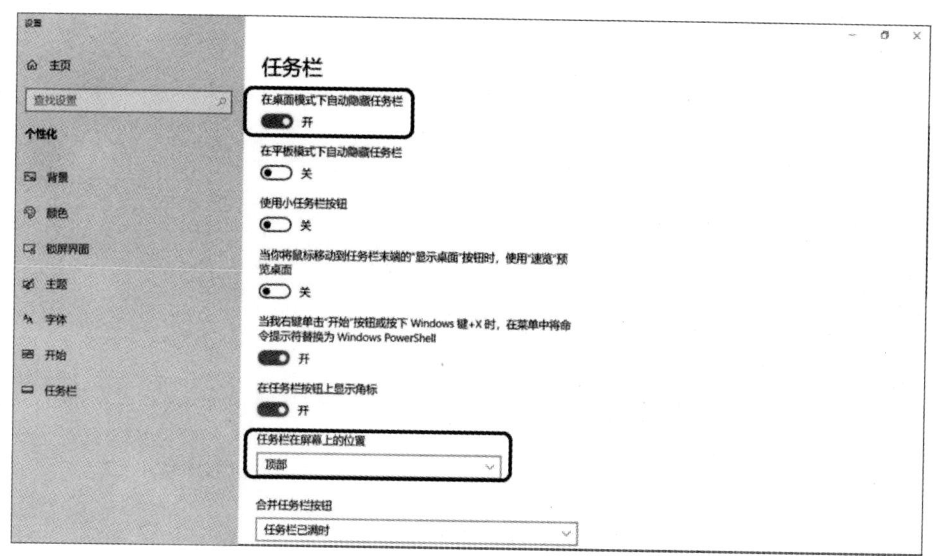

图 2 - 19　“任务栏”窗口

・改变任务栏位置(置于屏幕顶部)。

【操作步骤】

1)若任务栏被锁定，此操作无效。可右击任务栏(见图 2 - 18)→单击取消“锁定任务栏”命令。

2)将鼠标指向任务栏的空白处(此时鼠标指针仍然是 形状)，拖动任务栏到屏幕的顶部，再释放鼠标。然后再还原任务栏到初始状态。

3)也可在“任务栏”窗口中选择“任务栏在屏幕上的位置”为顶部。

备注：以上操作也可以将任务栏置于屏幕的左部或右部。

・自定义通知区域隐藏“声音”图标。

【操作步骤】

1)查看如图 2 - 1 所示通知区域的“声音图标”，单击“任务栏”窗口的“通知区域”的“选择哪些图标显示在任务栏上”链接(见图 2 - 20)。

2)打开“通知区域图标”窗口(图 2 - 21)→关闭“声音”图标的显示。

(2)将程序锁定到任务栏或解锁。

将“计算器”程序锁定到任务栏上，然后从任务栏上解锁。

【操作步骤】

1) 如图 2 - 1 所示，单击任务栏左侧“开始”菜单→“所有程序”→“J”开头的菜单。

2）在菜单中，选定“计算器”程序，并单击右键→“更多”→“固定到任务栏”命令，如图2-22所示。

3）右击任务栏“计算器”图标，如图2-23所示，在弹出的快捷菜单中选择“从任务栏取消固定”命令。

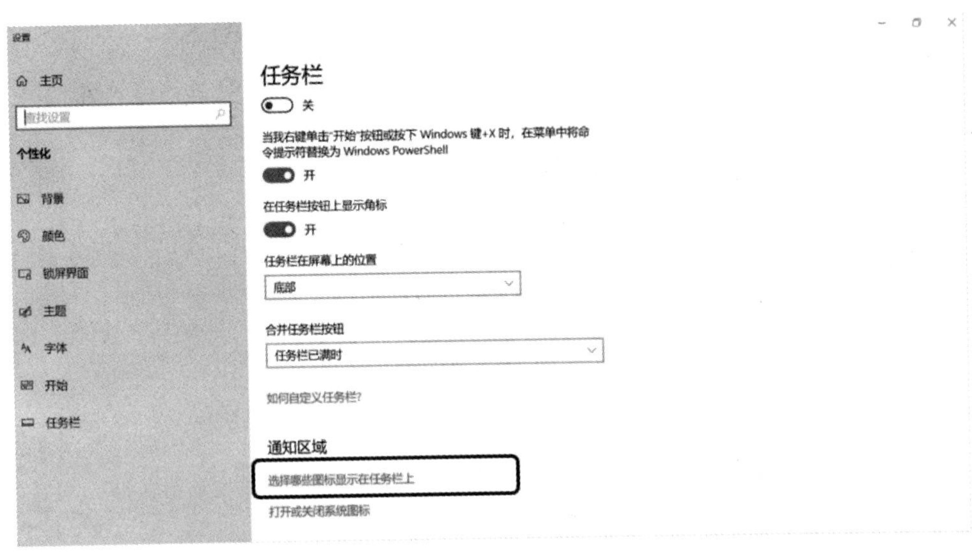

图2-20 “任务栏”窗口

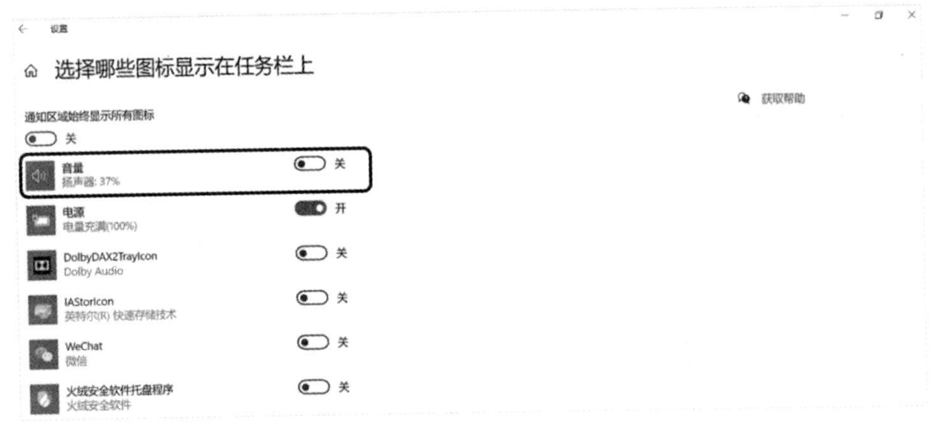

图2-21 “通知区域图标”窗口

6.窗口的操作

鼠标双击桌面上的“此电脑”图标，出现如图2-24所示的窗口。

(1)窗口信息的浏览。

查看“C:\Windows\System32”文件夹中的Notepad.exe。

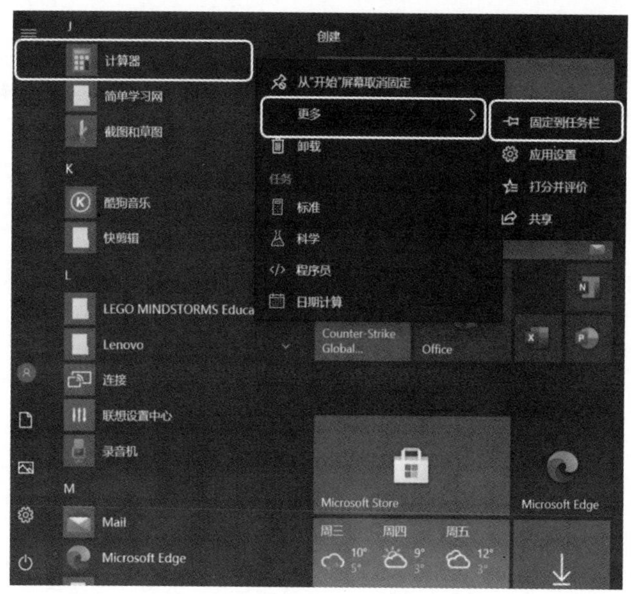

图 2-22　程序固定示例

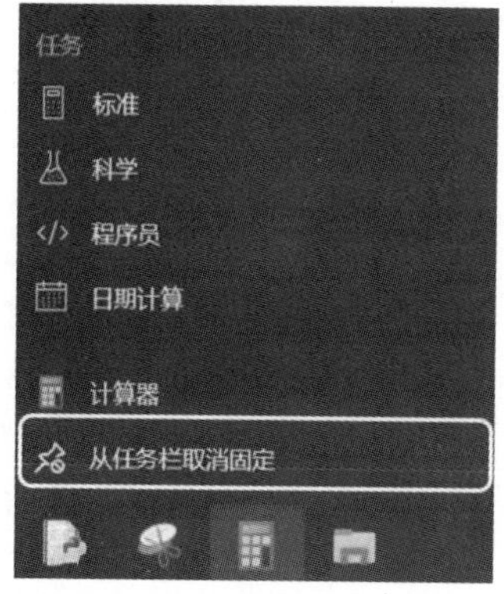

图 2-23　程序取消固定示例

【操作步骤】

1)如图 2-24 所示,双击驱动器图标 C:→双击“Windows”文件夹→双击“System32”文件夹→Notepad.exe,如图 2-25 所示。

2)单击工具栏中的 ← 按钮,可返回前一次浏览的文件夹或磁盘。单击工具栏中的 → 按钮,可进入后一次选择的文件夹或磁盘。

3)单击地址栏中的三角按钮,如图 2-24 所示,可选择同级目录。单击地址栏中的任一目录,可定位对应目录。

4)单击任务栏最右端的“显示桌面选项”,如图 2-1 所示,可以直接从窗口状态切换到桌面状态。

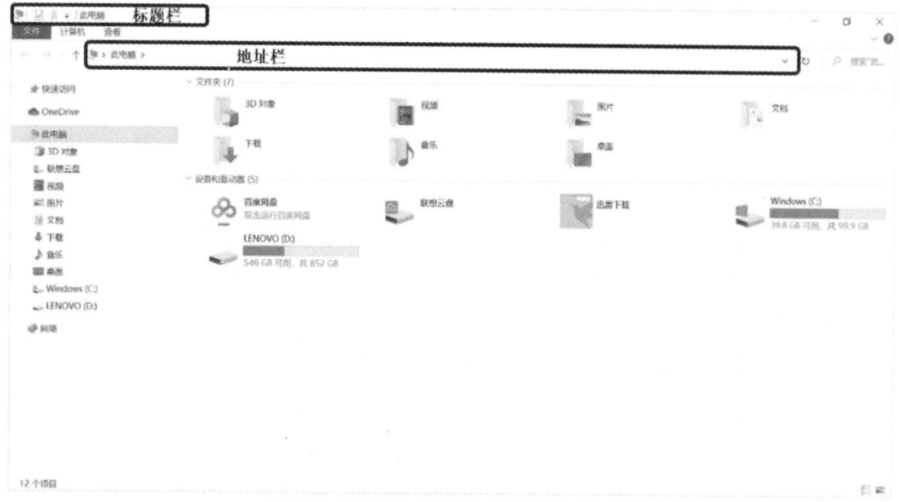

图 2-24　“此电脑”窗口

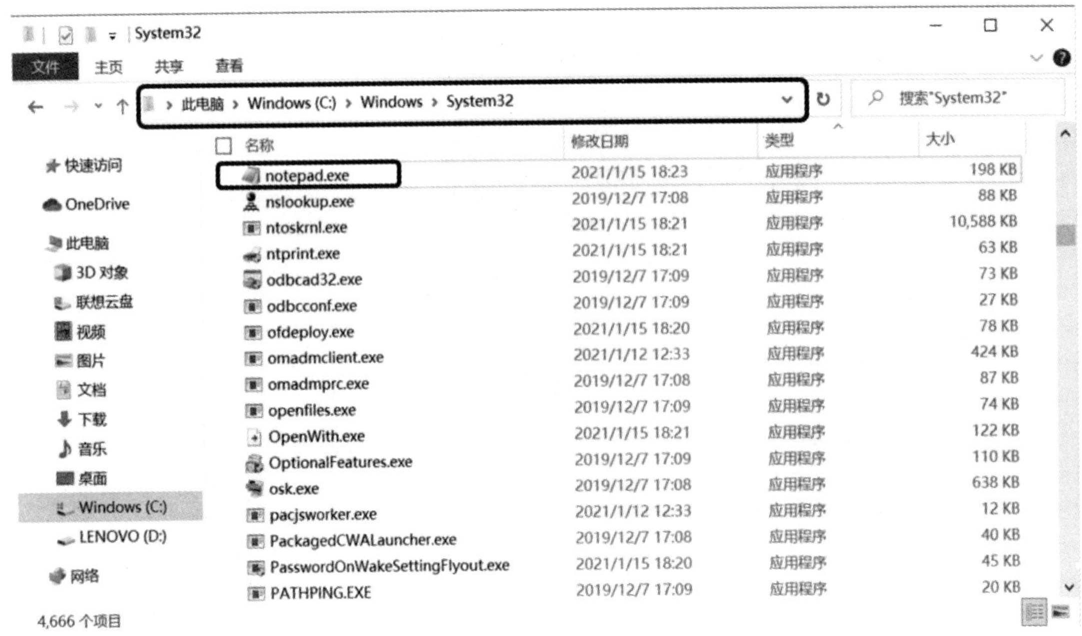

图 2-25　查看“C:\Windows\System32”文件夹窗口

(2)窗口的基本操作。

分别打开“此电脑”和“回收站”窗口，实现各窗口的排列和切换查看。

【操作步骤】

1) 排列窗口。双击桌面图标“回收站”和“此电脑”，分别打开两个窗口。鼠标右击任务栏的空白区域，在弹出的快捷菜单中单击“层叠窗口”或“堆叠显示窗口”或“并排显示窗口”，观察窗口的排列关系。

2) 移动窗口。将鼠标指针指向“此电脑”窗口标题栏(见图 2-24)，按住鼠标左键，可以移动窗口。当拖动到桌面顶部边缘时，窗口自动变为全屏最大化。

3)窗口切换。单击“此电脑”窗口的任意部分，该窗口即成为当前窗口。

按键盘组合键“Alt+Tab”切换到“回收站”窗口。

按键盘组合键“Alt+F4”直接关闭当前“回收站”窗口。

7. 创建快捷方式

对于任何访问对象，如程序、文件、文件夹、磁盘驱动器、打印机或另一台计算机可以建立快捷方式，并把快捷方式放置在不同位置上，如桌面、“开始”菜单上或特定文件夹中。快捷方式图标上一般带有一个箭头。

· 在桌面上创建文件 Notepad.exe 的快捷方式，Notepad.exe 位于文件夹“C:\Windows\System32”中。

【操作步骤】

1)如图 2-25 所示，选定要创建快捷方式的项目 Notepad.exe，如图 2-26 所示。

2)右击“Notepad.exe”→“创建快捷方式”命令，将快捷方式图标创建到桌面上。

· 在桌面上创建便笺应用程序的快捷方式。

【操作步骤】

1）如图 2-1 所示，单击任务栏左侧“开始”菜单→“所有程序”→“B”开头的菜单。

2）在菜单中，选定“便笺”程序，如图 2-27 所示，按住鼠标左键，一直拖动“便笺”程序图标到桌面。

图 2-26　创建程序桌面“快捷方式”操作

8. 对话框的操作

对话框的查看。

【操作步骤】

1)右击桌面上的网络图标→选择“属性”→打开“网络和共享中心”窗口→单击左侧“Internet 选项”菜单→出现如图 2-28 所示的对话框。

2)用鼠标可在对话框的任意选项卡上各功能按钮之间选择执行。也可用 Tab 建或 Shift＋Tab 键选择功能执行。

3)将鼠标指向标题栏并拖动鼠标到目标位置，再释放鼠标，可随意实现对话框的移动；而如若把鼠标指针置于对话框的边框上拖拽，可以改变对话框的大小。

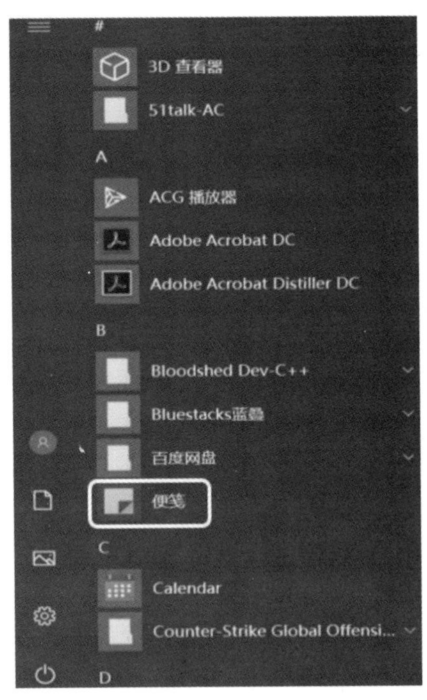

图 2-27　打开“便笺”程序

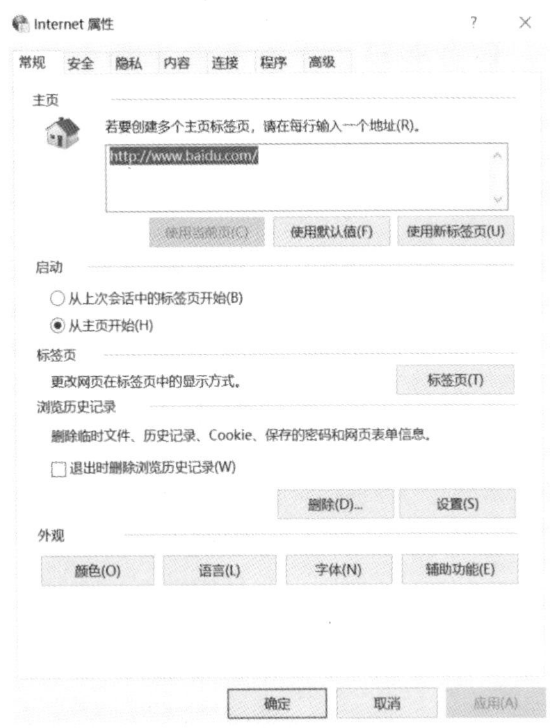

图 2-28　“Internet 选项”对话框

同步练习

1. 显示桌面图标，并将 Microsoft Edge 图标放到任务栏的快速启动栏中，然后将 Microsoft Edge 图标从任务栏上删除。

2. 在 D 盘根目录下找到任意一个文件夹，然后建立其桌面快捷方式。

2.2　Windows 10 文件管理

2.2.1　实验目的

- 熟悉“资源管理器”的使用。
- 掌握文件和文件夹的创建、复制、移动、重命名、属性设置、删除、搜索。
- 熟悉回收站的操作。

2.2.2　实验内容

1.“资源管理器”的使用

资源管理器的打开。

【操作步骤】

如图 2-1 所示，单击任务栏左侧的“Windows 资源管理器”图标。

2. 文件与文件夹的操作

(1)文件与文件夹的浏览。

使用资源管理器，浏览"C:\Windows"文件及文件夹的显示方式，如图 2-29 所示。

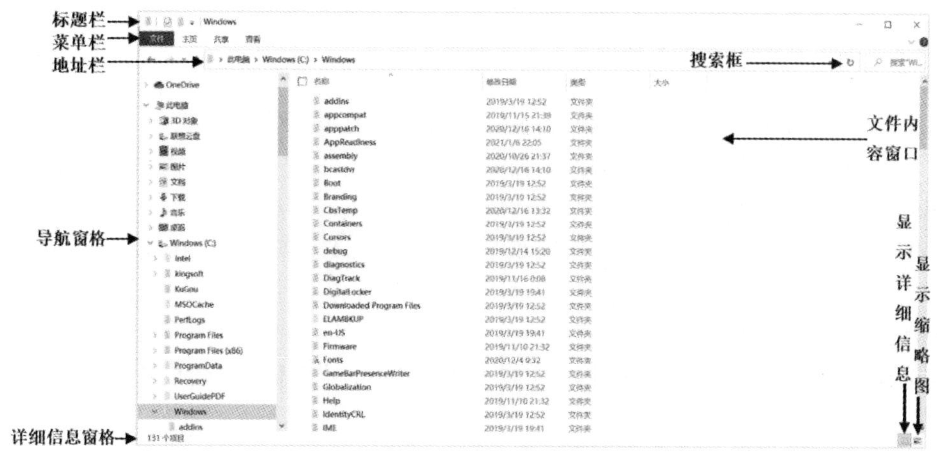

图 2-29　Windows 文件夹窗口

【操作步骤】

1)启动资源管理器后，在"资源管理器"窗口左侧导航栏窗格中的树形目录中单击"此电脑"→"C 盘"图标，观察窗口右侧"当前文件夹窗格"中的显示效果。

2)单击"C 盘"图标左侧的"∨"和"＞"图标，会依次完成 C 盘文件夹的打开和折叠。

3)双击打开 C 盘下的 Windows 文件夹，如图 2-29 所示，然后单击"查看"菜单中的"小图标"命令查看。

(2)文件夹的新建。

在"D 盘"根目录下新建一个文件夹，文件夹名是"T1"。

【操作步骤】

1)在桌面上双击"此电脑"图标，打开"此电脑"窗口，双击"D:"图标，在 D 盘窗口下任意位置单击右键，在快捷菜单中选择"新建(W)"→"文件夹(F)"选项，新建一个文件夹。

2)将鼠标移动到"新建文件夹"，单击右键，在快捷菜单中，选择"重命名(M)"，在选定的文件夹名称中输入"T1"。

(3)文件与文件夹的搜索。

查找"C:\Windows"文件夹中的文件扩展名为 bmp 的文件，并将文件复制到 T1 文件夹中。

【操作步骤】

1)打开 C 盘下的 Windows 文件夹后，如图 2-29 所示，选择窗口右上角的"搜索"框。

2)在文本框中输入"*.bmp"后，所要查找的扩展名为 bmp 的文件将呈列表状态全部显示在窗口中。

3)选择"搜索结果"窗口菜单栏的"主页"→"全部选择"，或按 Ctrl+A 组合键，选定所有位于"C:\Windows"目录下的"*.bmp"文件。

4)选择“主页”→“复制到”,弹出“文件位置”列表框,选择所需要的目录“D:\T1”→“选择复制”菜单项。

(4)文件与文件夹的移动。

在文件夹 T1 中,建立一个子文件夹 Sub1,将 T1 文件夹中的文件移动到 D:\T1\Sub1 文件夹中。

【操作步骤】

1)双击桌面“此电脑”图标→“本地磁盘(D:)”图标,打开 D 盘窗口。

2) 双击打开文件夹 T1 窗口,如同前面步骤所述在文件夹 T1 窗口内新建一个文件夹,命名为 Sub1。

3) 按下 Ctrl 键,同时单击选定所有的“*.bmp”文件,按下左键拖动选定的文件置于 Sub1 文件夹中。

(5)设置文件与文件夹的属性。

• 选择“D:\T1\Sub1”文件夹中的任意一个“*.bmp”文件,浏览其属性并将其改为“只读”属性。

【操作步骤】

双击打开 Sub1 文件夹窗口,选定任意一个“*.bmp”文件→右击选择“属性(R)”→“常规”选项卡(见图 2-30)→勾选“只读(R)”属性值→单击“确定”按钮。

图 2-30　设置文件属性窗口

• 选择 D:\T1\Sub1 文件夹中的任意一个“*.bmp”文件,隐藏该图片文件,然后恢复在文件夹中的显示。

【操作步骤】

1)选择 D:\T1\Sub1 文件夹中的任意一个“ *. bmp”文件,如图 2－30 所示,右击选择“属性(R)”将其改为“隐藏”属性。

2)在当前窗口中单击“查看”→“选项”图标,弹出如图 2－31(a)所示的对话框。

3)选择“查看”选项卡,如图 2－31(b)所示。

4)在“高级设置”列表框中,单击“显示隐藏的文件、文件夹和驱动器”→单击“确定”按钮。

(a)

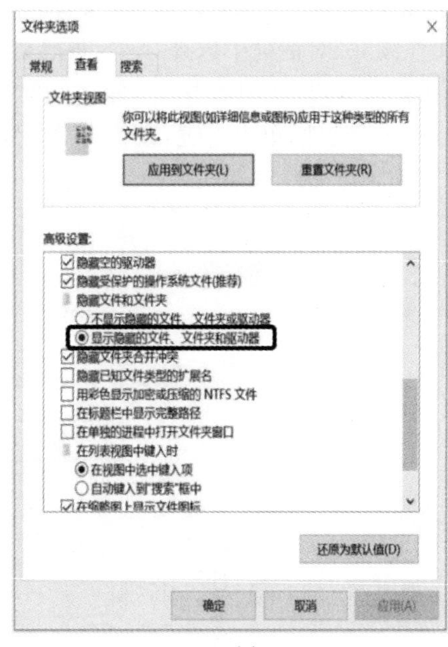

(b)

图 2－31　设置文件夹选项

(6)文件和文件夹的选定与删除。

· 打开 D:\T1\Sub1 文件夹窗口,任意选定多个对象并删除。

【操作步骤】

1)选定多个对象。用鼠标在选定区域中拖出一个虚线框,释放后虚线框中的所有文件被选定。

2)按下 Delete 键或者右键选择“删除”命令。

· 选定已选定对象之外的其他对象。

【操作步骤】

1)单击鼠标任意选定一个文件,单击“编辑”→“反向选择”命令。

2)如果在空白处单击,可以取消文件对象的选择。

(7)文件与文件夹的复制、粘贴。

选择 D:\T1\Sub1 文件夹中的一个文件,复制一个备份文件,文件名重命名为 New1. bmp。

【操作步骤】

1)将鼠标移动到任意一个“ *. bmp”文件,单击右键,在弹出的快捷菜单中选择“复制

(C)”,或用组合键 Ctrl+C。

2)在文件夹窗口空白处单击右键,在快捷菜单中选择“粘贴(P)”,或用组合键 Ctrl+V。

3)按照前面的方法将复制的“*.bmp”副本文件重命名为 New1. bmp。

(8)回收站的管理。

选择 D:\T1\Sub1 文件夹中的 New1. bmp 文件,将其删除,再将其恢复。

【操作步骤】

1)将鼠标移动到“New1. bmp”文件,单击右键,在快捷菜单中,选择“删除(D)”,在弹出的“确认文件删除”对话框中选择“是”,即把文件删除放在回收站中。

2)在桌面上双击“回收站”图标,打开“回收站”窗口,如图 2-32 所示,选中需要还原的“New1. bmp”文件,单击右键,在快捷菜单中选择“还原(E)”或者选择窗口菜单的中的“回收站工具”→“还原选定的项目”。

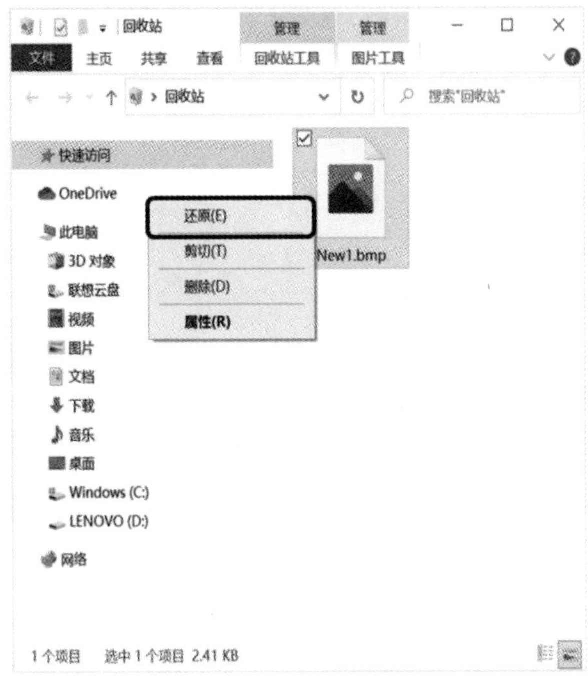

图 2-32 “回收站”窗口

同步练习

在计算机本地盘中查找“Mspaint. exe”文件,并观察搜索结果。

2.3 汉字输入及控制面板操作

2.3.1 实验目的

- 掌握常用的汉字输入方法。
- 掌握控制面板的常用操作。

・掌握常用的工具软件的使用方法。

2.3.2 实验内容

1. 键盘的基本操作

如图 2-33 所示，观察键盘的主键盘区、编辑键盘区、小键盘区、功能键盘区及状态指示区的布局。

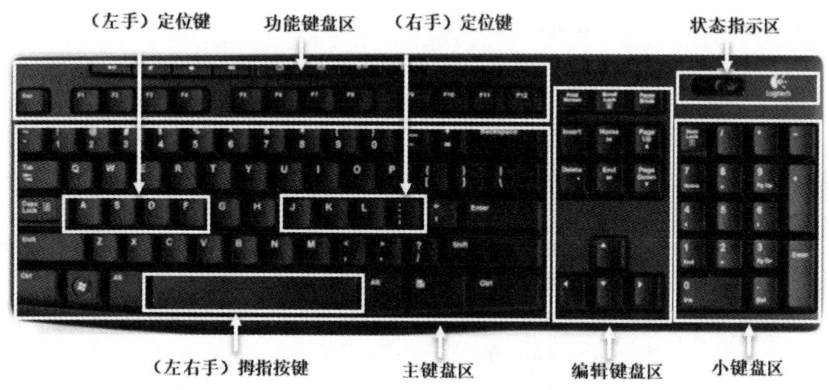

图 2-33 键盘布局图

【操作步骤】

1)根据定位键位操作键盘，手指略微弯曲，左手由小指到食指依次放在 A、S、D、F 四个键上，右手由食指到小指依次放在 J、K、L、;四个键上，大拇指轻放于空格键上。其余键的操作从上往下同一列键分别由同一个手指操作。

2) 按键时，手指轻击键位后，迅速回归基本键位(定位键)。输入信息时，目光应集中在稿件上，凭手指的触摸确定键位，不要养成用眼确定键位的习惯。

2. 基本输入操作

如图 2-34 所示，在便笺中输入所要求的英语句子。

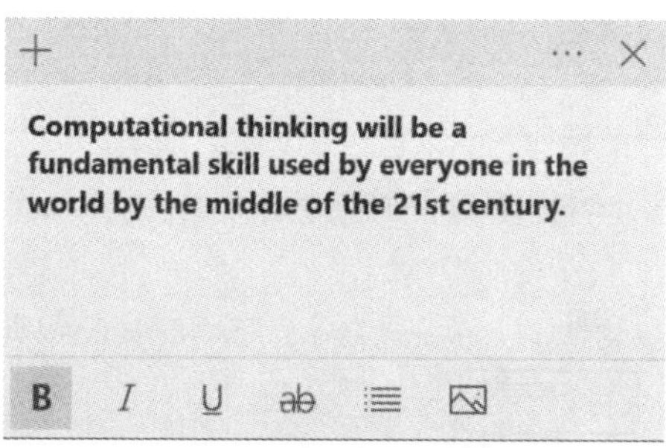

图 2-34 在"便笺"中输入英语句子

【操作步骤】

如图 2-1 所示，单击任务栏左侧"开始"菜单→"所有程序"→"B"开头的菜单。在菜单中单击"便笺"程序，开始输入英语句子。

3. 汉字输入操作

汉字输入法的选择与切换。

【操作步骤】

1) 如图 2-1 所示，单击任务栏右侧的输入法指示器，反复按下组合键 Ctrl+Shift，选择自己需要的输入法。若要实现中英文输入法转换，可按下 Shift 键。

2) 如图 2-27 所示，单击“开始”菜单项→选择“设置”→单击“时间和语言”菜单→单击“语言”菜单，弹出如图 2-35 所示的“语言”窗口。

图 2-35 “语言”窗口

3)如图 2-35 所示，在窗口中单击“选项”，打开“语言选项”设置窗口，如图 2-36 所示→单击“搜狗拼音输入法”按钮，可以选择删除当前输入法，单击“添加键盘”，可以添加其他输入法。

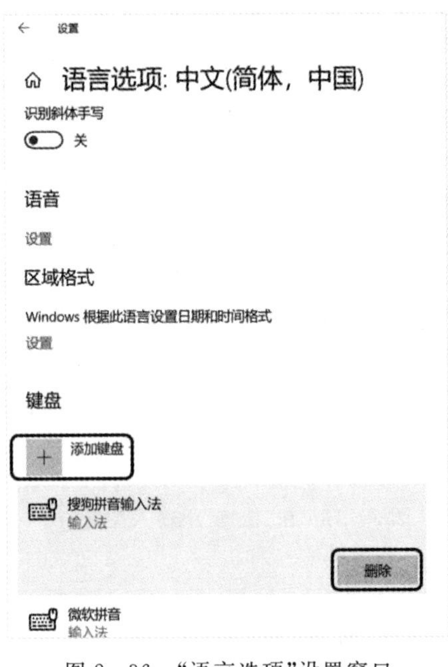

图 2-36 “语言选项”设置窗口

选择一种汉字输入法，在便笺中输入所要求的文字，如图 2－37 所示。

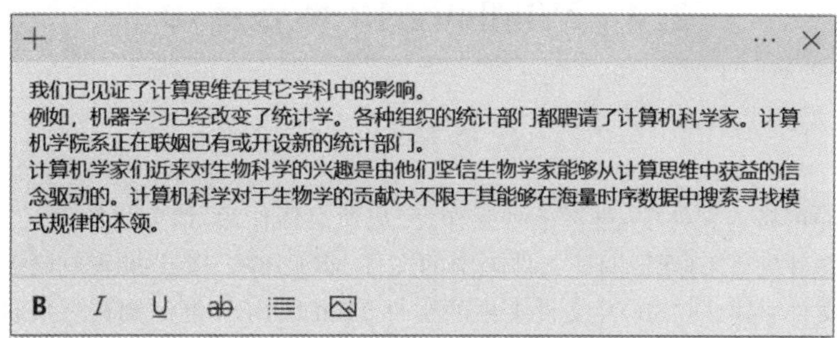

图 2－37　在“便笺”中输入文字

4. 控制面板命令

(1)用户账号管理。

创建一个新的账户，账户名为“GL”。

【操作步骤】

1)双击桌面“控制面板”图标，出现控制面板窗口，如图 2－38 所示。

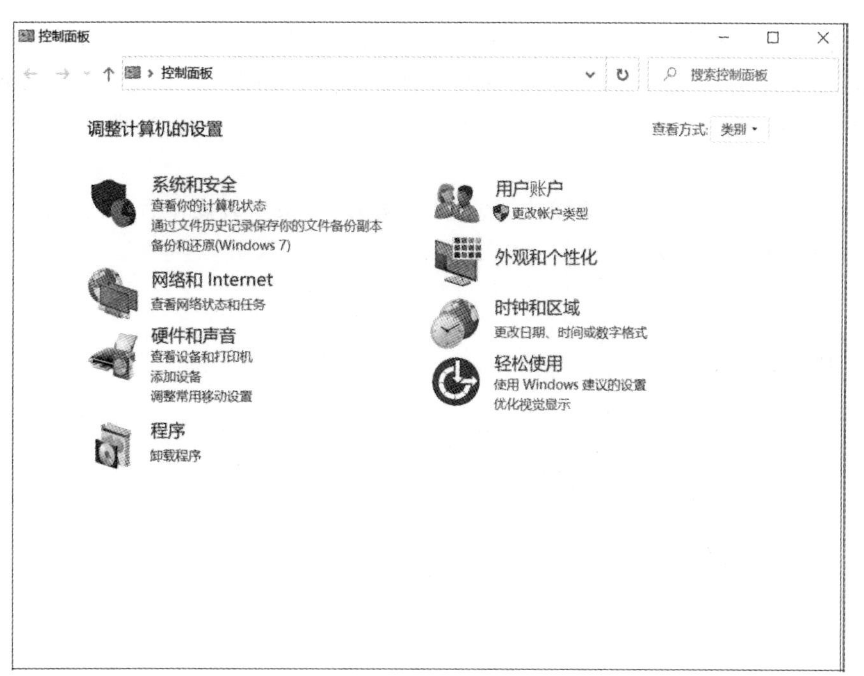

图 2－38　控制面板窗口

2)单击“用户账户”→ 选择“更改账户类型”→“在电脑设置中添加新用户”→“将其他人添加到这台电脑” →要求输入一个电子邮件地址，这时可以输入一个 Microsoft 账号。如果要添加的用户没有邮件地址，或者添加的用户使用本地账户，则单击“我想要添加的人员没有电子邮件地址”→“添加一个没有 Microsoft 账户的用户” →按提示输入登录这台电脑的用户名“GL”、密码、密码提示。

2.4 Windows 10 综合练习

综合练习一

第 1 题 请在指定文件中，进行下列操作，完成所有操作后，请关闭窗口。

1. 将试题文件夹下 COFF\JIN 文件夹中的文件 MONEY. TXT 设置成隐藏和只读属性。

2. 将试题文件夹下 DOSION 文件夹中的文件 HDLS. SEL 复制到同一文件夹中，文件命名为 AEUT. SEL。

3. 在试题文件夹下 SORRY 文件夹中新建一个文件夹 WIN。

4. 将试题文件夹下 WORD2 文件夹中的文件 A－EXCEL. MAP 删除。

5. 将试题文件夹下 STORY 文件夹中的文件夹 ENGLISH 重命名为 CHUN。

第 2 题 请在指定文件中，进行下列操作，完成所有操作后，请关闭窗口。

1. 在试题文件夹下创建名为 FENG. TXT 的文件。

2. 为试题文件夹下 ZHAN 文件夹中的 MAP. EXE 文件建立名为 MAP 的快捷方式，存放在试题文件夹中。

3. 删除试题文件夹下 WEN 文件夹中的 APPLE 文件夹。

4. 将试题文件夹下 TOOL\MAO 文件夹中的文件 WATER. EXE 设置成只读属性。

5. 搜索试题文件夹下的 HONG. XLS 文件，然后将其复制到试题文件夹下的 JIAN 文件夹中。

第 3 题 请在 Windows 10 系统中，进行下列操作，完成所有操作后，请关闭窗口。

1. 主题设置为 Windows 主题。

2. 屏幕保护设置为彩带、等待 2 min。

3. 设置自定义文本大小设置为 125%。

4. 显示分辨率设置为 1 024×768。

第 4 题 请在 Windows 10 系统中，进行下列操作，完成所有操作后，请关闭窗口。

1. 任务栏外观设置为“锁定任务栏”。

2. 任务栏外观设置为“自动隐藏任务栏”。

3. 电源按钮操作设置为“关闭显示器”。

4. 通知区域关闭音量图标显示。

综合练习二

第 1 题 请在指定文件中，进行下列操作，完成所有操作后，请关闭窗口。

1. 将试题文件夹下 PASTE 文件夹中的文件 FLOPY. BAS 复制到考生文件夹下 JUSTY 文件夹中。

2. 将试题文件夹下 PARM 文件夹中的文件 HOLIER. DOC 设置为只读属性。

3. 在试题文件夹下 HUN 文件夹中建立一个新文件夹 CALCUT。

4. 将试题文件夹下 SMITH 文件夹中的文件 COUNTING. WRI 移动到 OFFICE 文件夹

中，并改名为 IDEND. WRI。

5. 将试题文件夹下 SUPPER 文件夹中的文件 WORD5. PPT 删除。

第 2 题　请在指定文件中，进行下列操作，完成所有操作后，请关闭窗口。

1. 在试题文件夹下建立文件夹 EXAM1，并将文件夹 SYS 中的“YYA. docx”“SJK1. accdb”和“DT1. xlsx”文件复制到文件夹 EXAM1 中。

2. 将文件夹 SYS 中的文件“YYA. docx”改名为“NAME. docx”，删除“SJK1. accdb”文件，在 SYS 文件夹内为文件“Data. txt”建立快捷方式，名称为 DATA。

3. 在当前试题文件夹下建立文件夹 TOOL，并将 GX 文件夹中以“D”和“E”开头的全部文件移动到文件夹 TOOL 中。

4. 将文件夹 GX 中的“ *. mid”文件移动到文件夹 TOOL 中，并把文件夹 TOOL 下的文件“ANY. mid”压缩为 ANY. rar 压缩文件。

第 3 题　请在 Windows 10 系统中，进行下列操作，完成所有操作后，请关闭窗口。

1. 任务栏外观设置为“使用小任务栏按钮”。

2. 屏幕上的任务栏位置设置为“右侧”。

3. 设置“任务栏已满时”合并任务栏按钮。

4. 关闭“时钟”图标。

第 4 题　请在 Windows 10 系统中，进行下列操作，完成所有操作后，请关闭窗口。

1. 高级键设置中在输入语言之间切换设置为“CTRL + SHIFT”。

2. 高级键设置中要关闭 Caps Lock 键设置为“按 SHIFT 键”。

3. 语言栏设置为“隐藏”。

4. 默认输入语言设置为“中文(中华人民共和国)”。

综合练习三

第 1 题　请在指定文件中，进行下列操作，完成所有操作后，请关闭窗口。

1. 将考生文件夹下 NAOM 文件夹中的 TRAVEL. DBF 文件删除。

2. 将考生文件夹下 HQWE 文件夹中的 LOCK. FOR 文件复制到同一文件夹中，文件名为 USER. FOR。

3. 为考生文件夹下 WALL 文件夹中的 PBOB. BAS 文件建立名为 KPB 的快捷方式，并存放在考生文件夹下。

4. 将考生文件夹下 WETHEAR 文件夹中的 PIRACY. TXT 文件移动到考生文件夹中，并改名为 MICROSO. TXT。

5. 在考生文件夹下 JIBEN 文件夹中创建名为 A2TNBQ 的文件夹，并设置属性为隐藏。

第 2 题　请在指定文件中，进行下列操作，完成所有操作后，请关闭窗口。

1. 在试题文件夹下建立文件夹 EXAM2，并将文件夹 SYS 中的“YYB. docx”“SJK2. accdb”和“DT2. xlsx”文件复制到文件夹 EXAM2 中。

2. 将文件夹 SYS 中的文件“YYB. docx”改名为“DATE. docx”，删除文件“SJK2. accdb”，设置文件 “EBOOK. docx”的属性为隐藏。

3. 在当前试题文件夹下建立文件夹 SUN，并将 GX 文件夹中以“E”和“F”开头的全部文件移动到文件夹 SUN 中。

4. 搜索 GX 文件夹下所有的“ *. dat”文件，并将按名称从小到大排列在最前面的两个 . dat文件移动到文件夹 SUN 中。

5. 在试题文件夹下建立一个文本文件“FUHAO. txt”，输入内容为“记事本帮助信息”。

第 3 题 请在 Windows 10 系统中，进行下列操作，完成所有操作后，请关闭窗口。

1. 区域设置里，数字小数位数设置为“3”。

2. 区域设置里，货币符号设置为“ $ ”。

3. 区域设置里，日期中短日期格式设置为“yyyy - MM - dd”。

4. 区域设置里，货币小数位数设置为“4”。

第 4 题 请在 Windows 10 系统中，进行下列操作，完成所有操作后，请关闭窗口。

请在画图中绘制如下图形，保存到当前试题文件夹内，文件的名称是 san. bmp：

1. 画一个三角形。

2. 用黄色填充，无轮廓。

3. 插入一行文字“Win10 太奇妙啦！”，要求：宋体，10 号。

第3章　Word 2016 操作实验

3.1　Word 的基本操作

3.1.1　实验目的

· 掌握 Word 的启动和退出。
· 熟悉 Word 的工作界面。
· 掌握 Word 文档的创建、保存、关闭及打开。

3.1.2　实验内容

1. Word 的启动

采用下述方法之一，系统将启动 Word 应用程序，显示如图 3-1 所示的工作窗口，并创建一个空白文档，默认文件名为“文档 1”。

方法 1：双击桌面上的“Microsoft Word 2016”快捷方式图标。

方法 2：单击“开始”按钮→“所有程序”→“Microsoft Office”→“Microsoft Office Word 2016”。

2. 创建新文档

创建一个空白文档。

【操作步骤】

单击“文件”选项卡→“新建”命令，选择“可用模板”→“空白文档”选项，系统将创建一个空白文档。

3. 保存新的文档

把文档以“求职信”为名保存在自己创建的文件夹下。

【操作步骤】

1）单击“快速访问工具栏”上的保存按钮，打开“另存为”对话框，如图 3-2 所示。

2）选择 D 盘，创建个人文件夹，以“求职信.docx”为名将文档保存在个人文件夹下。

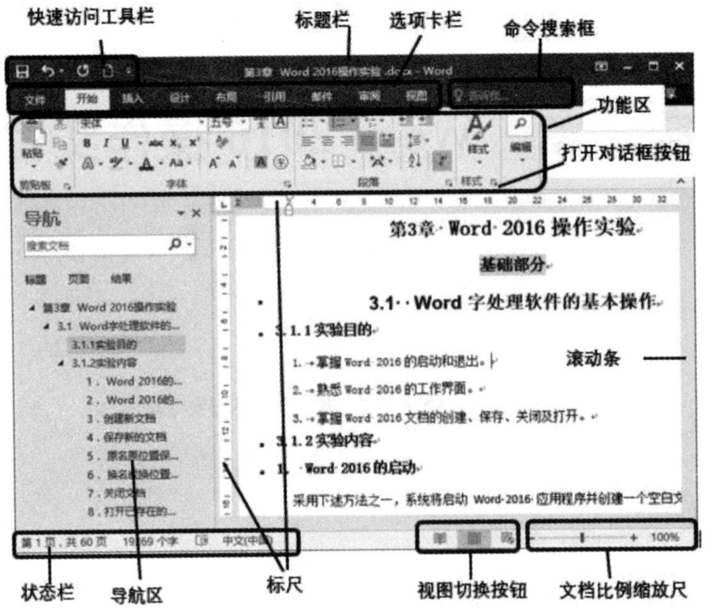

图 3－1　Word 2016 工作界面

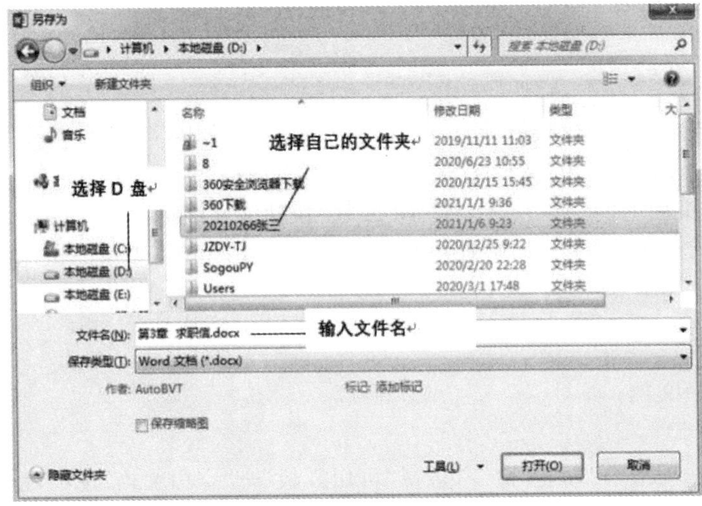

图 3－2　“另存为”对话框

4. 原名原位置保存已有文档

在文档中输入“尊敬的领导:”后,保存文档。

【操作步骤】

单击“快速访问工具栏”上的保存按钮,在原位置上用原名保存文档,此时不再出现“另存为”对话框。

5. 换名或换位置保存文档

在文档中另起一行并输入“你好”，把“求职信”另存为“求职信 2”。

【操作步骤】

选择“文件”选项卡→“另存为”命令，打开“另存为”对话框，后续操作与初次保存文档的操作相同。

6. 打开文档

打开文档“求职信”，并与“求职信 2”的内容对比。

【操作步骤】

1)启动 Word 后，选择“文件”选项卡→“打开”命令，弹出“打开”对话框，在对话框中选择文档所在的驱动器、文件夹及文件名即可。

2)通过两文档内容的对比可以看出“求职信”中内容保存的是上一次保存的内容，只有“求职信 2”保存了刚刚所做的修改。

7. 关闭文档

关闭所有打开的 Word 文档。

【操作步骤】

1)在任务栏中右击 Word 图标，选择“关闭所有窗口”命令即可。

2)若关闭的文档未保存过，系统将提示用户是否保存此文档，如图 3-3 所示。选择“保存”，则保存文档；选择“不保存”，则撤销在此之前对文档的所有修改；选择“取消”，则关闭对话框，返回编辑状态。

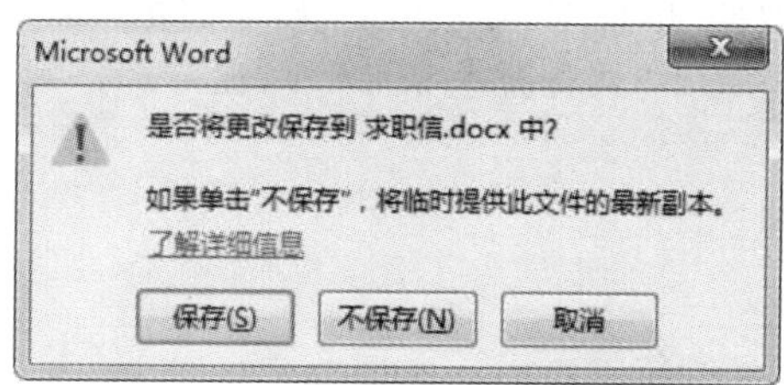

图 3-3 “更改是否保存”对话框

同步练习

在某个盘符(例如 D:)下，新建一个文件夹，以个人信息命名，如“化工 212 班陈明 212066”，并在该文件夹中创建一个新的空白文档，命名为“入党申请书.docx”。

3.2 Word 中文本的编辑

3.2.1 实验目的

- 掌握文本的录入。
- 掌握文本的选定。
- 掌握文本的移动、复制和删除的操作。

- 掌握撤销与恢复的操作。
- 掌握文档的打印。

3.2.2 实验内容

1. 录入文本

打开 3.1 节创建的“求职信.docx”，在正文区中输入以下内容：

> 尊敬的领导：
>
> 你好！
>
> 感谢你在百忙之中拨冗阅读我的求职信。我是广西科技大学计算机学院教育技术专业应届本科毕业生。即将面临就业的选择，我十分想到贵单位供职。
>
> 十多年的寒窗苦读，现在的我已豪情满怀、信心十足。我恳请贵单位给我一个机会，让我有幸成为你们中的一员，我将以百倍的热情和勤奋踏实的工作来回报你的知遇之恩。
>
> 期盼能得到你的回音！
>
> 此致
>
> 敬礼！
>
> 求职人：张涛
>
> 2021 年 1 月 7 日

(1)“插入”和“改写”的切换。

【操作步骤】

“插入”和“改写”两种编辑方式的转换方法是按 Insert 键。

1)将光标移到第三行“应届”的前面，在“插入”状态下输入“2021 届”。

2)按下 Insert 键，将光标置于“教育技术专业”前，在“改写”状态下输入“数字媒体”，结果为“数字媒体专业”。

(2)插入符号或特殊字符。

【操作步骤】

1)把光标移至要插入符号的位置。

2)选择“插入”选项卡→“符号”组→“Ω 符号”命令。

3)在弹出的列表框中，列出了最近插入过的符号和“其他符号…”按钮。单击“其他符号”按钮，打开如图 3-4 所示的“符号”对话框。

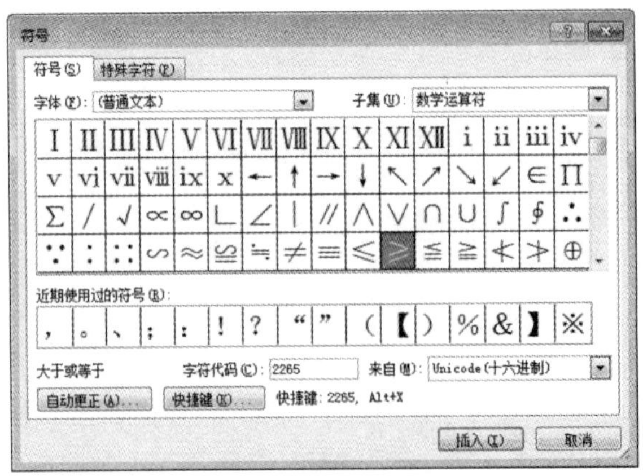

图 3-4 “符号”对话框

4)单击选中所需要的符号,单击“插入”按钮即可。

(3)插入公式。

在文中插入如下公式:

$$\hat{X} = \arg\min_{S\in\{X\}^{M}} \| Y - HX \|^{2}$$

【操作步骤】

1)把光标定位到插入公式的位置,选择“插入”选项卡→“符号”组→“π 公式”的下拉列表按钮,打开“内置”公式列表,直接单击需要的公式即可插入,如图 3-5 所示。

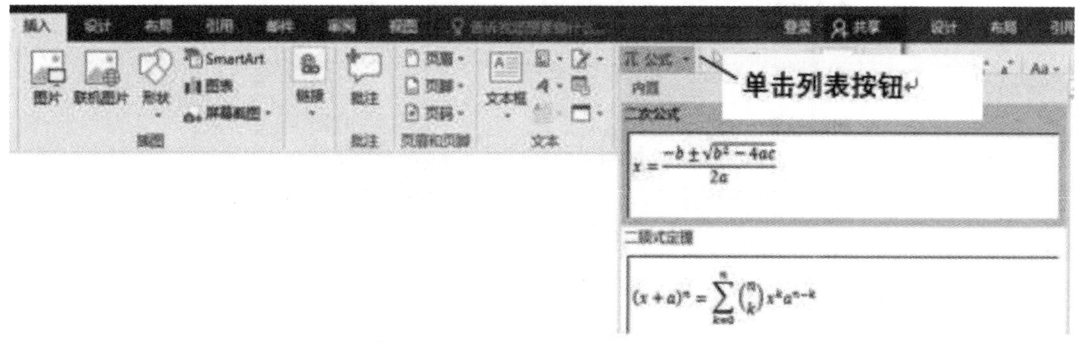

图 3-5　公式下拉列表

2)如果没有合适的公式可选,可以选择“插入新公式”命令,或单击“π 公式”命令按钮,此时将在选项卡上显示“公式工具”的“设计”选项卡,并在编辑区插入公式编辑框,如图 3-6 所示。

3)根据需要,在公式编辑框内利用“设计”选项卡提供的公式结构模板、符号、工具等编辑公式。

4)点击公式编辑框外文档任意位置结束公式编辑,回到文档编辑状态,点击公式可以再次编辑公式。

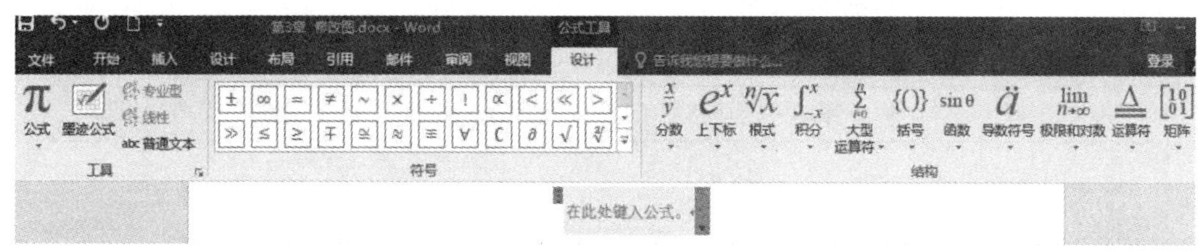

图 3-6　公式编辑器

5)选择公式,通过周围的控点把编辑好的公式调整到合适的大小。

(4)文本的定位。

在文档末尾插入日期。

【操作步骤】

1)按 Ctrl+End 键把光标快速定位到文档末尾。

2)选择“插入”选项卡→“文本”组→“日期与时间”,弹出“日期与时间”对话框。

3)在“日期与时间”对话框中选择一种日期,单击“确定”即可,如图 3-7 所示。

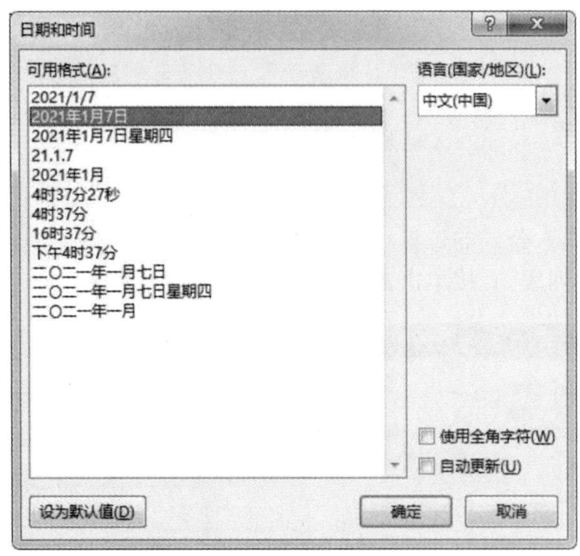

图 3-7 “日期和时间”对话框

常用定位键及其功能见表 3-1。

表 3-1 Word 中定位键的功能

按　键	功　能	按　键	功　能
→	向右移动一个字符	Home	移动到当前行首
←	向左移动一个字符	End	移动到当前行尾
↑	向上移动一行	PgUp	移动到上一屏
↓	向下移动一行	PgDn	移动到下一屏
Ctrl+→	向右移动一个单词	Ctrl+PgUp	移动到上一页的顶部
Ctrl+←	向左移动一个单词	Ctrl+PgDn	移动到下一页的顶部
Ctrl+↑	向上移动一个段落	Ctrl+Home	移动到文档的开头
Ctrl+↓	向下移动一个段落	Ctrl+End	移动到文档的末尾

2. 移动文本

把“即将面临就业的选择，……供职。”移动到“我恳请贵单位给我一个机会，”前。

【操作步骤】

1)按住 Ctrl 键，将鼠标光标移到所要选的句子的任意处单击一下即可选定一句。

2)按 Ctrl+X 键，此时选定的文本块从原处被删除并被放入剪贴板中。

3)将光标移动到“我恳请贵单位给我一个机会，”前，按 Ctrl+V 键即可。

3. 段落互换

把求职信正文两个段落互换位置。

【操作步骤】

1)将光标移到段落左侧选定栏内(即光标置于行左侧变成右上方箭头),双击或在该段落任何地方连续快速三击鼠标左键,如图 3－8 所示。

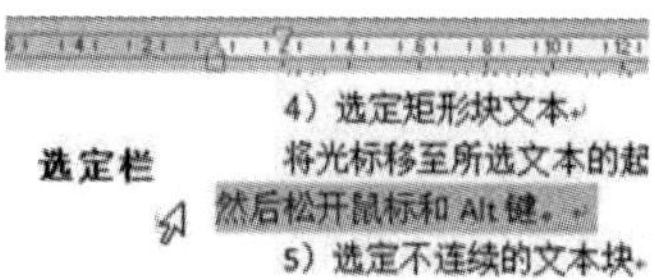

图 3－8　选定栏

2)选择“开始”选项卡→“剪贴板”组→“剪切”命令。

3)将光标移动到新位置,单击“开始”选项卡→“剪贴板”→“粘贴”命令按钮。

注意:

1)选定矩形块文本时,将光标移至所选文本的起始处,按住 Alt 键后,按下鼠标左键并拖动到所选文本的末端,然后松开鼠标和 Alt 键。

2)选定不连续的文本块时,先选定一文本块,然后按住 Ctrl 键后再按下鼠标左键并拖动选择其他文本块。

4. 复制文本

把求职信中两个段落复制到文末。

【操作步骤】

1)把光标放置于要选定的文本之前,然后按下鼠标左键,拖动到要选定的文本末端,松开鼠标左键。

2)选择“开始”选项卡→“剪贴板”组→“复制”命令。

3)将光标移到文末,选择“开始”选项卡→“剪贴板”组→“粘贴”命令。

5. 删除文本

把上一步复制的内容删除,把文档中的公式删掉。

【操作步骤】

1)单击选定区域的开头(或末尾)处,按住 Shift 键,再配合滚动条将文本翻到选定区域的末尾(或开头),单击选定区域的末尾(或开头),则两次单击范围中的文本即被选定。

2)选定要删除的文本块后,按 Del 键;或右击选定的文本,在快捷菜单中选择“剪切”命令即可删除选定的内容。

注意:

Del 键删除和“剪切”操作都能将选定的文本从文档中去掉,但功能不完全相同。它们的区别是:使用“剪切”操作删除的内容会保存到“剪贴板”上;使用 Del 键删除的内容不会保存到“剪贴板”上。

6. 撤销与恢复

把上一步的删除操作进行撤销与恢复。

【操作步骤】

1)单击快速访问工具栏中的“撤销”按钮,或按 Ctrl＋Z 组合键撤销错误的操作。

2)单击快速访问工具栏中的“恢复”按钮,或按 Ctrl+Y 组合键恢复被撤销的操作。

撤销或恢复操作时,多次按“撤销”或“恢复”按钮可以依次撤销或恢复多步操作。单击按钮旁边的下拉按钮可快速选择需要撤销或恢复到指定的某一步,如图 3-9 所示。

7. 打印文档

把“求职信”打印 6 份。

【操作步骤】

1)选择“文件”→“打印”命令,如图 3-10 所示。

2)选择“份数”的微调按钮设置“份数”为 6,单击“打印”按钮即可。

图 3-9 撤销与恢复

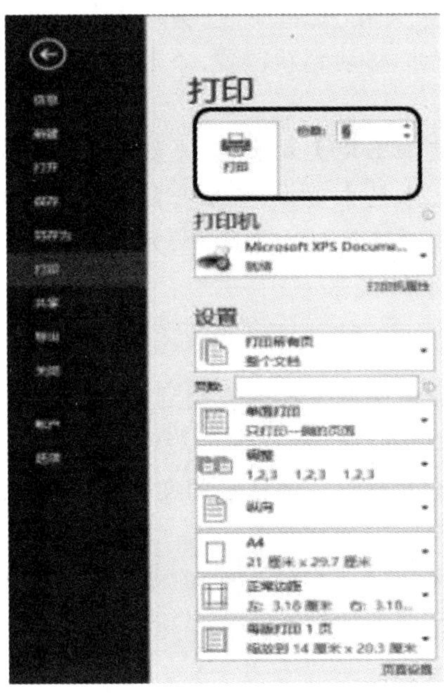

图 3-10 “打印”命令

同步练习

写一份垃圾分类的倡议书,保存到自定义文件夹下,命名为“倡议书. docx”。

3.3 文本字符格式的设置

3.3.1 实验目的

- 掌握字体格式设置。
- 掌握首字下沉的设置。
- 掌握项目符号与编号的使用。
- 掌握查找和替换的使用。

3.3.2 实验内容

1. 字体字号的设置

把“求职信.docx”的全部内容字体设置为楷体，四号。

【操作步骤】

1)按 Ctrl+A 选定全文档内容。

2)选择“开始”选项卡→“字体”组→“字体”下拉按钮，从中选择“楷体”即可，如图 3-11 所示。

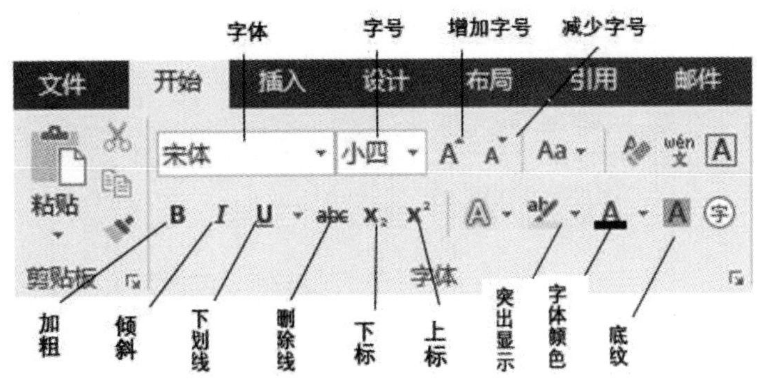

图 3-11 “字体”组命令

3)选择“开始”选项卡→“字体”组→“字号”下拉按钮，从列表中选择四号。

2. 字形格式的设置

将文档的第一行内容设置为加粗。

【操作步骤】

1)将鼠标定位在选定栏中，单击鼠标，选中第一行。

2)在选定内容的左上方会出现一个“浮动工具栏”，选择“加粗”命令即可，如图 3-12 所示。

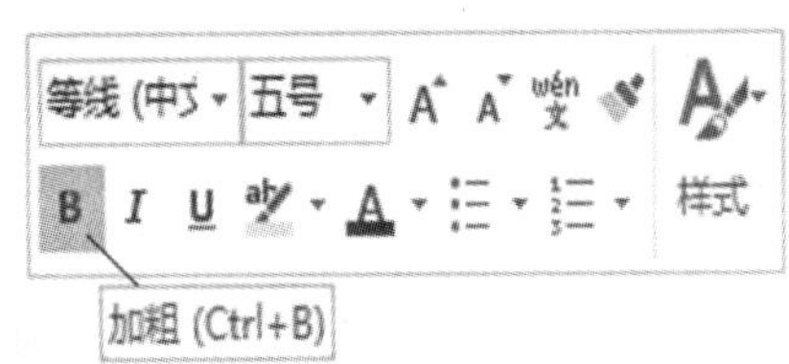

图 3-12 浮动工具栏

3. 字符底纹和字符间距的设置

将文档的第一行内容设置为红色，缩放 200%，字符间距设为加宽 2 磅。

【操作步骤】

1)将鼠标定位在选定栏中，单击鼠标，选中第一行。

2)选择“开始”选项卡→“字体”组→“字体颜色”命令右侧的下拉按钮，从弹出的下拉调色面板中选择红色。

3)在选中的文字上单击鼠标右键,在弹出的快捷菜单中选择“字体(F)…”,在弹出的“字体”对话框中选择“高级”选项卡,并进行如图 3-13 所示设置。

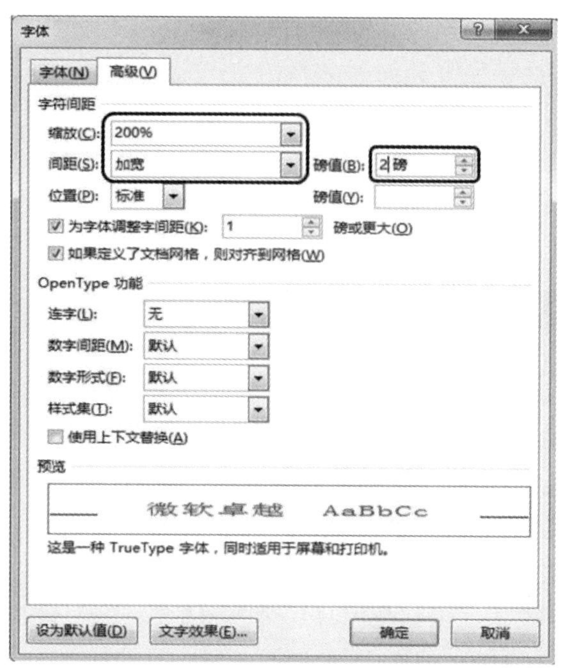

图 3-13　字体对话框中的高级选项卡

4.设置首字下沉

将文档正文部分的第一个自然段的首字下沉两行。

【操作步骤】

1)先将光标定位在要设定“首字下沉”的段落中,选择“插入”选项卡→“文本”组→“首字下沉”命令,如图 3-14 所示。

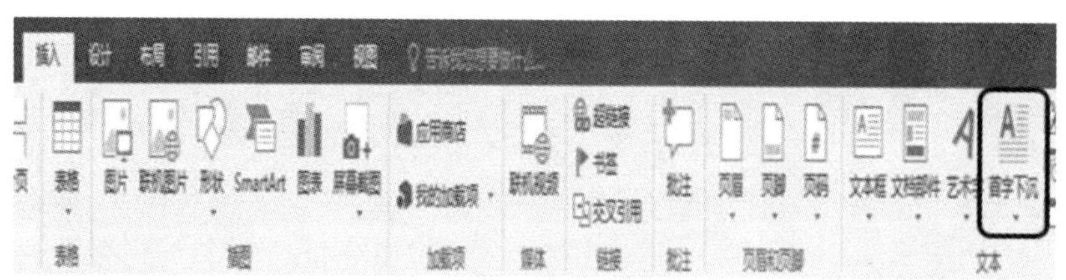

图 3-14　“插入”选项卡

2)在弹出的下拉列表中选择“首字下沉”选项,弹出如图 3-15 所示的首字下沉对话框,设置完成后,单击“确定”按钮。

如果要去除首字下沉,只要在“首字下沉”对话框中选择“无”即可。

5.设置项目符号与编号

在“求职信”文档中分别从政治上、学习上、工作上简单介绍自己,并为它进行自动编号。

【操作步骤】

1)分别输入简单介绍自己的内容,选中各项内容。

政治方面:……

学习方面:……

工作方面:……

2)选择“开始”选项卡→“段落”组→“编号”命令的下拉按钮→“定义新编号格式”→“编号样式”设置为“1,2,3,…”,编号格式改为“(1)”,如图 3-16 所示。

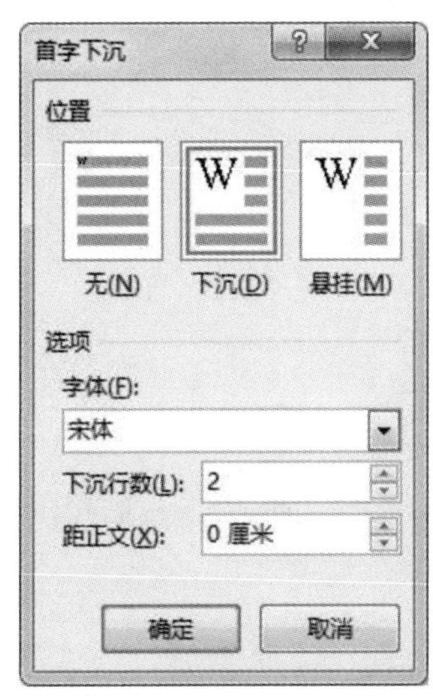

图 3-15　首字下沉对话框

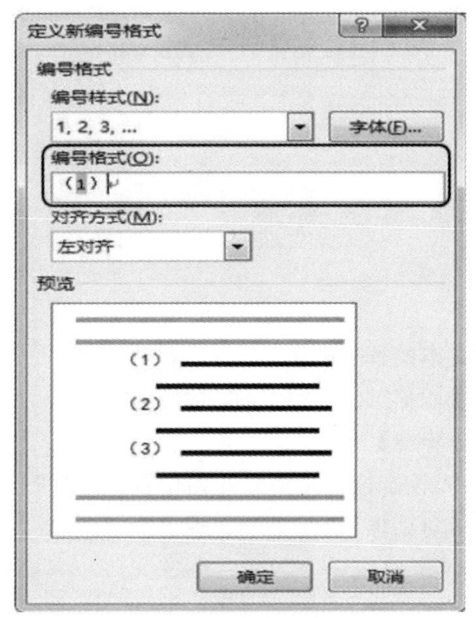

图 3-16　“定义新编号格式”对话框

3)单击“确定”按钮完成自动编号。

若要对已设置好编号的列表插入或删除编号,Word 会自动调整编号,不必人工干预。

注意:

1)对不连续的编号用 Ctrl 键的组合选定,再进行编号。

2)要将编号改成项目符号,只要按“项目符号”按钮,反之亦然。

3)若要改变项目符号(或编号)的形式,可选择“段落”组中的“项目符号”黑三角按钮(或“编号”黑三角按钮),再选择“项目符号库”(或“编号库”)中的项目符号(或编号),也可按“定义新项目符号…”(或“定义新编号格式…”)定义新的项目符号(或新的编号)。

4)要想去掉项目符号和编号,恢复文本的本来面目,可以先选中带有编号或项目符号的文本,再次单击“项目符号”或“编号”按钮,项目符号或编号就取消了。

6. 查找和替换

(1)文本的查找。

在“求职信”文档中查找“你”字。

【操作步骤】

1)选择“开始”选项卡→“编辑”组→“查找”命令,打开“导航”的任务窗格。

2)在“导航”任务窗格里输入“你”,选择“结果”选项卡,在导航窗格中会把“你”字所在的句子列出来,正文部分被搜索出来的“你”都会用黄色的标签框标注起来,如图 3-17 所示。

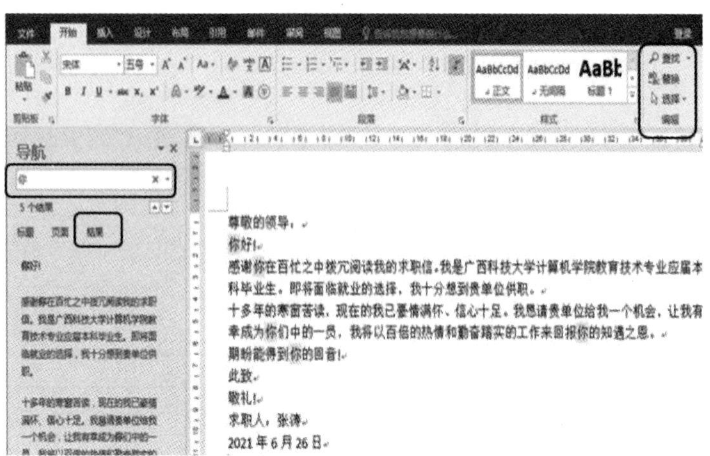

图 3-17 “查找”命令

(2)文本的替换

将“求职信”文档中的“你”替换为“您”。

【操作步骤】

1)将光标定位在文档的开始位置。选择“开始”选项卡→“编辑”组→“替换”命令,打开“查找和替换”对话框,如图 3-18 所示。

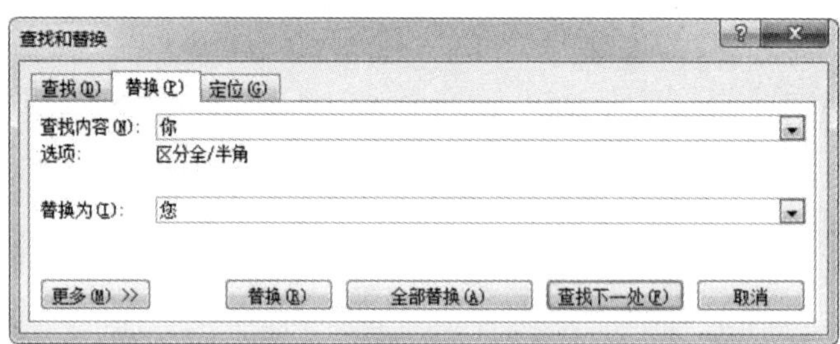

图 3-18 “查找和替换”对话框

2)输入查找和替换的内容,单击“查找下一处”按钮,此时文档中的“你”呈选定状态,单击“替换”按钮,完成替换操作。按“全部替换”按钮,会将查到的字符串全部自动进行替换。

注意:如果“替换为”框为空,操作后的实际效果是将查找到的内容从文档中删除。

(3)格式的替换。

把“求职信”文档中的“我”字用替换功能设置为红色,并全部加上着重号。

【操作步骤】

1)将光标定位在文档的开始位置。选择“开始”选项卡→“编辑”组→“替换”命令,打开“查找和替换”对话框。

2)在“查找内容”及“替换为”的文本框中都输入“我”。

3)把光标定位在“替换为”后文本框中,单击“更多”按钮,将会出现更多选项,如图 3-19

所示。

图 3-19　替换格式设置

4)单击“格式”按钮，在弹出的下拉列表中选择“字体”，弹出“字体”对话框。

5)在“字体”对话框的中设置“有着重号”后，关闭“字体”对话框，返回“查找和替换”对话框，此时在“替换为”下方将看到将要替换的格式，如图 3-19 所示。

6)单击“全部替换”，屏幕上出现完成替换的消息框，关闭对话框。此时“我”变成红色，下面全部添加了着重号。

同步练习

用 Word 打开素材文件下的“劳动合同. txt”，参考“劳动合同—排版后. docx”的格式排版。

3.4　段落格式的设置

3.4.1　实验目的

· 掌握段落的拆分、合并和移动。
· 掌握段落格式的设置。
· 掌握段落分栏的设置。
· 掌握格式刷的使用。

3.4.2　实验内容

1. 段落的拆分与合并

将“求职信”文档从“感谢你在百忙之中拨冗阅读我的求职信。”后拆分为两段，拆分后的第一段“感谢你在百忙之中拨冗阅读我的求职信。”和“你好”合并为一段。

【操作步骤】

1)将光标定位到要拆分的位置，按回车键，即可把段落拆分为两段。本例中将光标置于“感谢你在百忙之中拨冗阅读我的求职信。”后，按下 Enter 键。

2)段落的合并只需将光标定位到段首或段尾，按 Backspace 或者 Del 键，删除前面的段落标志“ ↵ ”即可。本例中将光标置于“你好”后，按下 Delte 键，即可完成两段合并。

2. 段落的对齐设置

设置文档的最后两行，右对齐。完成后的效果如下：

求职人：张涛 2021 年 1 月 7 日

【操作步骤】

选定文档的最后两段，选择“开始”选项卡→“段落”组→“文本右对齐”命令即可，如图 3－20所示。

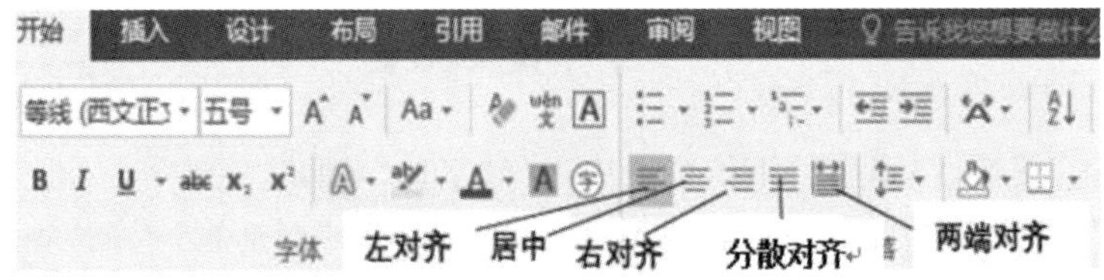

图 3－20　段落对齐命令按钮

3. 段落的缩进设置

将正文的各个段落设置为首行缩进 2 个字符。

【操作步骤】

将光标分别定位于正文的各个段落，拖动标尺上的“首行缩进”滑块到标尺上 2 刻度处，实现段落缩进的粗略设置。

注意：若标尺没有显示出来，可以选择“视图”选项卡→“显示”组，把“标尺”左边的复选框打上勾，即可在界面上显示标尺，如图 3－21 所示。

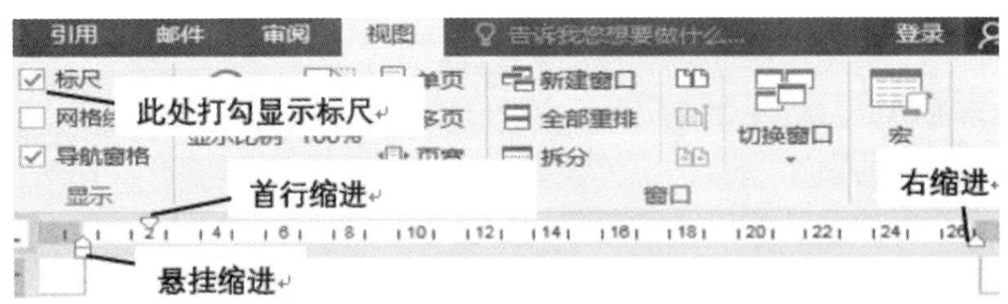

图 3－21　标尺

4. 段落的段间距和行距设置

将每段的段后间距设为 0.5 行，将正文部分行间距设为固定值 18 磅。

【操作步骤】

1)选中所有段落,选择“开始”选项卡→“段落”组→“对话框启示器”命令,打开“段落”对话框,如图 3 - 22 所示。

2)将“间距”→ “段后”后面的文本框中的值设置为“0.5”。

3)单击“间距”→ “行距”下面右侧的下拉按钮,如图 3 - 23 所示。在弹出的下拉列表中选择“固定值”,在其后的“设置值”中设置为“18 磅”。

4)单击“确定”按钮,完成段落间距和行距的设置。

图 3 - 22　“段落”对话框

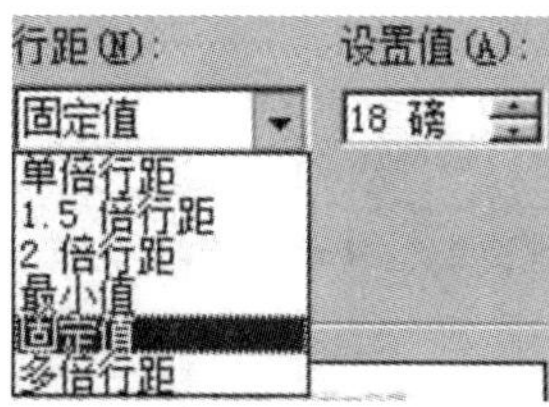

图 3 - 23　行距设置

5. 段落边框的设置

为“求职信”的所有段落加个外边框,线宽设置为 1.5 磅。

【操作步骤】

1)按 Ctrl+A 选定文档全部内容,选择"开始"选项卡→"段落"→"边框"右侧的下拉按钮,在弹出的下拉列表中选择"边框和底纹",打开"边框和底纹"对话框,如图 3-24 所示。

2)在"边框"选项卡的"设置"中选定边框样式为"方框",在"宽度"下拉列表框中设置边框的宽度为 1.5 磅。

3)注意观察右边的预览框,单击"确定"按钮,完成段落边框的设置。

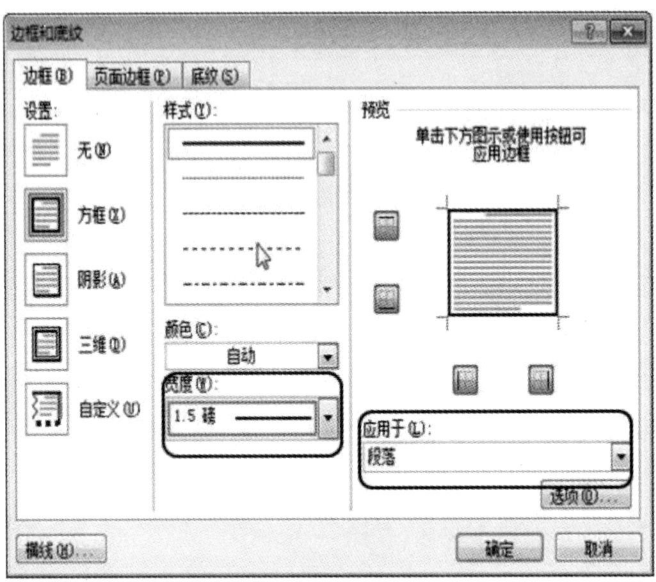

图 3-24 "边框和底纹"对话框

6. 段落的分栏设置

将"求职信"文档的第三段设为不等宽的两栏,两栏中间加分隔线。

【操作步骤】

1)选定要进行分栏的段落。

2)选择"布局"选项卡→"页面设置"组→"分栏"下拉列表→"更多分栏"命令,如图 3-25 所示,将会弹出"分栏"对话框。

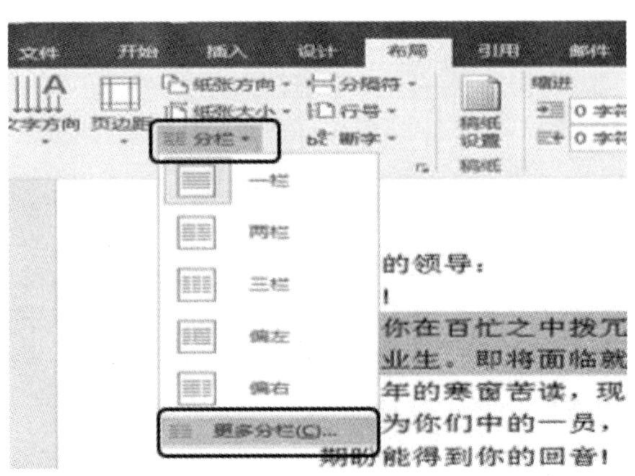

图 3-25 "分栏"下拉列表

3)在“分栏”对话框按如图 3－26 所示进行设置,单击“确定”按钮。

若需取消分栏,只需选中已分栏文本,再选择“布局”选项卡→“页面设置”组→“分栏”→“一栏”。

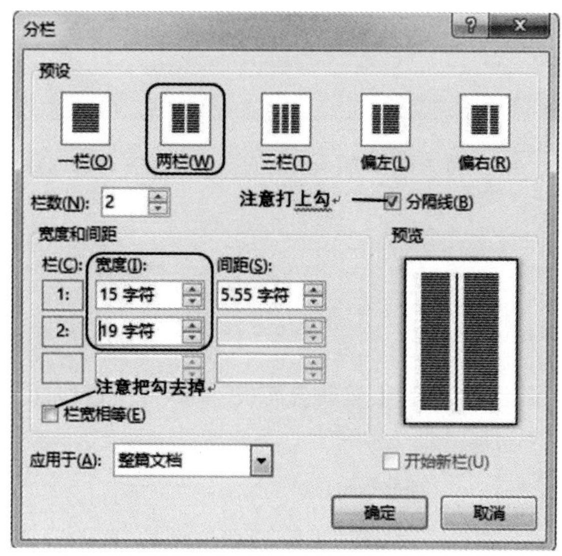

图 3－26　“分栏”对话框

7.格式刷的使用

(1)复制字体格式。

设置第一段文字字体为楷体三号,使用格式刷,将第一段的字体格式复制到第二段。

【操作步骤】

1)选中第一段的文字,设置字体格式为楷体,三号,单击“开始”选项卡→“剪贴板”组→“格式刷”命令,此时鼠标箭头变成刷子形状。

注意:单击“格式刷”只能刷一次,双击“格式刷”可以刷多次。

2)拖动鼠标选择第二段的文字,即可将第二段的字体格式设为和第一段一样。

(2)复制段落格式。

设置第三段段间距为 2 行,使用格式刷,将第三段的段落格式复制到第四段。

【操作步骤】

1)将光标置于要复制其格式的段落内,设置其段间距为 2 行。

2)选择“开始”选项卡→“剪贴板”组→“格式刷”命令。

3)将鼠标指针移动到目标段落所在页面的左侧选定栏上,当鼠标指针呈 形状时,按住鼠标左键不放,然后在垂直方向上拖动鼠标,即可将格式复制到所选中的若干个段落上。

同步练习

打开素材文件夹中的“机房管理制度.txt”,将正文第一段首行缩进 2 字符,段后间距 0.5 行,1.3 倍行距,最后两段设为右对齐。其余段落对齐方式为两端对齐。将正文第一段分为等宽两栏、栏间距为 3 字符、栏间加分隔线。

3.5 页面设置及图文混排

3.5.1 实验目的

· 掌握页面设置的方法。
· 掌握美化页面的方法。
· 掌握插入艺术字的方法。
· 掌握插入图片的方法。
· 掌握插入形状的方法。

3.5.2 实验内容

新建一个空白文档,命名为“大学生运动会海报.docx”,保存到自己的文件夹下。

1. 页面设置

(1)设置页边距、纸张方向和大小。

设置海报的页边距上下左右均为2.5厘米,纸张方向为“横向”,纸张大小为25厘米,高度为19.7厘米。

【操作步骤】

1)选择“布局”选项卡→“页面设置”组→“对话框启动器”命令,弹出“页面设置”对话框,如图3-27所示。

图3-27 “页面设置”对话框

2)选择“纸张”选项卡,在“纸张大小”下拉列表中选择“自定义大小”选项,如图 3-28 所示。

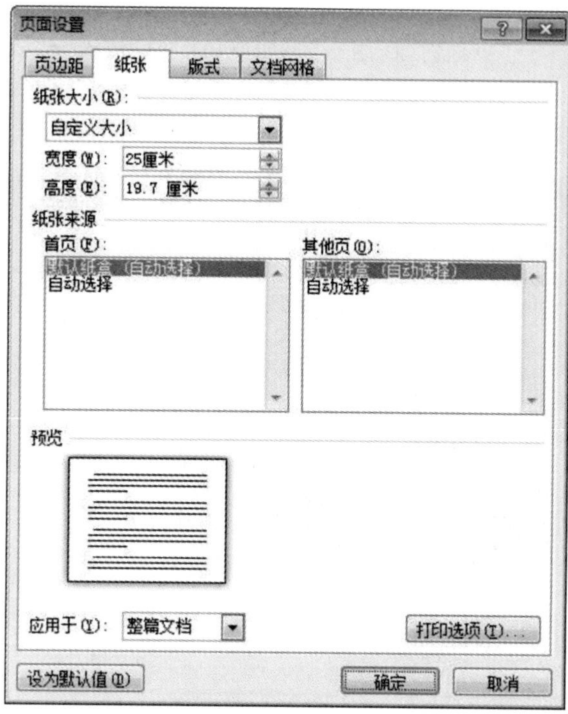

图 3-28　设置纸张大小

3)设置好“宽度”和“高度”,单击“确定”按钮即可。

(2)设置页面背景颜色。

将页面背景颜色设置为标准色黄色。

【操作步骤】

1)选择“布局”选项卡→“页面背景”组→“页面颜色”命令。

2)在弹出的下拉列表中选择标准色“黄色”即可,如图 3-29 所示。

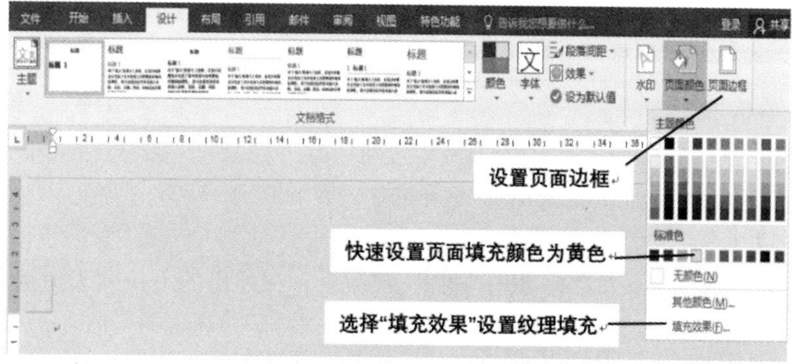

图 3-29　设置页面填充颜色

(3)设置页面填充效果。

将填充效果设为"纹理→白色大理石"。

【操作步骤】

1)选择"布局"选项卡→"页面背景"组→"页面颜色"下拉列表→"填充效果(F)"。

2)在弹出的"填充效果"对话框中选择"纹理"→"白色大理石",如图 3-30 所示。

3)单击"确定"按钮即可。

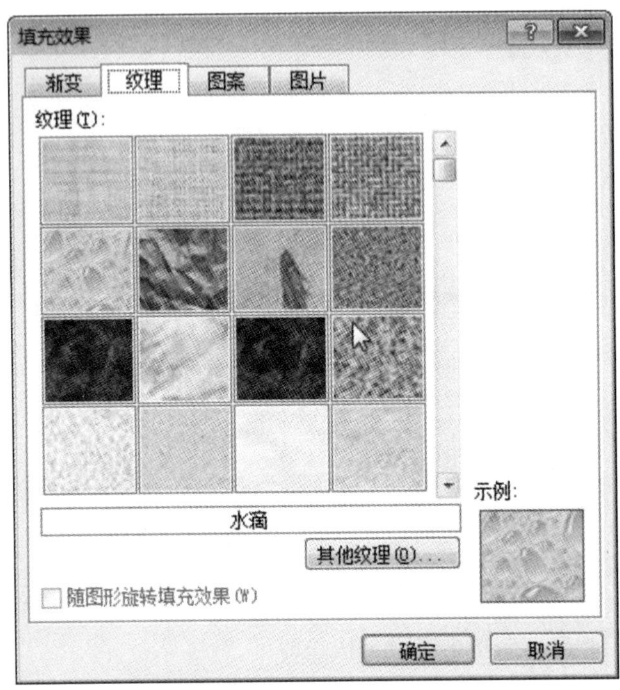

图 3-30　设置页面填充效果

(4)设置页面边框。

把页面边框设置为"苹果"。

【操作步骤】

1)选择"布局"选项卡→"页面背景"组→"页面边框"命令。

2)选择"艺术型"的"苹果"选项,如图 3-31 所示。

2. 艺术字的使用

(1)插入艺术字。

在文中插入"第 26 届大学生运动会"艺术字。

【操作步骤】

1)选择"插入"选项卡→"文本"组→"艺术字"命令。在弹出的下拉列表中选择一种艺术字样式,如图 3-32 所示。

2)在文本框中输入文字"第 26 届大学生运动会",在文本框外面任意位置处单击完成艺术字的插入。

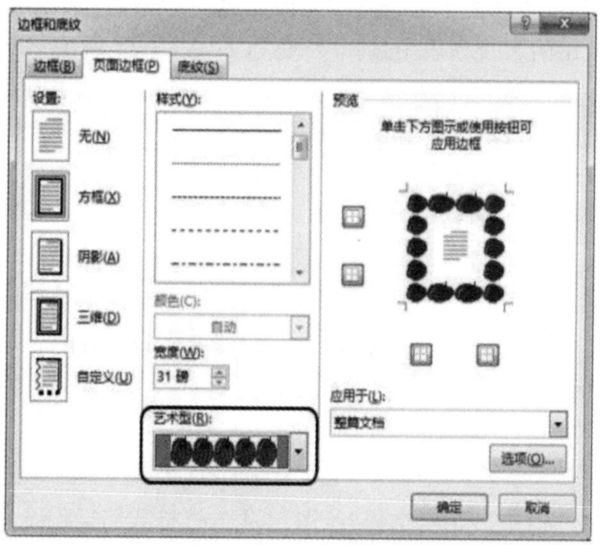

图 3－31　“边框和底纹”对话框

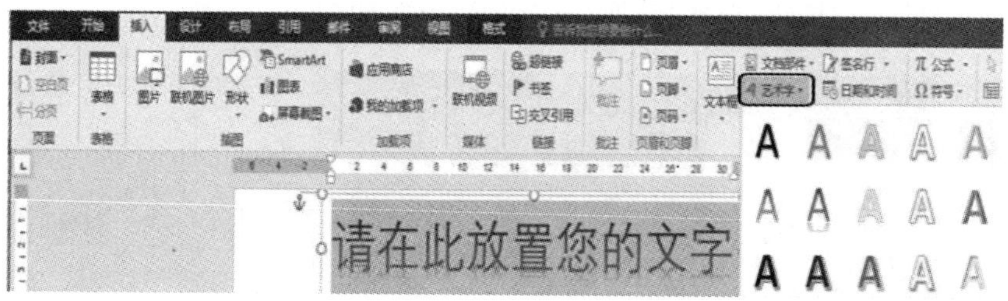

图 3－32　插入艺术字

(2)设置艺术字样式。

设置艺术字样式为“渐变填充，金色，着色 4，轮廓，着色 4”，艺术字填充为“红色，黄色轮廓”，文字效果为“转换，正 V 形”。

【操作步骤】

1)设置艺术字样式。选中所有艺术字文本，选择“绘图工具”→“格式”选项卡→“艺术字样式”命令，在弹出的下拉列表中选择需要的样式即可，如图 3－33 所示。

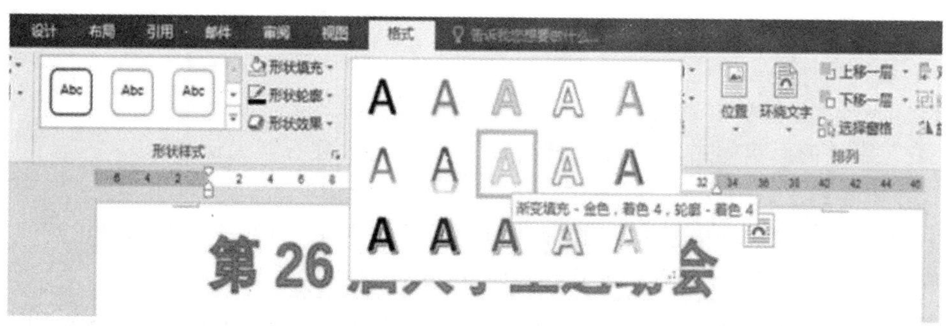

图 3－33　设置艺术字样式

2)设置艺术字填充。选择艺术字,选择“绘图工具”→“格式”选项卡→“艺术字样式”组→“文本填充”命令,在弹出的下拉列表中选择“红色”,如图 3-34 所示。

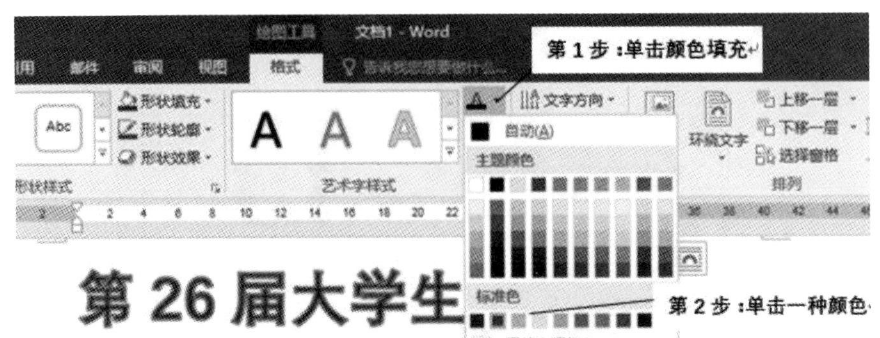

图 3-34 设置艺术字填充

3)设置文本轮廓。选择艺术字,选择“绘图工具”→“格式”选项卡→选择“艺术字样式”→“文本轮廓”命令,在弹出的下拉列表中选择“黄色”。

4)设置文字效果。选择艺术字,选择“绘图工具”→ “格式”选项卡→单击“艺术字样式”→“文字效果”命令的下拉按钮,选择“转换”→ “正 V 形”,如图 3-35 所示。

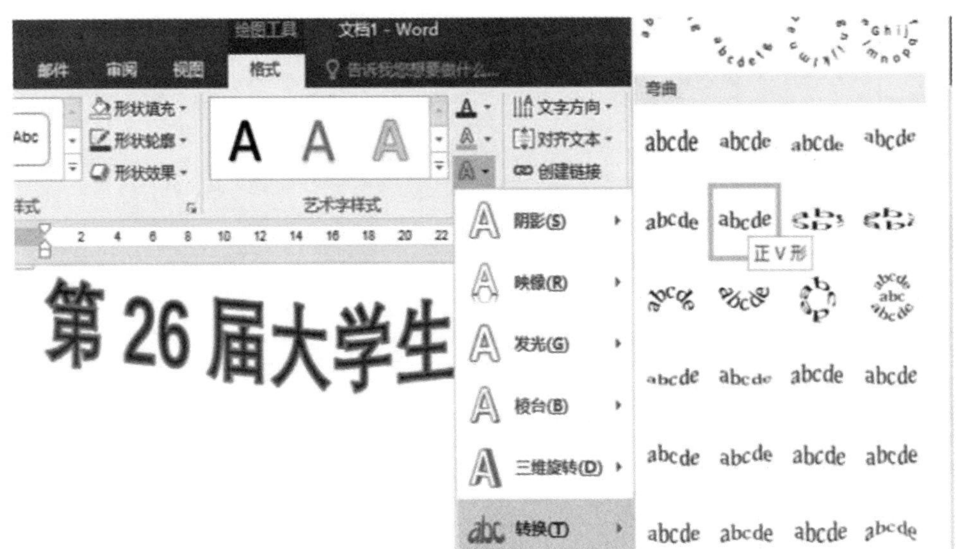

图 3-35 设置艺术字文字效果

(3)修改艺术字形状样式。

改变艺术字的形状样式,纹理填充样式设置为“白色大理石”“无轮廓”。

【操作步骤】

1)设置快速填充。选中艺术字,选择“绘图工具”→“格式”选项卡→“形状样式”→“其他”命令,在弹出的下拉列表中选择需要的样式即可。

2)设置形状填充。选中艺术字,选择“绘图工具”→“格式”选项卡→“形状样式”组→“形状填充”的下拉按钮,在下拉列表中选择“纹理”→“白色大理石”,如图 3-36 所示。

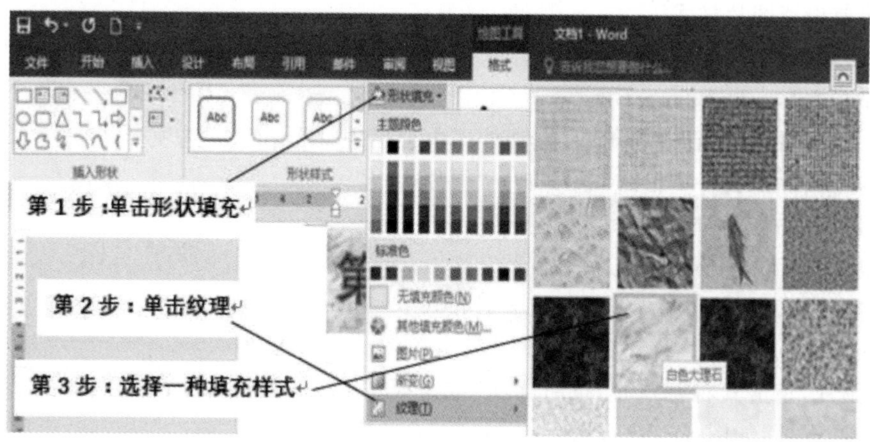

图 3-36 设置艺术字形状填充样式

3)设置形状轮廓。选中艺术字，选择“绘图工具”→“格式”选项卡→“形状样式”组→“形状轮廓”命令，在弹出的下拉列表中选择“无轮廓”选项。

3. 插入与设置图片

(1)插入图片。

在文档中插入素材文件夹中的“运动会.jpg”的图片。

【操作步骤】

1)定位要插入图片的位置，选择“插入”选项卡→“插图”组→“图片”命令，弹出“插入图片”对话框。

2)选择一张图片，单击“插入”按钮即可，如图 3-37 所示。

图 3-37 插入图片对话框

(2)快速设置图片样式。

设置图片样式为“松散透视,白色”。

【操作步骤】

1)单击图片任意位置选中图片,在功能区中会出现“图片工具”选项卡。

2)选择“图片工具”→“格式”选项卡→“图片样式”。

3)在快捷样式区里选择“松散透视,白色”。

(3)设置图片文字环绕方式。

设置图片文字环绕方式为“浮于文字下方”。

【操作步骤】

选中图片,单击其右上方的“布局选项”按钮或按 Ctrl 键,打开“文字环绕”列表,选择“衬于文字下方”选项,如图 3-38 所示。

图 3-38　图片布局选项

(4)设置图片大小。

把图片高度改为 3 厘米,宽度 16 厘米。

【操作步骤】

选中图片,在“图片工具”→“格式”选项卡→“大小”组→“形状高度”或“形状宽度”按钮框中设置高度或宽度即可,如图 3-39 所示。

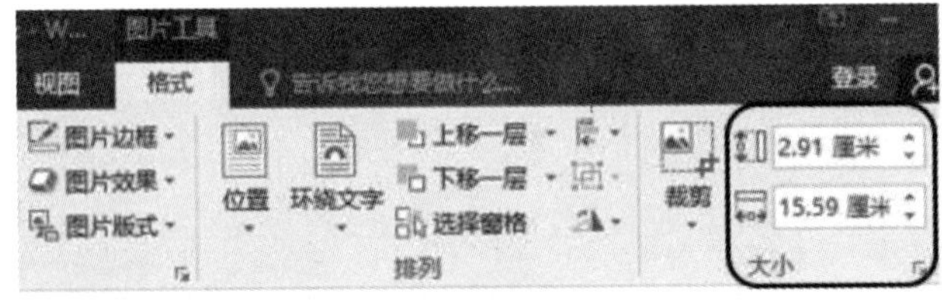

图 3-39　设置图片大小

注意:默认状态因为图片是锁定纵横比,所以修改图片的宽度时高度会自动跟着改变。因此若要分别修改长度和高度必须在“图片工具”→“格式”选项卡→“大小”组→“对话框启动器”→打开“布局”对话框，把“锁定纵横比”前的钩去掉即可，如图 3－40 所示。

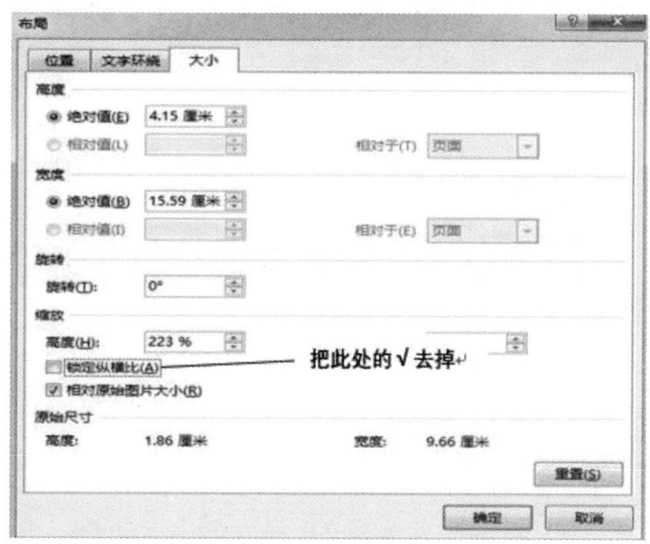

图 3－40　“布局”对话框

(5)裁剪图片。

对图片进行裁剪操作，以截取图片中最需要的部分。

【操作步骤】

1)单击选中需要进行裁剪的图片，选择“图片工具”→“格式”选项卡→“大小”组→“裁剪”命令，如图 3－41 所示。

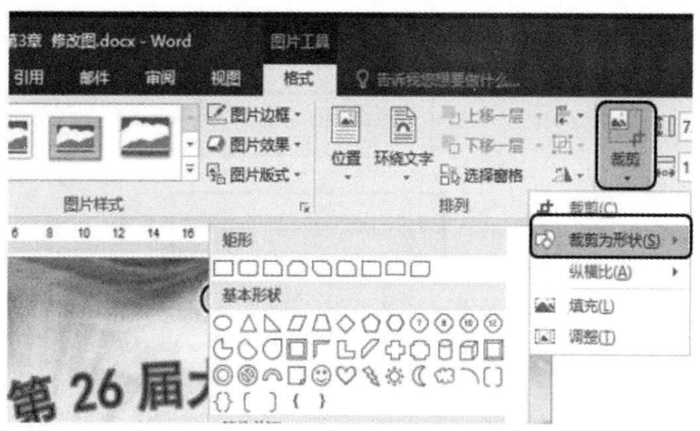

图 3－41　图片的裁剪

2)图片周围出现 8 个方向的裁剪控制柄，用鼠标拖动控制柄将对图片进行相应方向的裁剪，同时可以拖动控制柄将图片复原，直至调整合适为止，如图 3－42 所示。

如果在“裁剪”下拉菜单中选择“裁剪为形状”命令，在弹出的子菜单中选择需要的形状样式，则可以将图片自动裁剪为相应形状样式。

图 3-42　裁剪图片

4. 插入形状

插入如图 3-43 所示的运动会开幕式流程图。

广西科技大学第 26 届大学生运动会

开幕式流程

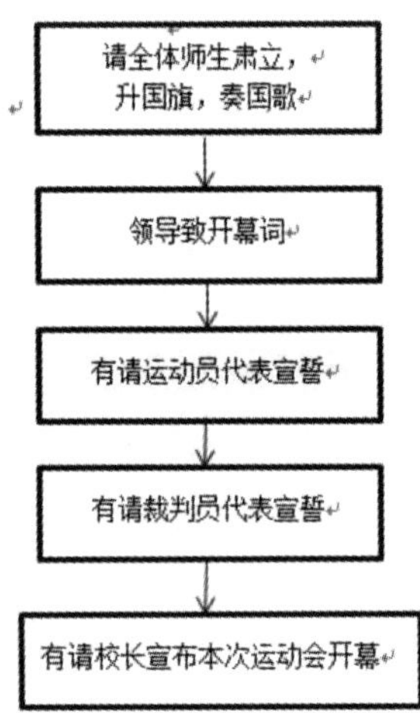

图 3-43　运动会流程图

【操作步骤】

1)插入分节符。将光标定位到文档末尾，选择“布局”选项卡→“页面设置”组→“分隔符”→“下一页”命令，插入一个分节符。

2)不同节的页面设置。光标定位到新的这一页上，选择“布局”选项卡→“页面设置”组→“对话框启动器”，打开“页面设置”对话框。在“页边距”选项卡中选择纸张方向为“纵向”，“纸张”选项卡→“纸张大小”列表中选择“A4”，在左下角“应用于(Y)：”中选择“本节”，如图 3-44 所示。单击“确定”按钮后看到两页纸的大小和方向都不一样。

3)插入形状。选择“插入”选项卡→“插图”组→“形状”命令，选择合适的形状，在合适的位置拖动鼠标即可。

4)设置形状格式。在形状的边线上右击鼠标,打开“设置形状格式”对话框→“填充”为“无填充”→“线条颜色”选项卡→设置线条颜色为“黑色”,如图 3-45 所示。

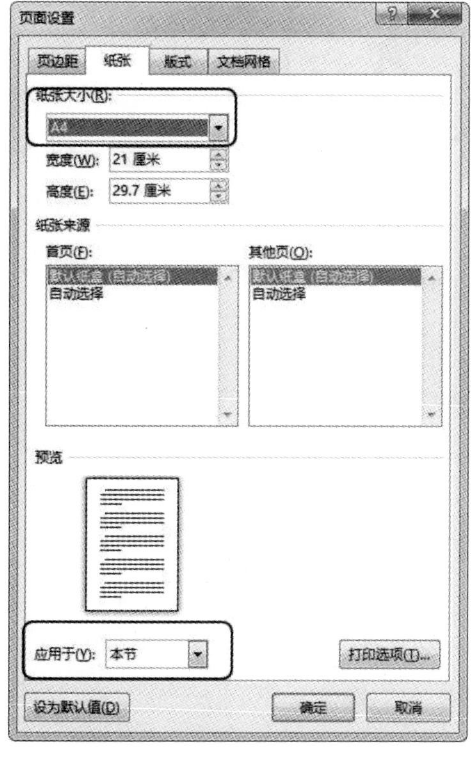

图 3-44　应用于节的页面设置

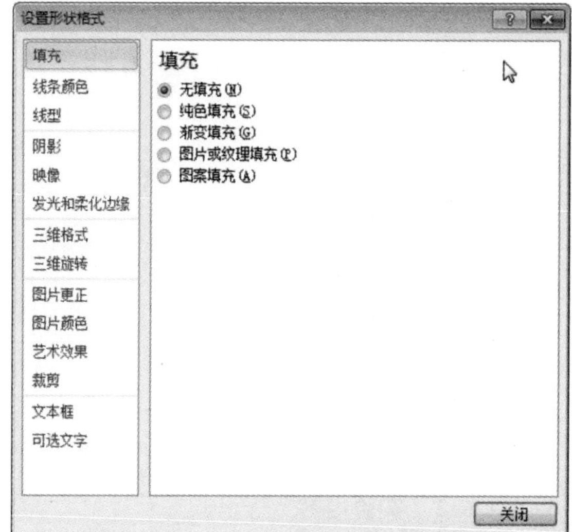

图 3-45　设置形状格式

5)在形状中添加文字。在形状上单击鼠标右键,选择“添加文字”命令,在形状中输入相应的文字即可,如图 3-46 所示。

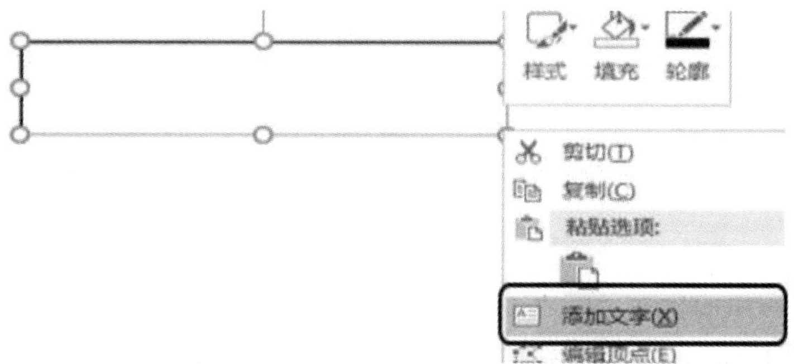

图 3-46　为形状添加文字

同步练习

1. 制作一张某商场的商品促销海报。
2. 制作一面五星红旗和一枚印章,如图 3-47 所示。

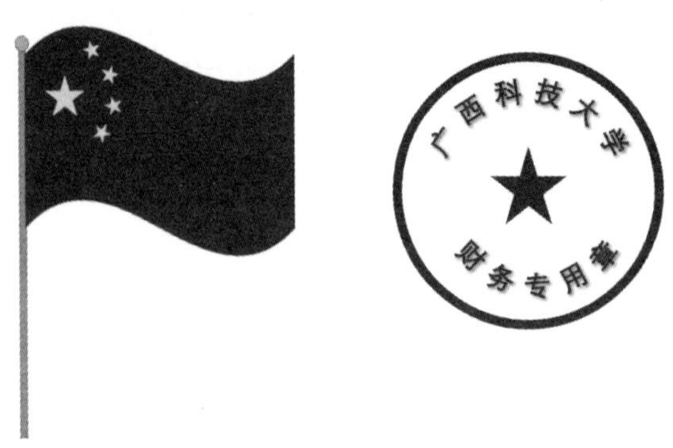

图 3-47 五星红旗和印章

3.6 表格的制作

3.6.1 实验目的

- 熟练掌握 Word 表格的制作。
- 熟练掌握 Word 表格的格式设置。
- 掌握表格中数据的计算与排序。

3.6.2 实验内容

1. 创建表格

(1)创建规则表格。

要求创建如表 3-2 所示的成绩表。

表 3-2 成绩表

序号	学号	姓名	英语	数学	计算机
1		小明	85	80	95
2		小军	82	75	98
3		小红	91	68	88

【操作步骤】

方法 1:使用鼠标拖动行列数绘制表格。

将光标置于要插入表格的位置,选择“插入”选项卡→“表格”组→“表格”命令,在打开的表格列表中,拖动鼠标选中 4 行 6 列创建表格,如图 3-48 所示。

方法 2:利用“插入表格”对话框创建表格。

1)单击“插入”选项卡→“表格”组→“表格”命令,选择“插入表格…”选项,打开“插入表格”对话框。

2)在“插入表格”对话框中,设置“列数”为 4,“行数”为 6,如图 3-49 所示。

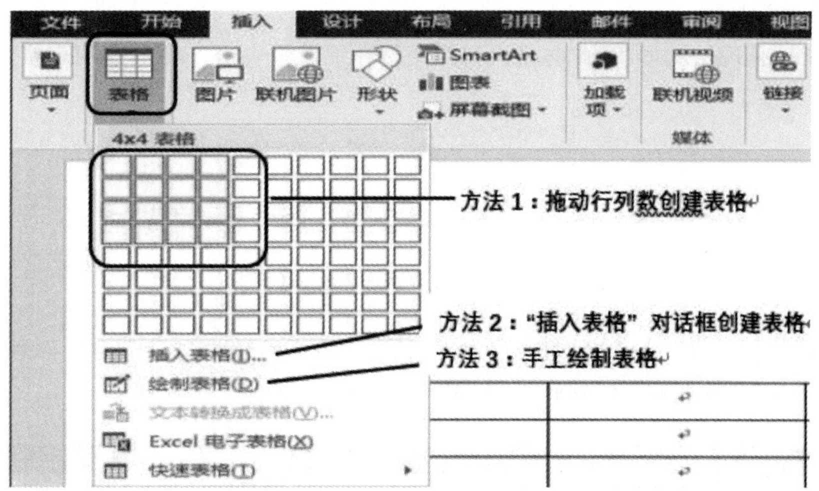

图 3－48　快捷插入表格

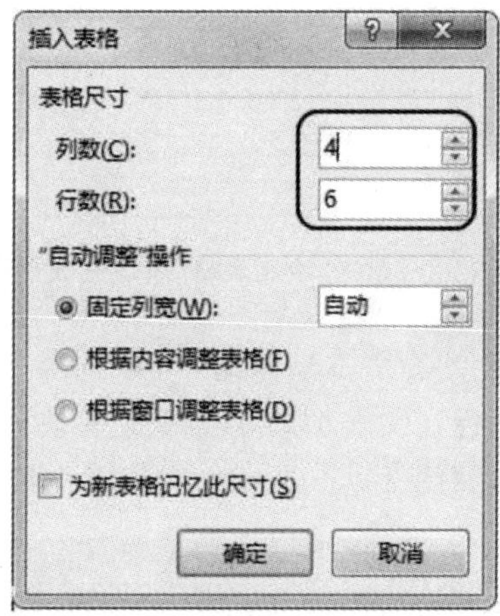

图 3－49　"插入表格"对话框

(2)创建不规则表格。

设计并制作一份个人简历表，参考样张如图 3－50 所示。

<table>
<tr><td>姓名</td><td></td><td>性别</td><td></td><td>出生年日</td><td></td><td rowspan="3">相片</td></tr>
<tr><td>民族</td><td></td><td>学历</td><td></td><td>毕业院校</td><td></td></tr>
<tr><td>籍贯</td><td></td><td>身高</td><td></td><td>婚姻状况</td><td></td></tr>
<tr><td>电话</td><td colspan="2"></td><td colspan="2">邮箱</td><td colspan="2"></td></tr>
<tr><td>住址</td><td colspan="6"></td></tr>
</table>

图 3－50　个人简历表

【操作步骤】

1)选择"插入"选项卡→"表格"组→"表格"命令，在打开的下拉列表中选择"绘制表格"

命令，如图 3-48 所示。

2）鼠标指针呈现铅笔形状，此时就可以像用笔在纸上画表格一样地绘制表格，如图 3-51 所示。

图 3-51　绘制表格

3）完成表格的绘制后，按下键盘上的 Esc 键，或者在“表格工具”→“布局”选项卡→“绘图”→“绘制表格”命令，结束表格绘制状态，如图 3-52 所示。

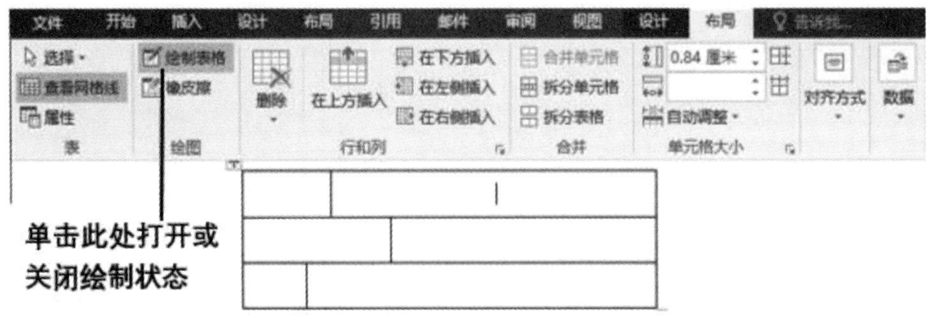

图 3-52　单击“绘制表格”按钮完成绘制

绘制过程中当对表格中的某一条线不满意时，可以选择“表格工具”→“布局”选项卡→“绘图”→“橡皮擦”命令。此时鼠标在文档窗口中会变成一块橡皮，将它移到需要删除的表格线上，单击鼠标即可擦除表格线，如图 3-53 所示。在键盘上按下 Esc 键可取消擦除状态。

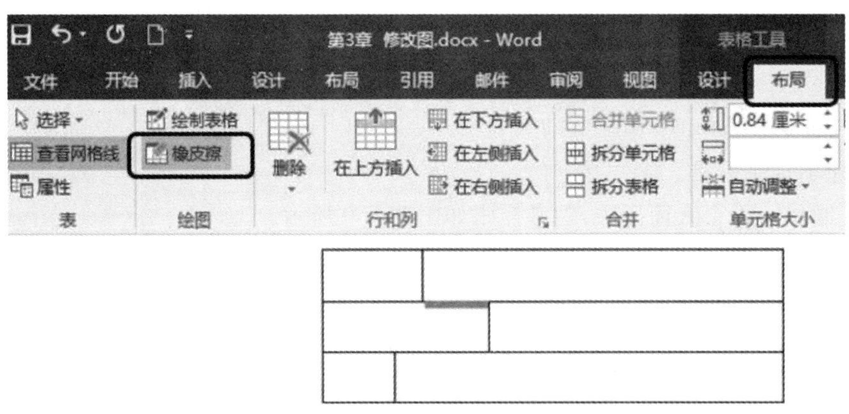

图 3-53　橡皮擦修改表格

2. 选定单元格

选择表格中单元格的方法有多种，见表 3-3。

表 3-3　用鼠标在表格中选定对象

目　的	操作方法
选定一个单元格	鼠标指针移到单元格左边边界，当指针变为 时，单击鼠标左键
选定一行	将鼠标指针移到该行的左侧，当指针变为 时，单击鼠标左键
选定一列	将鼠标指针移到该列顶端的边框，当指针变为 时，单击鼠标左键
选定多个连续的单元格、多行或多列	在要选定的单元格、行或列上拖动鼠标；或者，先选定某一单元格、行或列，然后在按下 Shift 键的同时单击其他单元格、行或列
选定整张表格	将鼠标移到表格上，表格左上角出现全选按钮，点击它即可

3. 在单元格中填充自动编号

在“成绩表”学号列中填充 202101，202102，202103。

【操作步骤】

1)选中学号列下面的三个单元格，选择“段落”选项卡→“编号”下拉按钮→“定义新编号格式”，打开“定义新编号格式”对话框，如图 3-54 所示。

图 3-54　填充自动编号

(2)在对话框中选择编号样式，在“编号格式”文本框中的编号前添加 202101，单击“确定”按钮，如图 3-55 所示。

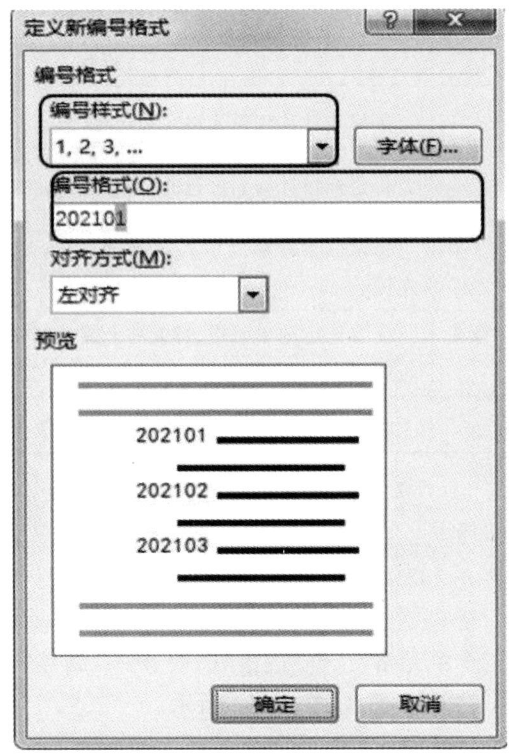

图 3-55　定义新编号格式

4. 插入行或列

给成绩表最右边增加一列“总分”，在表格最后插入一行。

【操作步骤】

将鼠标置于表格最右列上端，单击 ⊕ 图标即可在其右侧快速插入一列，如图 3-56 所示。

用同样的方法插入一行。

单击此处插入一列

序号	学号	姓名	英语	数学	计算机	总分
1	202101	小明	85	80	95	
2	202102	小军	82	75	98	
3	202103	小红	91	68	88	

图 3-56　插入行或列

5. 删除行、列、单元格或表格

把成绩表中的“学号”列删除，把刚插入的空行删除。

【操作步骤】

选择需要删除的行、列、单元格或表格，选择“表格工具”→“布局”选项卡→“行和列”→“删除”命令，在弹出的下拉列表中选择相应的删除命令即可，如图 3－57 所示。

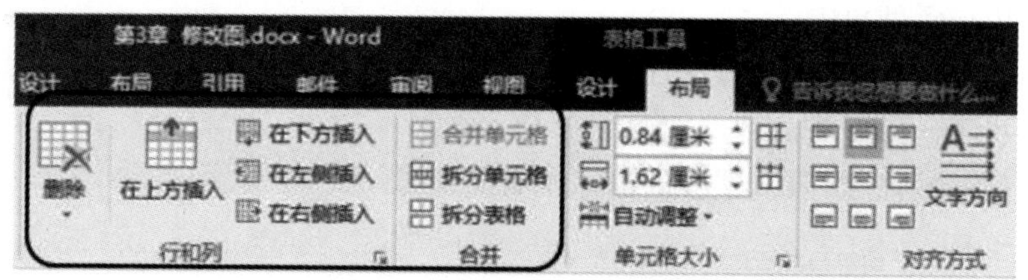

图 3－57　表格编辑命令

6. 单元格的合并与拆分

根据个人情况修改个人简历表。

(1)单元格的合并。

【操作步骤】

1)选择表格中需要合并的两个或两个以上的单元格(所选单元格区域应该是相邻的)。

2)选择“表格工具”→“布局”选项卡→“合并”组→“合并单元格”命令即可，如图 3－57 所示。

(2)拆分单元格。

【操作步骤】

1)单击需要拆分的单元格，选择“表格工具”→“布局”选项卡→“合并”组→“拆分单元格”命令，打开“拆分单元格”对话框。

2)分别设置需要拆分成的“列数”和“行数”，单击“确定”按钮完成拆分。

7. 表格的拆分与合并

把个人简历表拆分为两个表格。

【操作步骤】

先将光标放置到拆分位置的单元格，选择“表格工具”→“布局”选项卡→“合并”组→“拆分表格”命令，就可以将表格分割成两个单独的表格。

若要合并表格，只需删除两个表格之间的段落(或者说是空行)即可。

8. 调整表格的行高

把表格的行高设置为合适的高度。

【操作步骤】

方法 1：选中表格，选择“表格工具”→“布局”选项卡→“单元格大小”组→“表格行高”数值框，输入需要设置的行高即可，如图 3－58 所示。

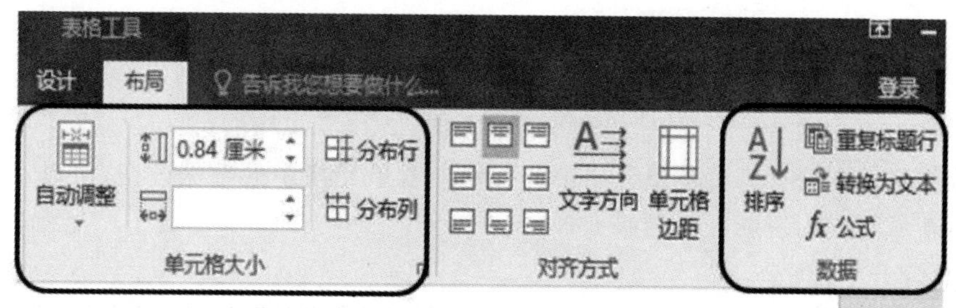

图 3－58　设置表格的行高

方法 2:用垂直标尺来调整表格的行高。

【操作步骤】

1)在表格内任意处单击。

2)将鼠标指针移到要调整行高的行所对应的"调整表格行高标志"上,按住鼠标左键拖动,这时编辑区会出现一条虚线。

3)拖动鼠标,达到理想的高度后松开鼠标即可,如图 3-59 所示。

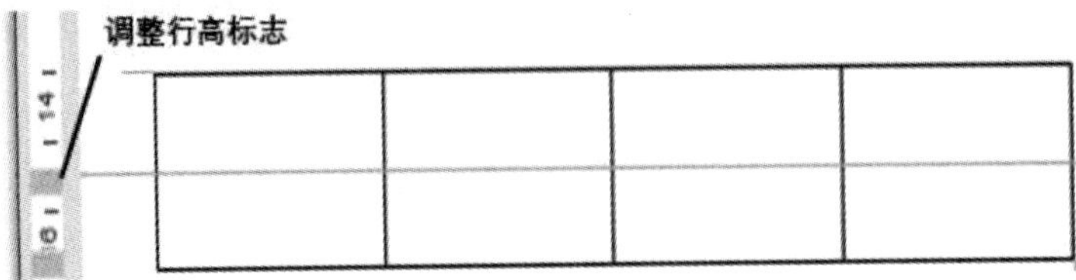

图 3-59 调整表格行高标志

方法 3:将鼠标指针移到要调整行高的边框上,当指针变为双向箭头时,按住鼠标左键拖动到理想的高度后,松开鼠标,也可调整行高。

9. 计算与排序表格数据

对成绩表进行总分的计算,并按总分的升序排序。

(1)计算总分。

【操作步骤】

1)将光标定位到"总分"列的第一个单元格中,选择"表格工具"→"布局"选项卡→"数据"组→"f_x公式"命令,打开"公式"对话框。

2)在"公式"文本框中输入公式"=D2+E2+F2"(以 A、B、C、…表示列数,以 1,2,3,…表示行数),或者在粘贴函数下拉列表中选择 SUM 函数,此时文本框中显示"=SUM(LEFT)",单击"确定"即可计算出相应的结果,如图 3-60 所示。

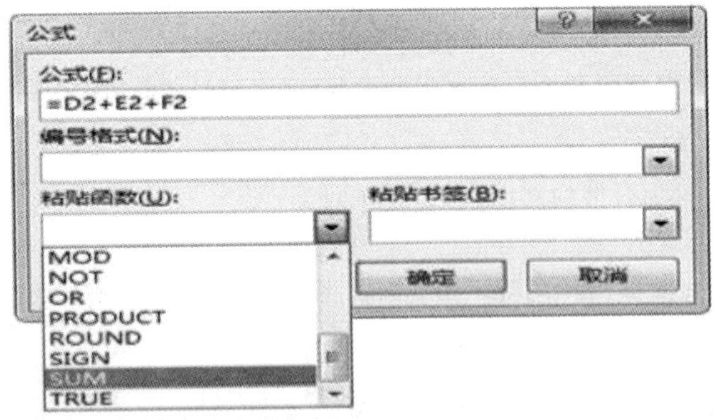

图 3-60 "公式"对话框

3)采取同样的方法计算其他单元格中的数据。若单元格中的数据改变,可以右击计算结果,选择"更新域"命令,更新计算结果。

(2)按总分升序排序。

【操作步骤】

1)选中要排序的单元格,选择“插入”选项卡→“数据”组→“排序”命令,打开“排序”对话框。

2)在“排序”对话框中设置排序参数,单击“确定”即可,如图 3-61 所示。

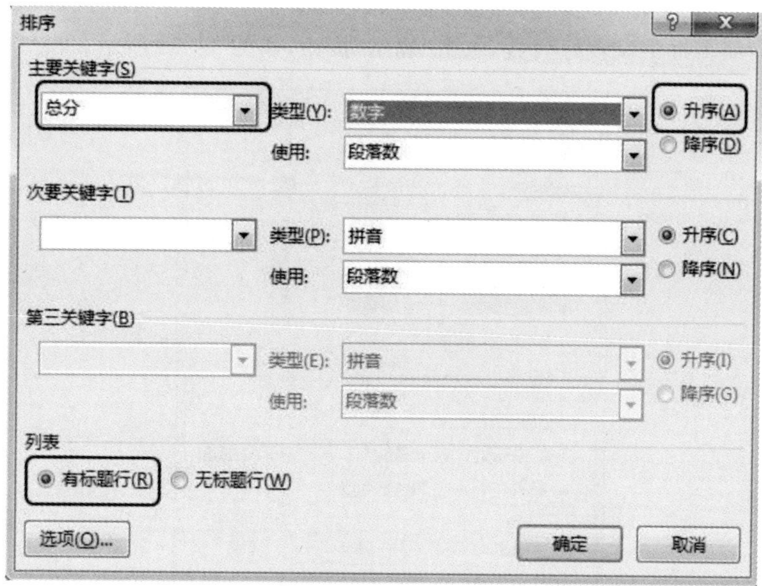

图 3-61 “排序”对话框

10. 表格与文本的相互转换

(1)将表格转换为文本。

将“成绩表”表格转换为文本。

【操作步骤】

1)选中需要转换为文本的单元格。如果需要将整张表格转换为文本,则只需单击表格任意单元格。

2)选择“表格工具”→“布局”选项卡→“数据”组→“转换为文本”命令,打开“表格转换成文本”对话框。

3)在“表格转换成文本”对话框中,选择一种标记符号。选中“转换嵌套表格”可以将嵌套表格中的内容同时转换为文本,单击“确定”按钮即可,如图 3-62 所示。

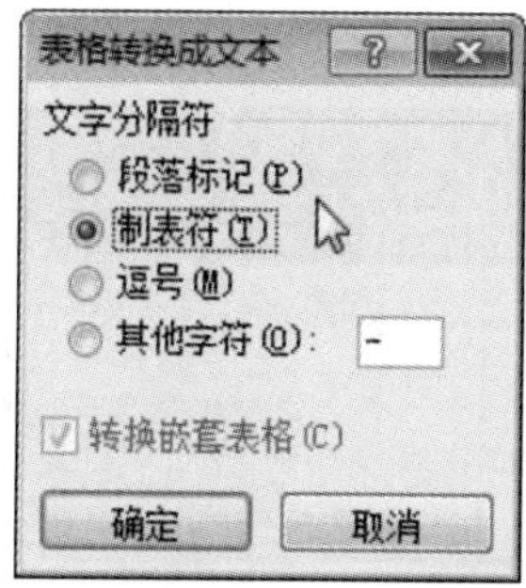

图 3-62 “表格转换成文本”对话框

(2)将文本转换为表格。

【操作步骤】

1)选中需要转换成表格的所有文字。

2)选择“插入”选项卡→“表格”组→“表格”→“文本转换成表格”命令,打开“将文字转换成表格”对话框。

3)在“列数”编辑框中设置好列数,单击“确定”按钮,如图 3-63 所示。

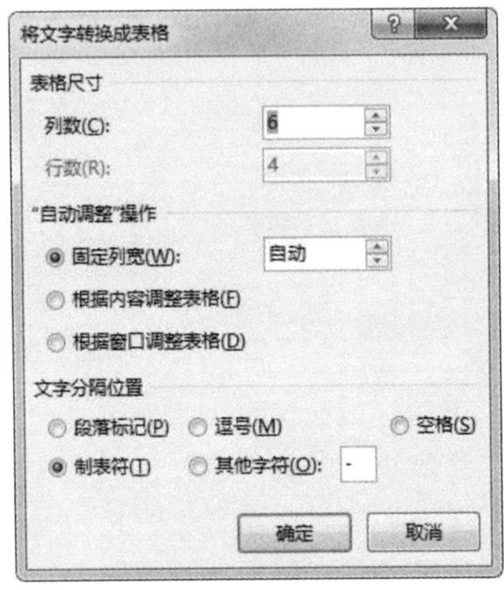

图 3-63 “将文字转换为表格”对话框

注意:

1)不要选择多余的内容,包括空行。

2)分隔符逗号必须是英文半角逗号,段落标记用于创建表格行,制表符和逗号用于创建表格列。如果不同段落含有不同的分隔符,则 Word 会根据分隔符数量为不同行创建不同的列。

3)如果该列数为 1(而实际应该是多列),则说明分隔符使用不正确(可能使用了中文逗号),需要返回上面的步骤修改分隔符。

11. 设置单元格对齐方式

将单元格的文字设置为垂直和水平方向都居中。

【操作步骤】

选择要设置对齐的单元格,选择“表格工具”→“布局”选项卡→“对齐方式”组→“水平居中”命令,如图 3-64 所示。

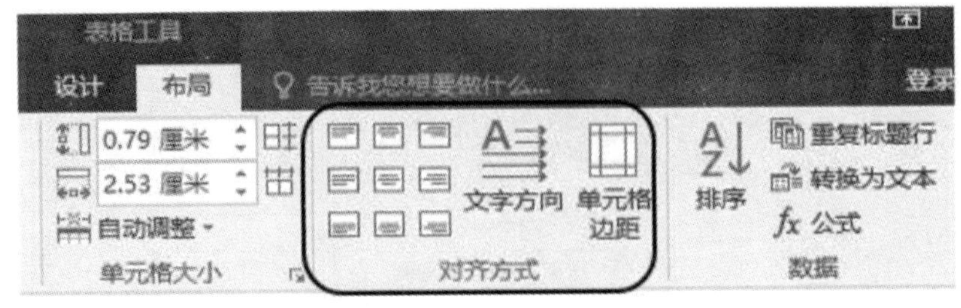

图 3-64 单元格的对齐及文字方向

12. 表格边框和底纹的设置

把表格第一行单元格的边框线设置为线宽 1.5 磅,底纹设置为淡绿色。

【操作步骤】

1)选中表格的第一行单元格,单击鼠标右键,在弹出的快捷菜单上单击"表格属性"→"表格"→"边框和底纹",打开"边框和底纹"对话框,如图 3-65 所示。

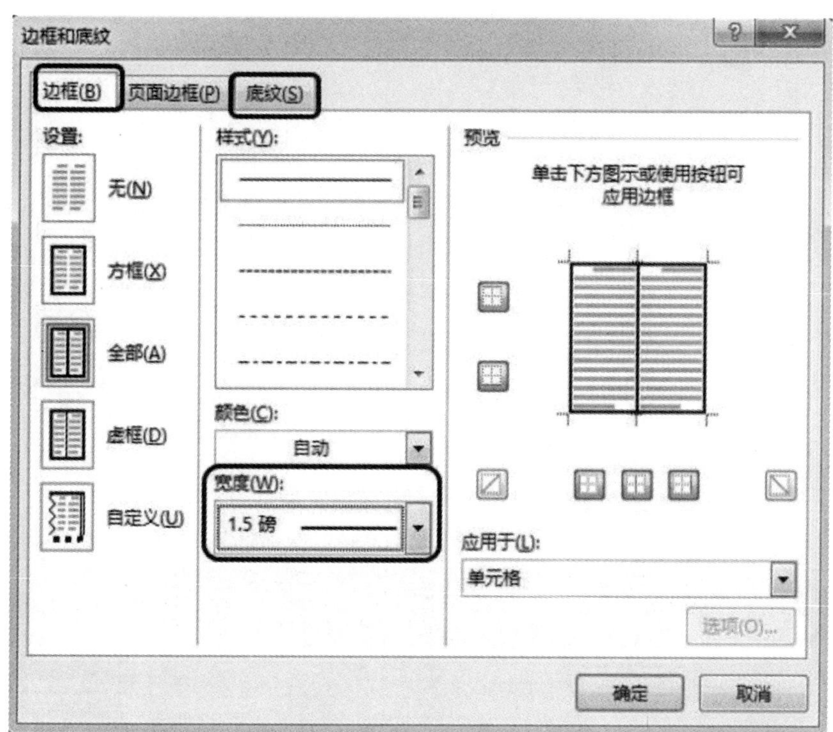

图 3-65　"边框和底纹"对话框

2)在"边框"选项卡中选择"宽度"下的"1.5 磅"。

3)"底纹"选项卡的"填充"中选择"淡绿色"。单击"确定"按钮,完成表格边框和底纹的设置,如图 3-66 所示。

13. 设置标题行重复显示

在"成绩表"表格下方插入多行,使其跨页显示,并把表格的标题行设置为重复显示。

【操作步骤】

1)单击最后一行的最右边一个单元格,再按下 Tab 键,或将光标移到表格右框线的外侧后按 Enter 键即可在表格下方插入行,一直插入到表格跨行显示。

2)选中标题行,在"表格工具"→"布局"选项卡→"数据"组中单击"重复标题行"按钮,如图 3-67所示。

同步练习

要求设计一个"学生成绩单"样表,插入空白文档中,如图 3-68 所示。以"成绩单.docx"为文件名保存在自己的文件夹下,以备 3.7 节邮件合并中使用。

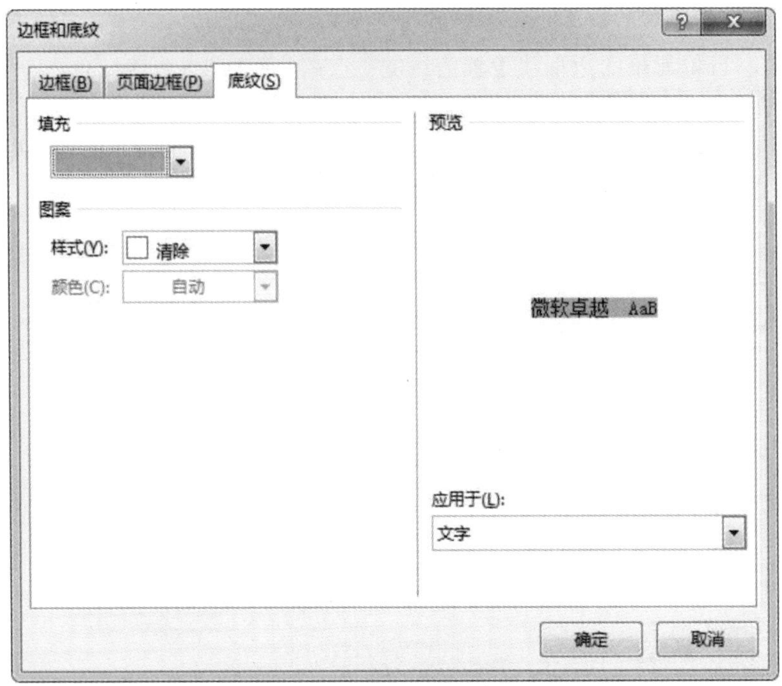

图 3－66　“底纹”选项卡

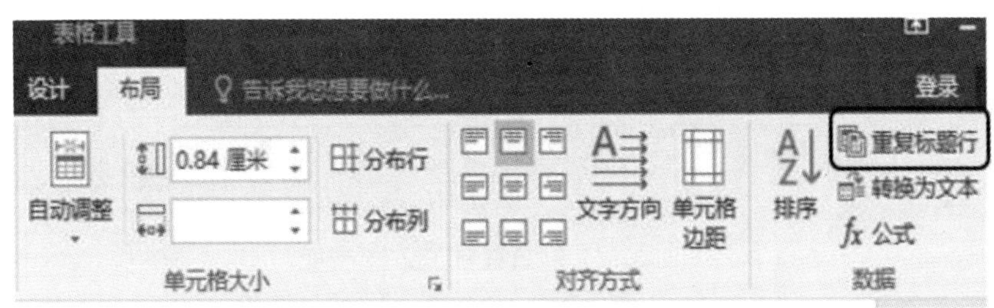

图 3－67　单击“重复标题行”按钮

学生成绩单

学号		姓名	
科目	成绩	科目	成绩
多媒体技术		Windows 程序设计	
网络规划与系统集成		低频电子线路	
JAVA 语言		光通信原理	
家长意见			家长签名：

图 3－68　学生成绩单样表

3.7　邮件合并

3.7.1　实验目的

掌握邮件的合并。

3.7.2　实验内容

1. 设定邮件合并主文档类型

设定邮件合并主文档类型为普通 Word 文档。

【操作步骤】

1)打开素材文件夹中的文件“学生成绩.xlsx”，打开 3.6 节同步练习完成的“成绩单.docx”文件。

2)选择“邮件”选项卡→“开始邮件合并”组→“开始邮件合并”→“普通 Word 文档”命令，如图 3-69 所示。

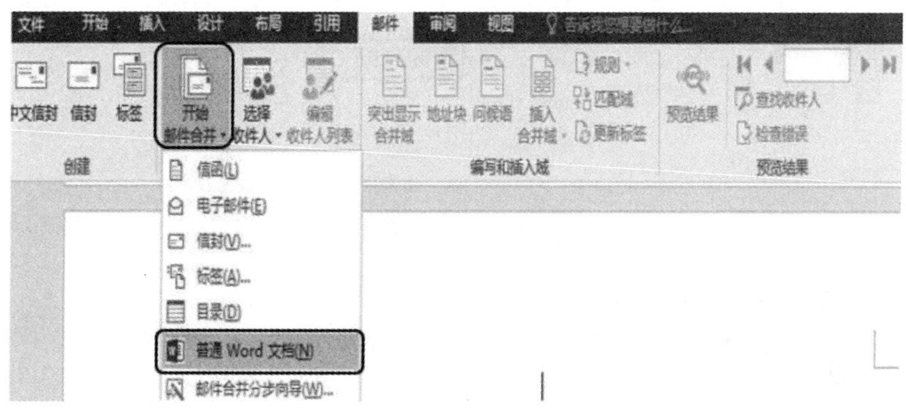

图 3-69　设置主文档类型

2. 设定数据源

建立“成绩单”文档和“学生成绩”数据源的联系。

【操作步骤】

1)选择“邮件”选项卡→“开始邮件合并”组→“选择收件人”→“使用现有列表”命令。

2)选择“D:\素材”文件夹下的 Excel 工作簿文件“学生成绩.xlsx”。

3)单击“打开”按钮，弹出“选择表格”对话框，如图 3-70 所示。

4)选择“Sheet1 $”工作表，并选中“数据首行包含列标题”复选框，单击“确定”按钮，主文档和数据源就建立了关联。

3. 插入合并域

插入班级、学号、姓名和各科目成绩等合并域。

【操作步骤】

1)将光标定位到成绩单的表标题之前,选择“邮件”选项卡→“编写和插入域”组→“插入合并域”命令,如图 3-71 所示。

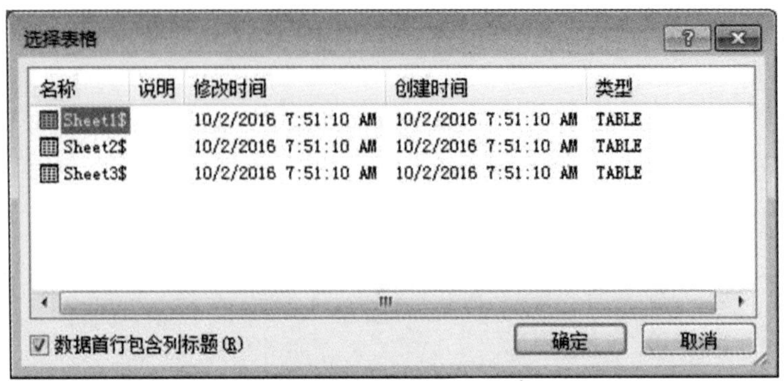

图 3-70　选择工作表

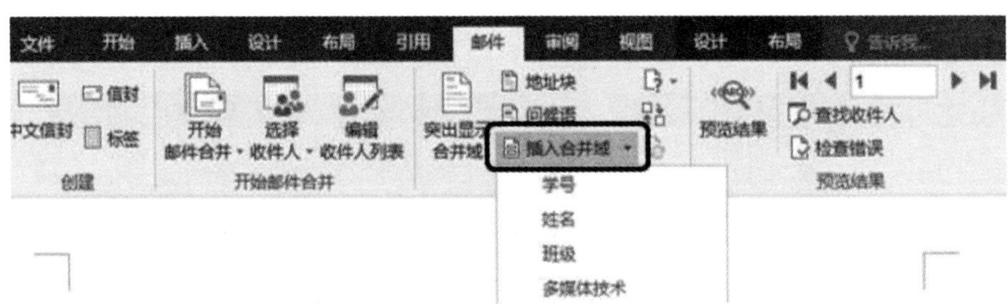

图 3-71　选择合并域

2)在“域”列表框中选择“班级”即可在“学生成绩单”前插入域。

3)使用同样的方法在成绩单表格的各个空白单元格中分别插入“学号”“姓名”等域,完成操作后的效果如图 3-72 所示。

《班级》学生成绩单

学号	《学号》	姓名	《姓名》
科目	成绩	科目	成绩
多媒体技术	《多媒体技术》	Windows 程序设计	《Windows 程序设计》
网络规划与系统集成	《网络规划与系统集成》		《低频电子线路》
JAVA 语言	《JAVA 语言》		《光通信原理》

图 3-72　插入合并域后的主文档

4. 查看合并数据

【操作步骤】

1)选择“邮件”选项卡→“预览效果”组→“预览结果”命令,即可看到第 1 个学生的成绩单。

2)选择“邮件”选项卡→“预览效果”→“上一记录”和“下一记录”命令逐个显示每个学生的成绩单。

5. 合并生成新文档

【操作步骤】

1)选择“邮件”选项卡→“完成”组→“完成并合并”→“编辑单个文档”命令，弹出“合并到新文档”对话框，如图 3-73 所示。

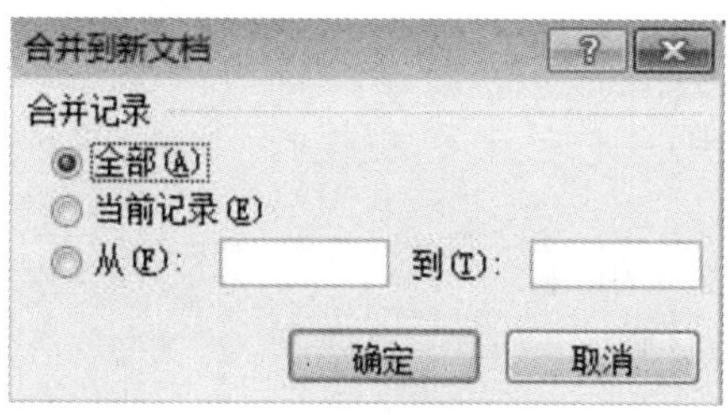

图 3-73　“合并到新文档”对话框

2)选择“全部”→“确定”命令，完成邮件合并全部操作。邮件合并生成的新文档，如图 3-74所示。

通信 161 学生成绩单

学号	201600402001	姓名	田美
科目	成绩	科目	成绩
多媒体技术	75	Windows 程序设计	81
网络规划与系统集成	73		70
JAVA 语言	80		63
家长意见：		家长签名：	

图 3-74　合并生成新文档

3)选择“文件”选项卡中的“保存”命令，将邮件合并生成的新文档存盘。

同步练习

根据素材文件“学生基本信息表. xlxs”，制作信封，邮寄学生成绩单。信封模板如图 3-75 所示。

图 3-75　信封模板

3.8 设置特殊的文档格式

3.8.1 实验目的

- 掌握在 Word 中插入文件。
- 掌握分节符的合理使用。
- 掌握文档样式的设置。
- 掌握插入图表题注和交叉引用。
- 掌握插入页码、页眉和页脚。
- 掌握设置脚注和尾注。
- 掌握批注的使用。

3.8.2 实验内容

1. 插入文件

打开素材文件夹的“毕业设计论文.docx”文件，插入“封面.docx”为论文制作封面。

【操作步骤】

1)按 Ctrl+Home 键，将光标定位到文件首部。

2)选择“插入”选项卡→“文本”组→“对象”右侧的下拉按钮→选择“文件中的文字”，打开“插入文件”对话框，如图 3-76 所示。

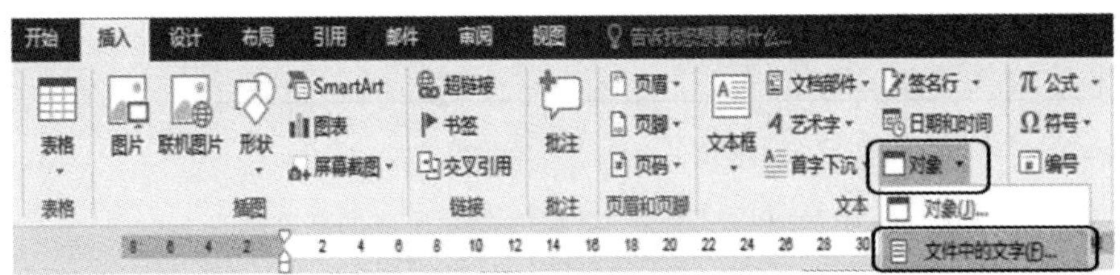

图 3-76 插入文件

3)在“插入文件”对话框中，在素材文件夹中找到“毕业论文封面.docx”，单击“插入”，如图 3-77 所示。

2. 分节符的合理使用

将论文的封面、摘要和正文各章等分别设置为独立的部分。

【操作步骤】

1)将光标定位在封面最后一个字符的位置，选择“布局”选项卡→“页面设置”→“分隔符”的下拉列表按钮。

2)在弹出的下拉列表中选择“下一页”，如图 3-78 所示。

3)用同样的方法把正文的每一章、总结、致谢、参考文献和附录各个部分分别设置为独立的部分。

图 3 - 77　“插入文件”对话框

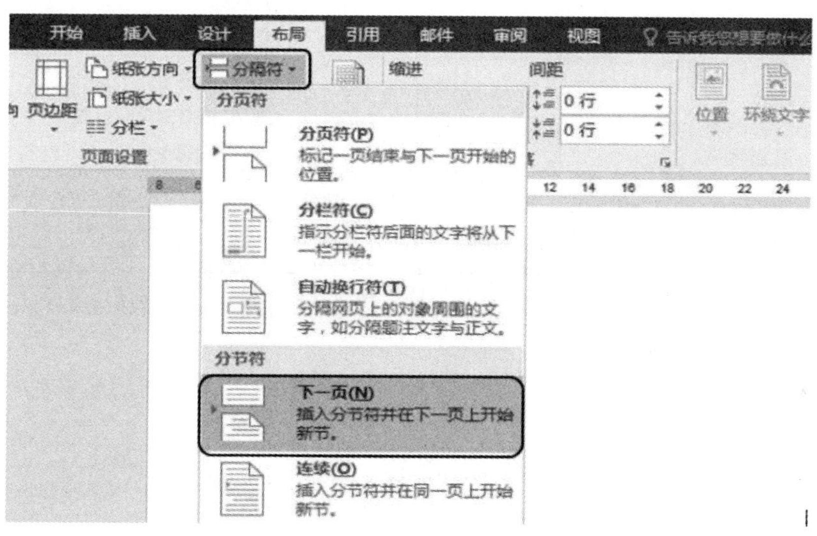

图 3 - 78　插入新的一页

3. 设置文档样式

把论文一到三级标题的样式依次设置为“标题 1”“标题 2”和“标题 3”。

【操作步骤】

将光标定位到需要套用样式的标题，选择“开始”选项卡→“样式”组→选择“样式列表框”中的相应样式即可，如图 3 - 79 所示。

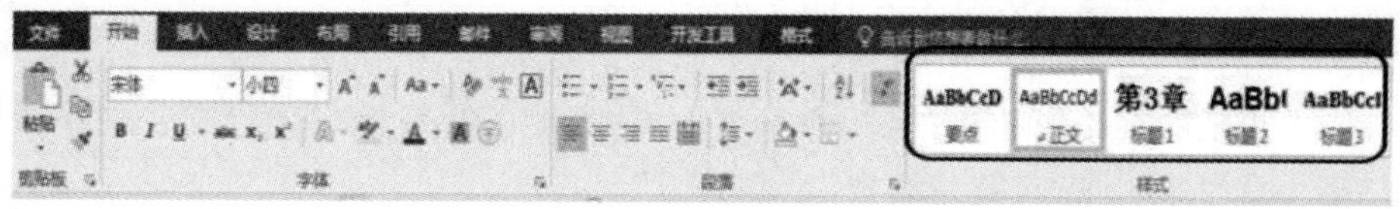

图 3 - 79　样式库

4. 图/表题注的生成及引用

设置图题注和表题注后，在插入和删除图表时图表的序号就会自动进行更新。

(1)图题注的生成。

对正文中的图添加题注“图”，位于图下方，居中。编号为“章序号”-“图在章中的序号”，例如第 1 章中第 1 张图，题注编号为“图 1－1”。

【操作步骤】

1)将光标定位在图的下一行，选择“引用”选项卡→“题注”→“插入题注”命令，打开“题注”对话框，如图 3－80 所示。

2)在对话框中点击“新建标签”新建一个名为“图”的标签，设置题注标签为“图”。

3)单击“编号”按钮，打开“题注编号”对话框。

4)在“题注编号”对话框中设置好“格式”“章节起始样式”和“使用分隔符”，选中“包含章节号”复选框，如图 3－81 所示。单击“确定”按钮关闭“题注编号”对话框。

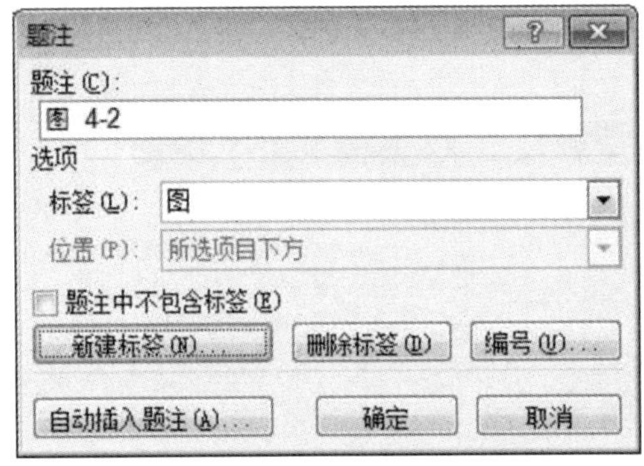

图 3－80 “题注”对话框

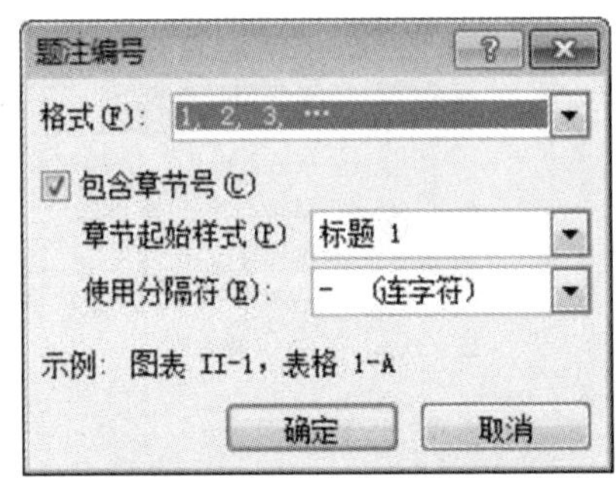

图 3－81 “题注编号”对话框

5)单击“题注”对话框的“确定”按钮，插入题注，在题注后输入图的名称，并将题注居中显示。

6)用同样的方法为论文中其他图片添加题注。

(2)图题注的交叉引用。

对正文中出现“如下图所示”的“下图”，使用交叉引用，改为“如图×-×所示”，其中“×-×”为图题注的编号。

【操作步骤】

1)选中文中的“下图”字样，选择“引用”选项卡→“题注”组→“交叉引用”命令，出现“交叉引用”对话框，如图 3－82 所示。

2)在“引用类型”中选择“图”选项，选择所要引用的题注，在“引用内容”中选择“只用标签和编号”，在“引用哪一个题注”列表中选择一个题注，单击“插入”按钮。

3)逐一检查文中的图依次做交叉引用，方法类似。

(3)表题注的生成。

对正文中出现的表添加题注“表”，位于表上方，居中。编号为“章序号”-“表在章中的序号”，例如第 1 章中第 1 张表，题注编号为“表 1－1”。

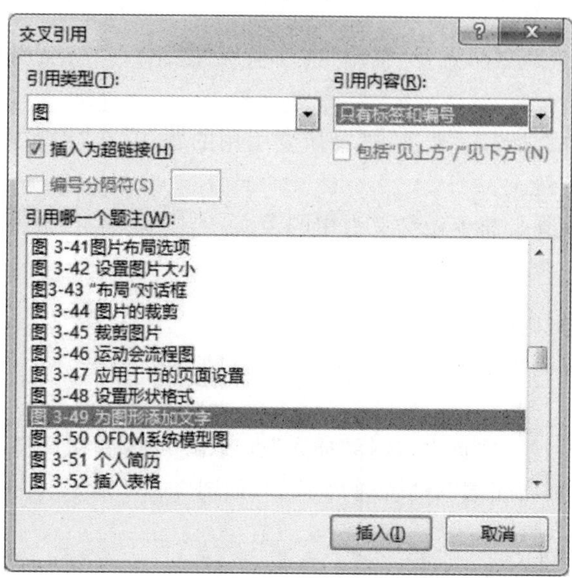

图 3－82　"交叉引用"对话框

【操作步骤】

1)将光标定位在要插入题注的第一张表之上，选择"引用"选项卡→"题注"组→"插入题注"命令，打开"题注"对话框。

2)点击"新建标签"，设置题注标签为"表"，新建一个名为"表"的标签，如图 3－83 所示。

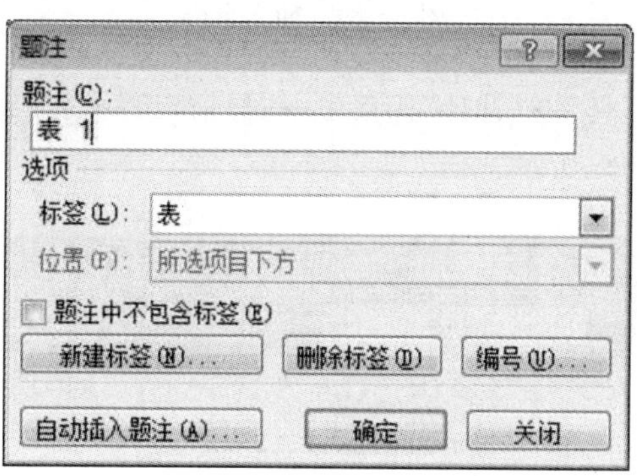

图 3－83　插入表题注

3)单击"编号"按钮，打开"编号"对话框，选中"包含章节号"复选框，单击"确定"按钮关闭"编号"对话框。

4)单击"题注"对话框的"确定"按钮即可插入表题注，在表题注后输入表的名称。

5)用同样的方法为其他表添加题注。

(4)表题注的交叉引用。

对正文中出现"如下表所示"的"下表"，使用交叉引用，改为"如表×-×所示"，其中"×-×"为表题注的编号。

【操作步骤】

1)选中文中的“下表”字样,选择“引用”选项卡→“题注”→“交叉引用”命令,弹出“交叉引用”对话框。

2)在“引用类型”中选择“表”选项,选择所要引用的题注,在“引用内容”中选择“只用标签和编号”,单击“插入”按钮。

3)用同样方法完成其余需要做交叉引用的表。

5. 插入页码

(1)摘要至正文前页码的生成。

摘要至正文前的页码用格式“Ⅰ,Ⅱ,Ⅲ,…”单独编号。

【操作步骤】

1)将光标定位到“摘要”这页中,选择“插入”选项卡→“页眉和页脚”组→“页码”命令,在弹出的下拉列表中选择“页面底端”→“普通数字 2”,如图 3-84 所示。

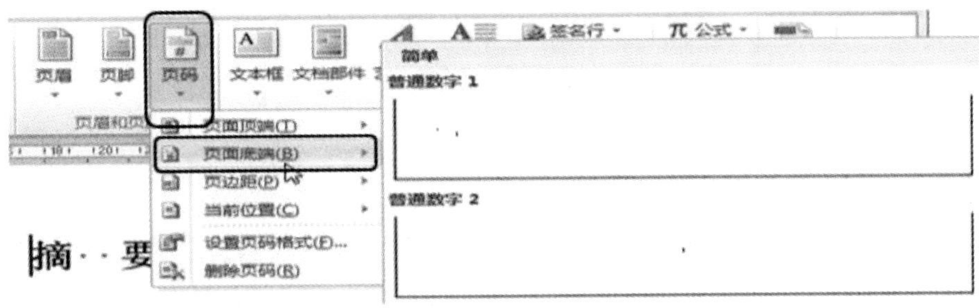

图 3-84 插入页码

2)选择“页眉和页脚工具”→“设计”选项卡→“导航”组→“链接到前一条页眉”命令,断开同前一节的链接,如图 3-85 所示。

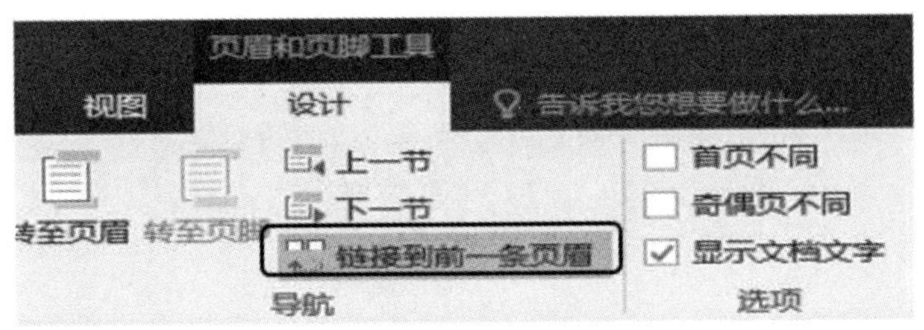

图 3-85 断开同前一节的链接

3)选择“页眉和页脚工具”→“页眉和页脚”组→“页码”选项→“设置页码格式”命令,弹出“页码格式”对话框,如图 3-86 所示。

4)在“页码格式”对话框中设置“编号格式”为罗马符号“Ⅰ,Ⅱ,Ⅲ,…”,起始页码为“Ⅰ”,单击“确定”按钮。

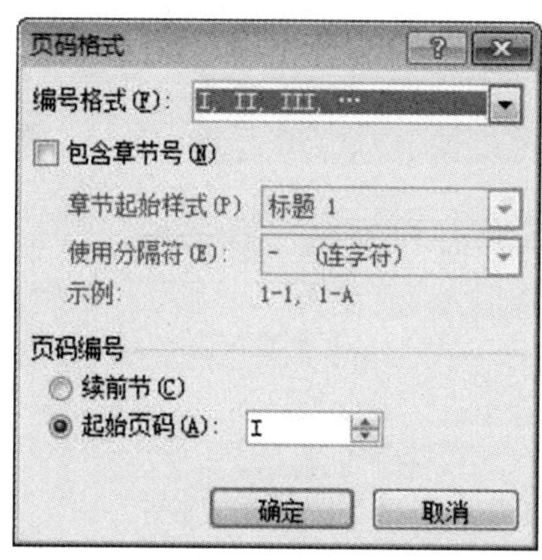

图 3－86　“页码格式”对话框

(2)设置正文页码。

设置正文页码使用编码格式为“1,2,3,…”,从 1 开始重新编号。

【操作步骤】

1)把光标定位到正文第 1 章的页码处,单击“页眉页脚”工具栏中“链接到前一个”取消与上一节的链接。

2)选择“页眉和页脚工具”→“设置页码格式”,弹出“页码格式”对话框,设置“数字格式”为“1,2,3,…”,起始页码为“1”,单击“确定”按钮。

3)查看每一节的页码是否连续,若不连续,把页脚的“页码格式”对话框中的“页码编号”设置为“续前节”。

(3)封面不显示页码。

删除封面的页码。

【操作步骤】

选择封面的页码,按 Del 键删除页码,单击“页眉和页脚工具”上的“关闭页眉和页脚”按钮,回到正文编辑状态。双击页脚位置又可进入“页眉页脚”的编辑状态。

6. 页眉/页脚的设置

设置除封面外的每页页眉显示“广西科技大学本科生毕业设计(论文)”。

【操作步骤】

1)将光标定位在“摘要”所在页,选择“插入”选项卡→“页眉和页脚”→“页眉”命令,在弹出的下拉列表中选择“空白”。

2)选择“插入”选项卡→“页眉和页脚”→“链接到前一个”命令,取消与前一节页眉相同设置,使得封面不显示页眉。

3)在页眉中输入“广西科技大学本科生毕业设计(论文)”,如图 3－87 所示。

注意:如需删除页眉上多余的线条,则选中整个页眉段落,注意一定要选择段落标记,单击“开始”选项卡→“段落”组→“边框线”的下拉按钮,在边框线列表中选择“无框线”选项即可。

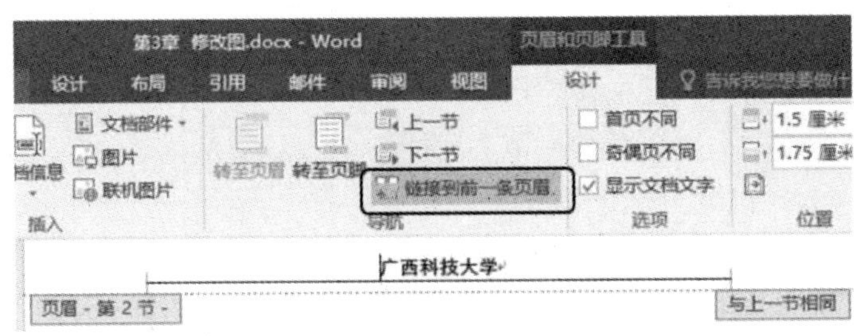

图 3－87　插入页眉

7. 设置脚注和尾注

为“绪论”插入脚注“广西科技大学”。

【操作步骤】

把光标定位在“绪论”后，选择“引用”选项卡→“脚注”组→“插入脚注”命令，在页面底端出现的文本框输入“广西科技大学”即可，如图 3－88 所示。

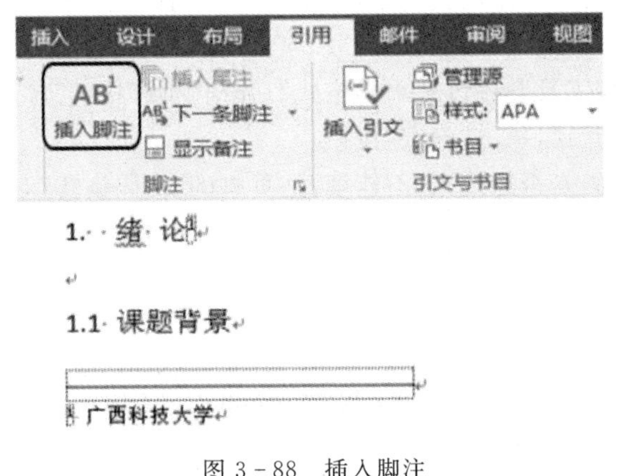

图 3－88　插入脚注

8. 插入批注

为“摘要”两字插入批注“请注意格式”。

【操作步骤】

选择需要批注的文字或其他对象，选择“审阅”选项卡→“批注”组→“新建批注”命令，在弹出的文本框中输入批注内容即可，如图 3－89 所示。

同步练习

打开“D:\素材”文件夹里的文件“毕业论文练习.docx”，按“广西科技大学毕业设计(论文)规范化要求”排版，“广西科技大学毕业设计(论文)规范化要求”文件存放在“D:\素材”文件夹里。

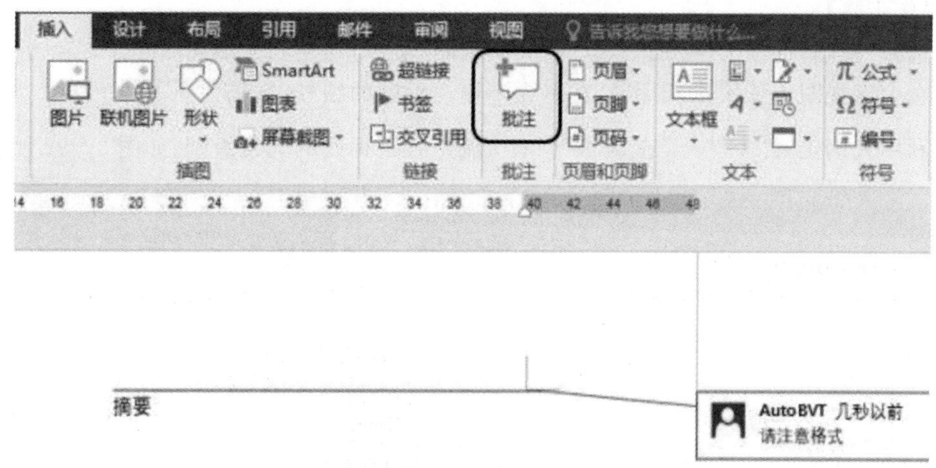

图 3－89　插入批注

3.9　长篇文档编辑技巧

3.9.1　实验目的

· 了解不同视图的使用。
· 掌握多级编号的使用。
· 掌握导航窗格的使用。
· 掌握目录的自动生成和更新。

3.9.2　实验内容

1. 大纲视图的使用

新建一个空白文档，在大纲视图模式下，建立如图 3－90 所示大纲。

⊕ 3　Word 2016 操作实验
　⊕ 3.1　Word 字处理软件的基本操作
　　⊖ 3.1.1 实验目的
　　⊖ 3.1.2 实验内容
　　⊖ 3.1.3 同步练习
　⊕ 3.2　文本的编辑
　　⊖ 3.2.1 实验目的
　　⊖ 3.2.2 实验内容
　　⊖ 3.2.3 同步练习
　⊕ 3.3　文本字符格式的设置
　　⊖ 3.3.1 实验目的
　　⊖ 3.3.2 .实验内容
　　⊖ 3.3.3 同步练习

图 3－90　最终大纲

【操作步骤】

1)选择“视图”选项卡→“视图”组→“大纲视图”命令,切换到大纲视图。

2)在大纲视图下依次输入标题,注意先不输入标题的编号,结果如图 3-91 所示。

3)利用大纲工具“+”“-”或➔、» 依次调整各级标题的大纲级别,如图 3-92 所示。

图 3-91 各级标题内容

图 3-92 调整好级别后的大纲

2. 多级编号的使用

给大纲设置多级自动编号。

【操作步骤】

1)选中所有标题,选择“开始”选项卡→“段落”组中的“多级列表”的多级标题样式给大纲自动编号,如图 3-93 所示。

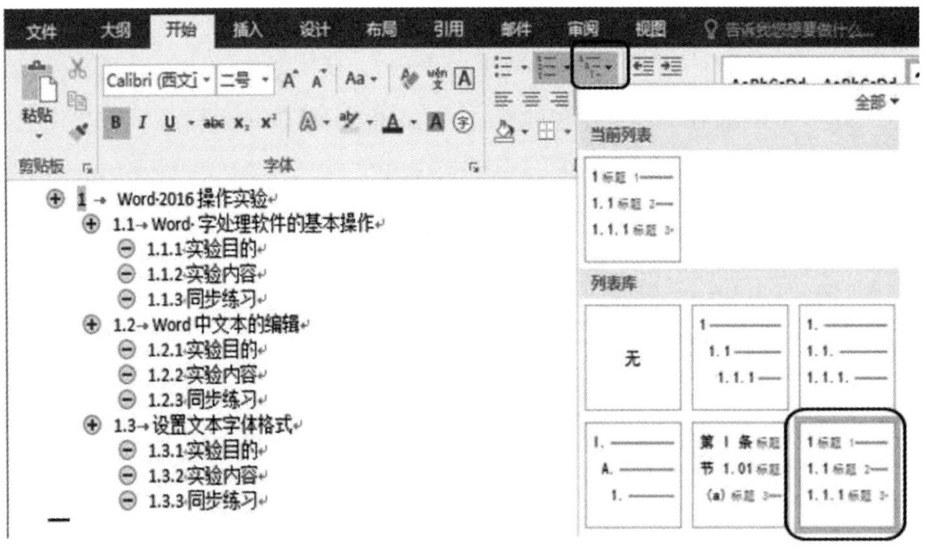

图 3-93 为大纲加多级编号

2)选中所有标题,选择“开始”选项卡→“段落”组→“编号”→“设置编号值”命令,打开“起始编号”对话框。

3)在“起始编号”对话框中把起始编号值设置为 3,如图 3-94 所示。

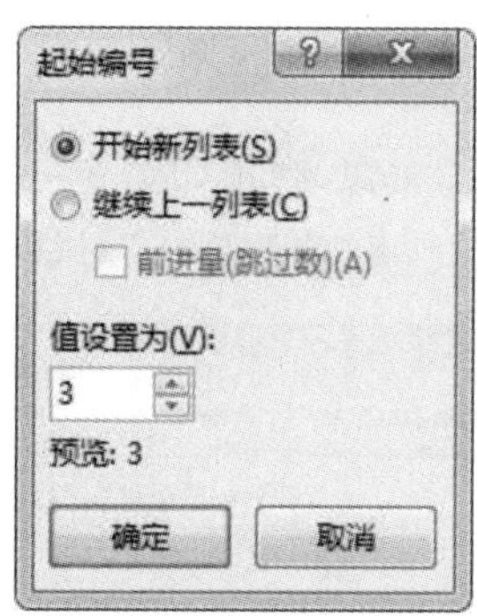

图 3-94　“起始编号”对话框

4)单击“确定”按钮,大纲一级标题以 3 开始编号,结果如图 3-90 所示。

3. 导航窗格的使用

切换到页面视图,使用导航窗格显示文档,并快速定位到编辑位置。

【操作步骤】

1)在“视图”选项卡→“显示”组→“导航窗格”复选框打勾,打开导航窗格。

2)选择“视图”组→“页面视图”命令,切换到页面视图,继续完成正文的编辑,如图 3-95 所示。

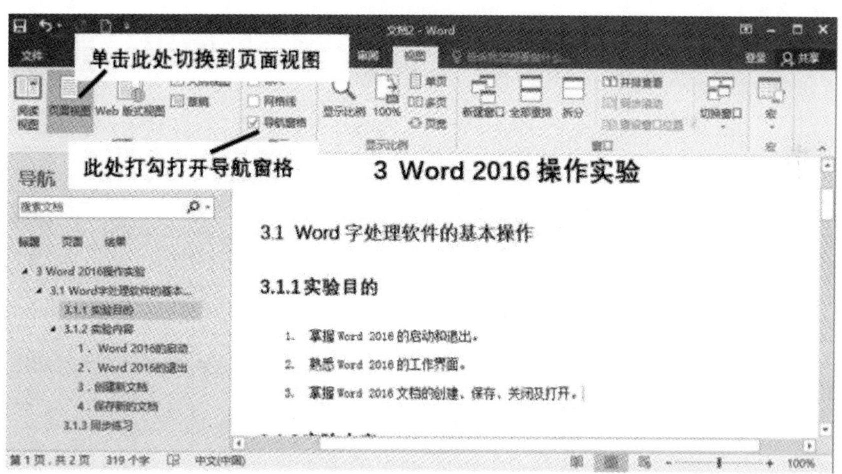

图 3-95　导航窗格

3)单击导航窗格的标题,在右边窗口中会显示相应章节详细内容。

4. 生成目录

(1)自动生成目录。

在正文前自动生成目录。

【操作步骤】

1)按 Ctrl+Home 键,将光标定位在正文最前面,插入一个“下一页”分节符,插入新的一页。

2)选择“引用”选项卡→“目录”组→“目录”命令,在弹出的下拉列表中选择“自定义目录”,弹出“目录”对话框,如图 3-96 所示。

3)单击“目录”对话框中的“修改”按钮,弹出如图 3-97 所示的“样式”对话框。

4)在对话框中单击“修改”按钮,弹出“修改样式”对话框,如图 3-98 所示。

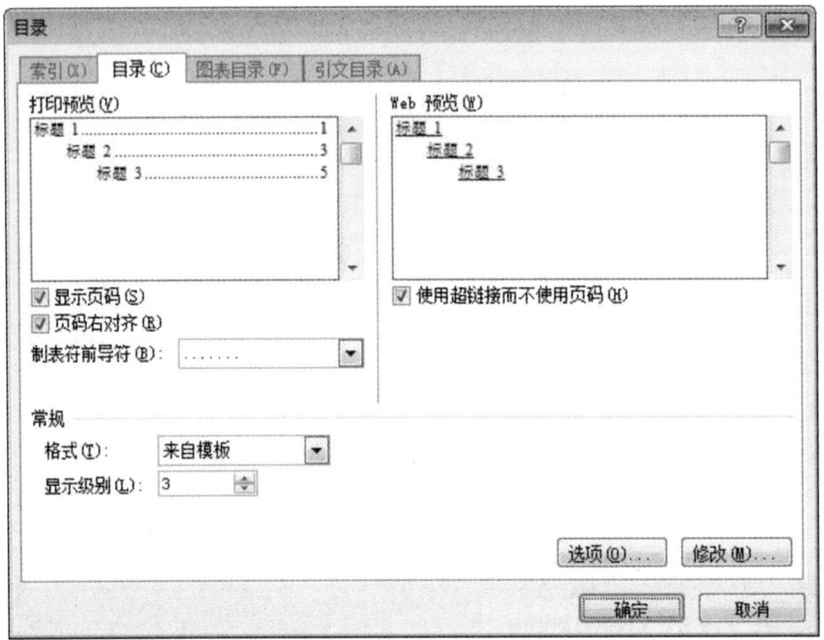

图 3-96 “目录”对话框

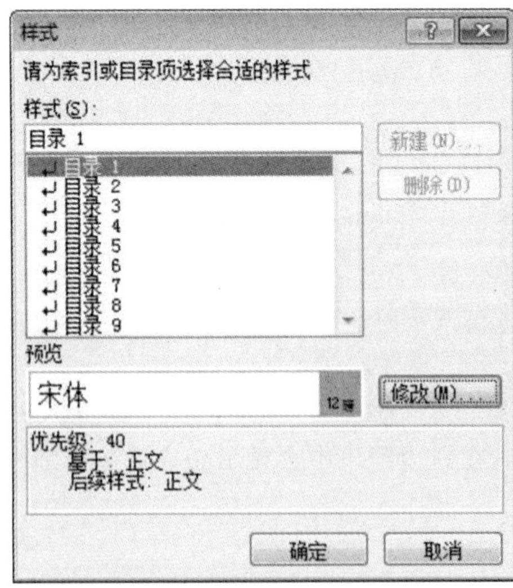

图 3-97 “样式”对话框

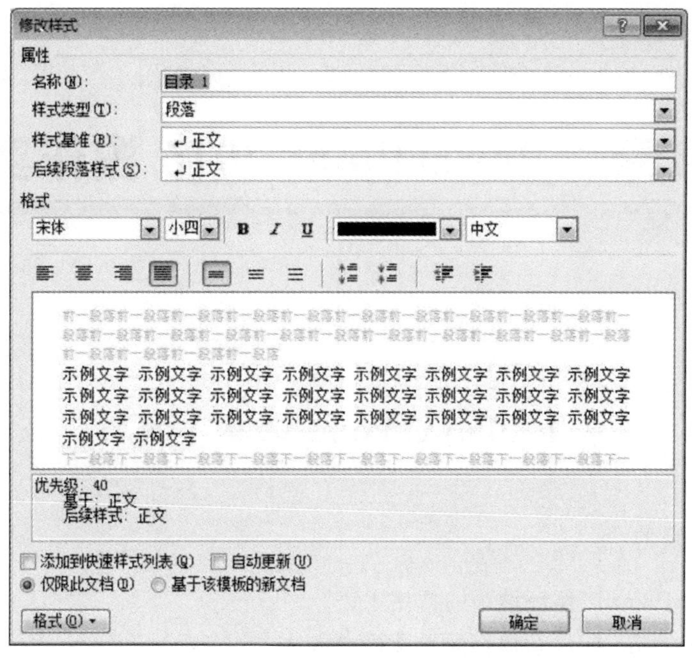

图 3 - 98　“修改样式”对话框

5)在“修改样式”对话框中，选择“宋体、小四”，单击“确定”按钮完成目录的插入。

注意：按住 Ctrl 键的同时，在目录上单击相应标题，可以链接到该标题正文处。

(2)更新目录。

论文的标题内容或者页码发生了改变，需要更新目录。

【操作步骤】

1)在目录中右击鼠标，在弹出的快捷菜单中选择“更新域”，打开“更新目录”对话框，如图 3 - 99 所示。或者选择“引用”选项卡→“目录”组→“更新目录”也可以打开“更新目录”对话框。

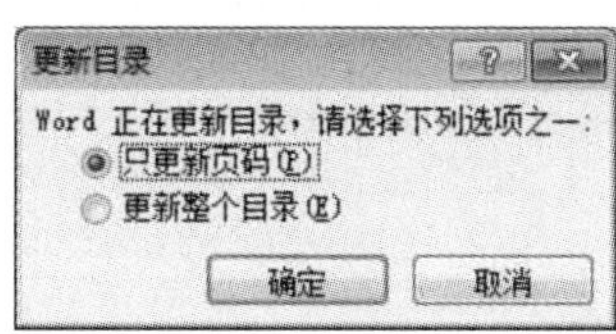

图 3 - 99　“更新目录”对话框

2)如果只想更新页码，则在弹出的“更新目录”对话框中选择“只更新页码”即可，否则选择“更新整个目录”。

同步练习

参考本实验书的目录，先用大纲视图创建大纲，再用多级编号对章节按本实验书的格式编号，并创建目录。

第 4 章　PowerPoint 2016 操作实验

4.1　PowerPoint 的基本操作

4.1.1　实验目的

· 了解 PowerPoint 工作环境中的常用术语。
· 掌握 PowerPoint 新建和保存演示文稿的方法。
· 掌握 PowerPoint 打开和关闭演示文稿的方法。

4.1.2　实验内容

1. *启动* PowerPoint 2016

采用下述方法之一，系统将启动 PowerPoint 2016 应用程序并创建一个空白演示文稿，显示如图 4－1 所示的 PowerPoint 窗口，默认文件名为“演示文稿 1”。

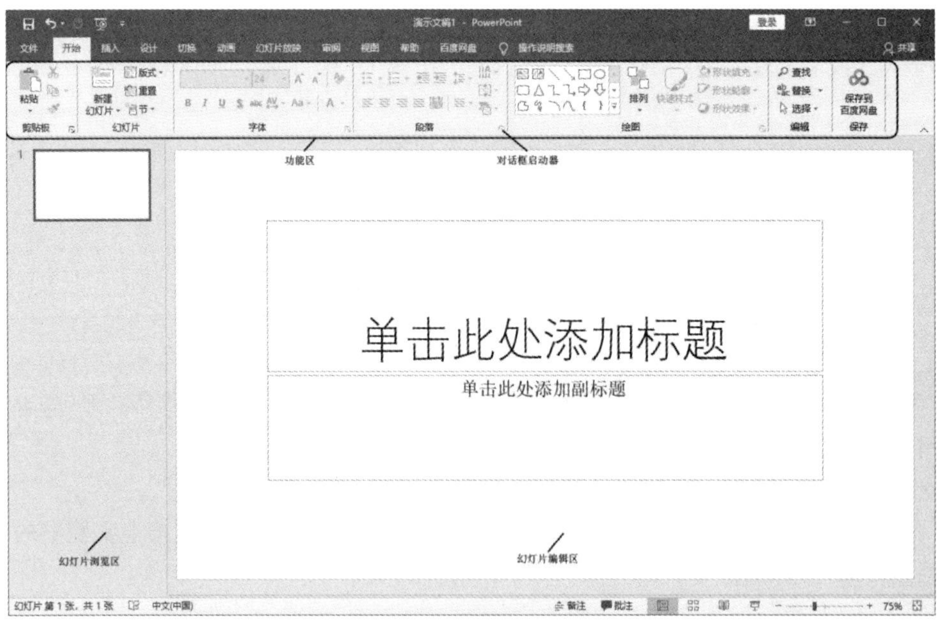

图 4－1　PowerPoint 窗口

方法 1：在 Windows 桌面上，单击任务栏上的“开始”按钮，选择“所有程序”→“PowerPoint 2016 ”程序项。

方法 2：双击桌面上的“PowerPoint 2016 ”快捷方式图标。

2. 建立、保存和关闭演示文稿

(1)建立演示文稿。

新建、保存一个演示文稿，并将其命名为“低碳生活”。

【操作步骤】

1)启动 PowerPoint 2016 应用程序，系统自动创建一个空白演示文稿，该演示文稿名默认为“演示文稿 1”。

2)单击快速工具栏上的“保存”按钮，或者在应用程序界面选择“文件”选项卡→“保存”或“另存为”，屏幕就会显示“另存为”对话框。

3)选择文件保存的路径。

4)在“文件名”文本框中输入新演示文稿名“低碳生活”，如图 4－2 所示。然后单击“保存”按钮保存文件。

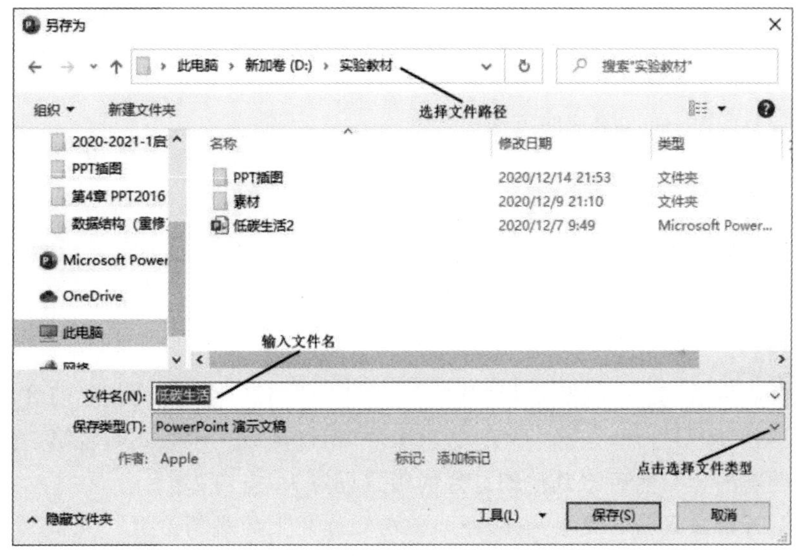

图 4－2　“另存为”对话框

选择“文件”选项卡→“关闭”，可关闭“低碳生活”演示文稿。

注意：此时并未退出 PowerPoint 应用程序。

如果单击 PowerPoint 右上角的“关闭”按钮，可退出 PowerPoint 应用程序。

(2)快速新建空白演示文稿。

在 PowerPoint 2016 应用程序界面，按 Ctrl＋N 组合键，可以快速新建空白演示文稿。

3. 打开演示文稿

(1)直接打开演示文稿。

找到“低碳生活”演示文稿图标，双击打开。

(2)通过“文件”选项卡打开演示文稿。

【操作步骤】

1)在 PowerPoint 2016 应用程序界面选择“文件”选项卡→“打开”，则显示“打开”对话框。

2)选择文件所在的磁盘或文件夹，单击要打开的演示文稿名，如“低碳生活”，单击“打开”按钮。

同步练习

1. 在 D 盘上建立一个“PPT 练习”文件夹。

2. 启动 PowerPoint 2016，建立一个空白演示文稿，将该演示文稿命名为“个人求职简介”并保存在“PPT 练习”文件夹里。

3. 退出 PowerPoint 2016 应用程序。

4.2 插入文字和图片

4.2.1 实验目的

· 掌握在幻灯片中添加文字的方法。

· 掌握在幻灯片中插入图片的方法。

4.2.2 实验内容

制作一个以“低碳生活，绿色家园”为主题的演示文稿。

1. 插入文字

【操作步骤】

1)打开“低碳生活”演示文稿，选择“开始”选项卡→“幻灯片”组→“新建幻灯片”，新建 5 张幻灯片。单击第一张幻灯片，选择“开始”选项卡→“幻灯片”组→“版式”，将第一张幻灯片的版式设置为“标题与内容”；然后将其他幻灯片的版式设置为“空白”。

注意：幻灯片的版式指的是幻灯片的内容在幻灯片上的排列方式。版式由占位符组成。占位符分为标题占位符和内容占位符，标题占位符只能放置文字，内容占位符可放置文字和幻灯片内容(例如：表格、图片、图表、形状等)。将鼠标对准 PPT 窗口左侧的幻灯片浏览窗格单击右键选择“新建幻灯片”，或者在幻灯片浏览窗格选中一张幻灯片后按回车键，都可以新建幻灯片。对准幻灯片单击鼠标右键选择“版式”，也可以更改幻灯片的版式。

2)调整第一张幻灯片中标题占位符与内容占位符的位置，如图 4-3 所示。

点击第一张幻灯片的标题占位符，在标题占位符的光标处输入文字“低碳生活　绿色家园”，设置的字体为黑体，字号为 72，颜色为绿色，对齐方式为居中，文字方向为竖排。点击“开始”选项卡→“字体”组右下角的对话框启动器，会弹出“字体”对话框，在“字体”对话框中设置“间距”为“加宽”，“度量值”为 23，如图 4-4 所示。设置后的标题如图 4-5 所示。

3)编辑第二张幻灯片，选择“插入”选项卡→“文本”组→ “文本框”→“横排文本框”，插入一个横排文本框，在文本框中输入图 4－6 中的文字。选中全部文字，选择“开始”选项卡→“段落”组→“添加或删除栏”→“两列”，将文字分为两栏。设置标题字体为华文彩云，字号为 60，颜色为绿色。设置正文字体为幼圆，字号为 28，颜色为黑色。选择“开始”选项卡→“段落”组→“项目编号”，为标题和正文设置如图 4－6 所示的项目编号。

文字的编辑和排版方式与 Word 2016 相似，这里不再详述。

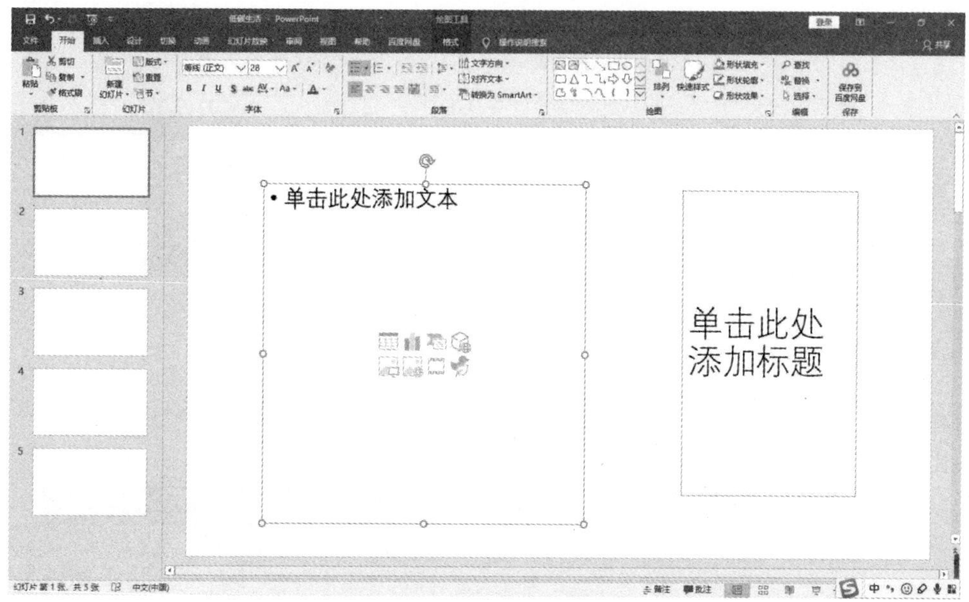

图 4－3　调整占位符的位置

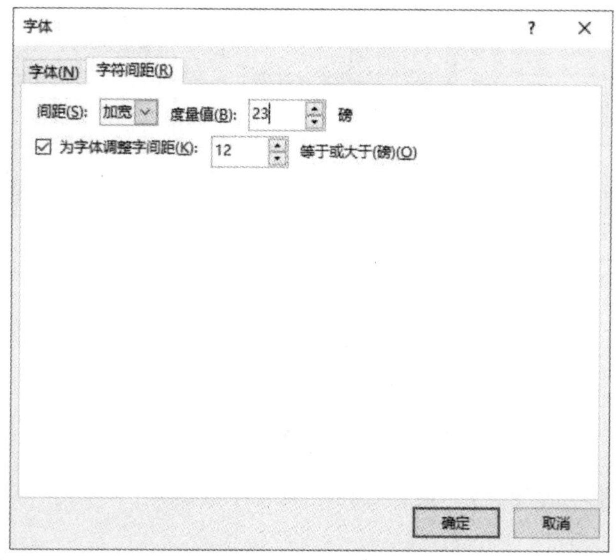

图 4－4　调整字符间距

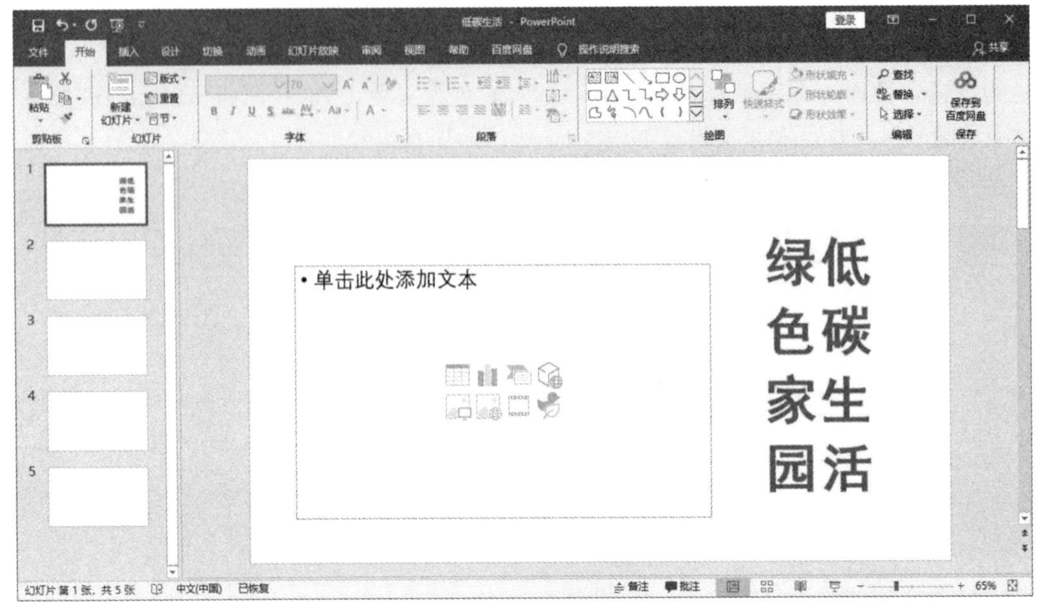

图 4-5　添加标题

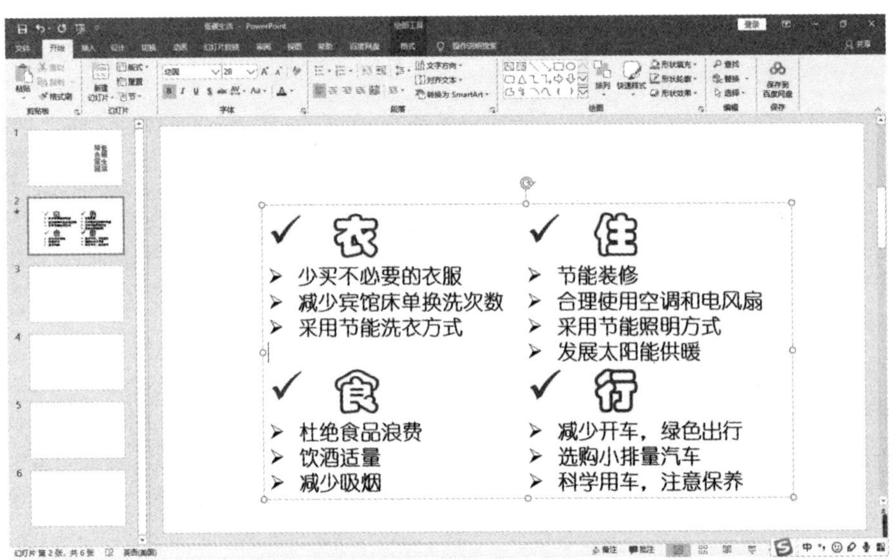

图 4-6　插入文本框并输入文字

2. 插入图片

在演示文稿“低碳生活”的第一张幻灯片中插入一张图片。

【操作步骤】

1)点击第一张幻灯片左侧的内容占位符，选择“插入”选项卡→“图像”组→“图片”→“此设备”，从弹出的“插入图片”对话框中打开图片所在的文件夹，选中要插入的图片，单击“插入”按钮，如图 4-7 所示。

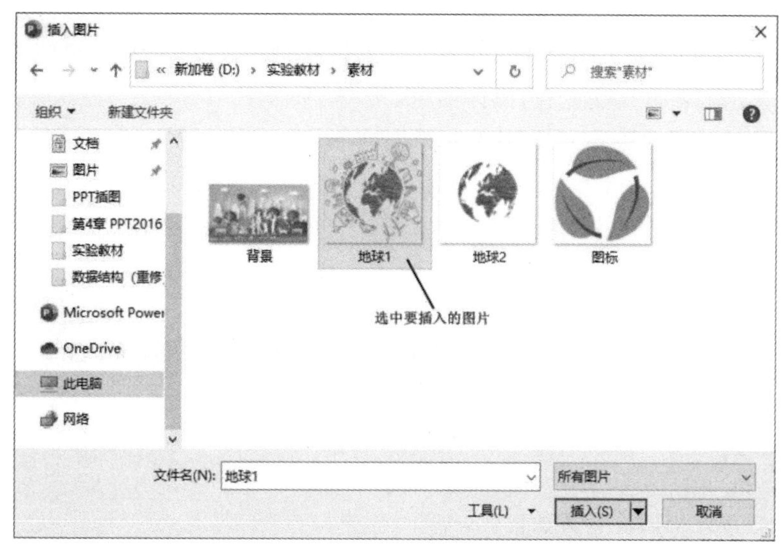

图 4－7　“插入图片”对话框

2)选中图片,可以看到菜单栏的后面新增了一个“图片工具”→“格式”选项卡。与 Office 的其他工具软件一样,选中不同的对象时,这个位置会出现不同内容的选项卡。选择“图片工具”→“格式”选项卡→“大小”组→“高度”和“宽度”,或者用鼠标拉动图片的四个角,可以调整图片的大小。用鼠标直接拖动可以调整图片的位置。如果图片盖住了文字,可以选择“图片工具”→“格式”选项卡→“排列”组→“下移一层”,或者对准图片单击鼠标右键,在弹出的菜单中选择“置于底层”→“下移一层”,将图片移到文字下层,如图 4－8 所示。

图 4－8　图片调整后的效果

同步练习

1. 打开演示文稿“个人求职简介”，新建 2 张幻灯片，第 1 张幻灯片设置版式为“仅标题”，输入标题×××求职简介”，深蓝色，黑体加粗，58 号字，居中。

2. 第 2 张幻灯片设置版式为“图片与标题”，在图片占位符处插入个人证件照 1 张，在标题占位符处输入文字“个人简介”，深绿色，黑体，40 号字，居中。在文本占位符处输入一段简单的自我介绍，黑色，楷体，20 号字，分为两栏。

3. 调整图片、文字的大小和位置，将图片置于左边，文字置于右边。

4.3 幻灯片背景设置与图片文字融合

4.3.1 实验目的

· 掌握幻灯片背景的设置方法。

· 掌握图片文字融合效果的制作方法。

4.3.2 实验内容

1. 将幻灯片的背景设置为图片

【操作步骤】

1)在第一张幻灯片和第二张幻灯片之间新建一张幻灯片，设置版式为“空白”。

2)选择“设计”选项卡→“自定义”组→“设置背景格式”(或者对准幻灯片背景单击右键，在弹出的菜单中选项“设置背景格式”)，在幻灯片右侧会出现“设置背景格式”窗格，如图 4-9 所示。

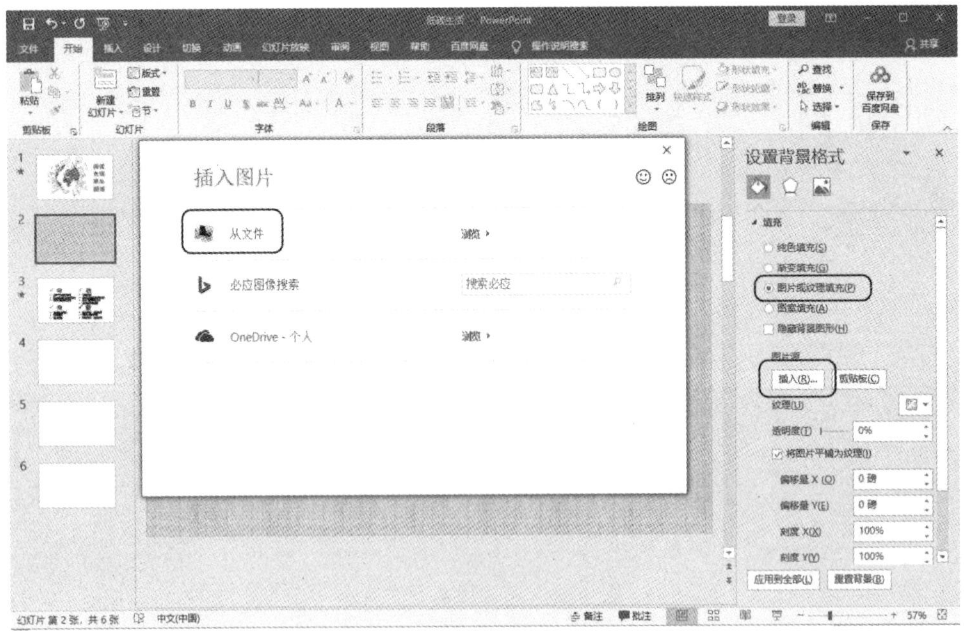

图 4-9 出现“设置背景格式”窗格

3)在“设置背景格式”窗格中选择“图片或文理填充”选项，然后点击“图片源”下面的“插入”按钮，在弹出的对话框中点击“从文件”。此时屏幕会出现如图 4-7 所示的“插入图片”对话框，选择背景图片，然后点击“插入”按钮。设置好的背景如图 4-10 所示。

图 4-10 插入背景图片

2. 制作文字图片融合的效果

通过下面的制作方法，可以将文字嵌入图片当中，做出图片的一部分为前景，其他部分为背景的特效。

【操作步骤】

1)选择“开始”选项卡→“绘图”组→“曲线”工具，将图片中作为前景的绿色部分勾勒出来，如图 4-11 所示。注意到达终点时要双击鼠标才能形成闭合区域。

图 4-11 用曲线工具将前景部分勾勒出来

2)选择“插入”选项卡→“字体”组→“艺术字”第 3 行第 1 列字体,输入文字“从生活点滴做起”,设置字体为方正姚体,字号为 130。在“绘图工具”→“格式”选项卡→“艺术字样式”组中,将“文本填充”和“文本轮廓”均设置为橙色。选择“绘图工具”→“格式”选项卡→“排列”组→“下移一层”→“置于底层”,将文字移到前景形状的下面,如图 4-12 所示。

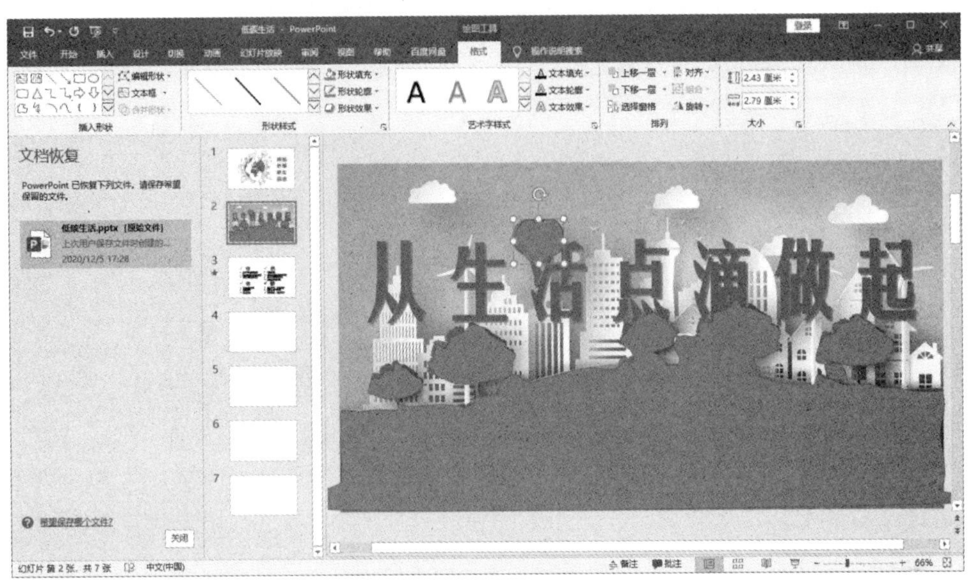

图 4-12　输入文字并置于底层

3)选中前景形状,选择“绘图工具”→“格式”选项卡→“形状样式”组→“形状填充”→“纹理”→“其他纹理”,幻灯片的右侧出现“设置形状格式”窗格,选中“幻灯片背景填充”选项,即可得到如图 4-13 所示的效果。

图 4-13　文字与图片融合的效果

同步练习

1. 打开演示文稿“个人求职简介”，将第 1 张幻灯片的背景设置为底纹“信纸”，透明度 60%。

2. 将第 2 张幻灯片背景设置为“渐变填充”，预设渐变选择“浅色渐变，个性 1”。

4.4　形状的应用

4.4.1　实验目的

· 掌握运用形状绘制图形的方法。

· 学会利用“合并形状”的功能实现一些特殊效果的方法。

4.4.2　实验内容

制作第 4 张幻灯片。在第 4 张幻灯片的制作过程中，要求重点掌握“形状”工具的应用方法。“形状”工具箱从“开始”选项卡和“插入”选项卡都可以找到。

【操作步骤】

1）选择“插入”选项卡→“插图”组→“形状”→“基本形状”→“同心圆”（或者从“开始”选项卡→“绘图”组中选择），按住 Shift 键拖动鼠标，在幻灯片上画一个同心圆图形。选中同心圆，在“绘图工具”→“格式”选项卡→“形状样式”组，设置“形状填充”为“无填充颜色”，设置“形状轮廓”→“粗细”为 4.5 磅，颜色为黑色，如图 4-14 所示。

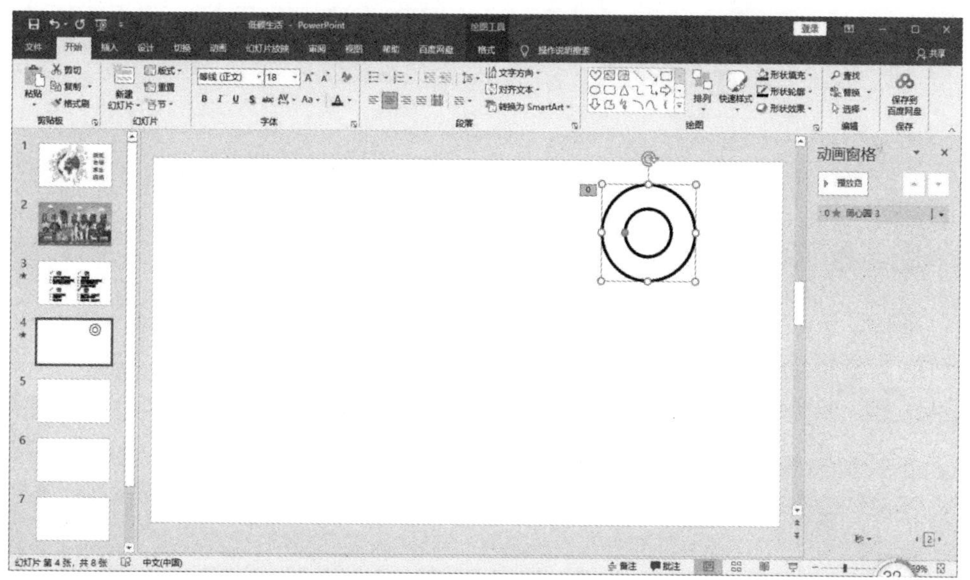

图 4-14　用形状工具画一个同心圆

2）使用“形状工具箱”中矩形组的圆角矩形工具画 4 个圆角矩形，拼成 1 个手的图形，拖动鼠标调整矩形的大小和圆角的弧度，将形状填充和形状轮廓均设置为 50%灰。调整好后将 4 个圆角矩形全部选中，选择“绘图工具”→“格式”选项卡→“排列”组→“组合”，将手的图形组合为一个整体，并调整到适当位置，如图 4－15 所示。

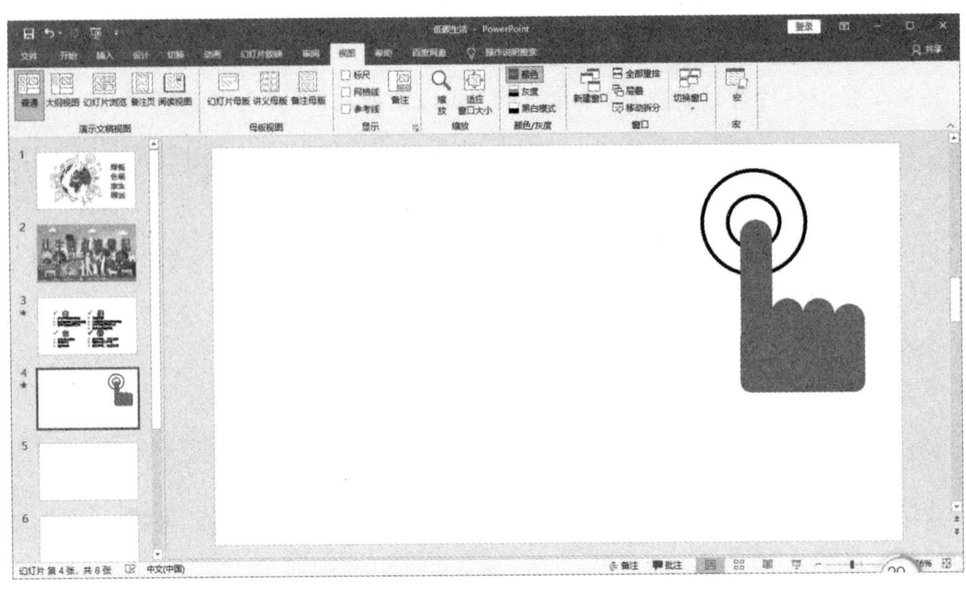

图 4－15　用 4 个圆角矩形拼成手的形状

3）插入横排文本框，输入文字“节能减排”，设置字体为华文琥珀，字号为 60。使用“形状工具箱”→“基本形状”组→“椭圆”工具画一个椭圆，调整椭圆的位置，使之与文字重叠，如图 4－16 所示。

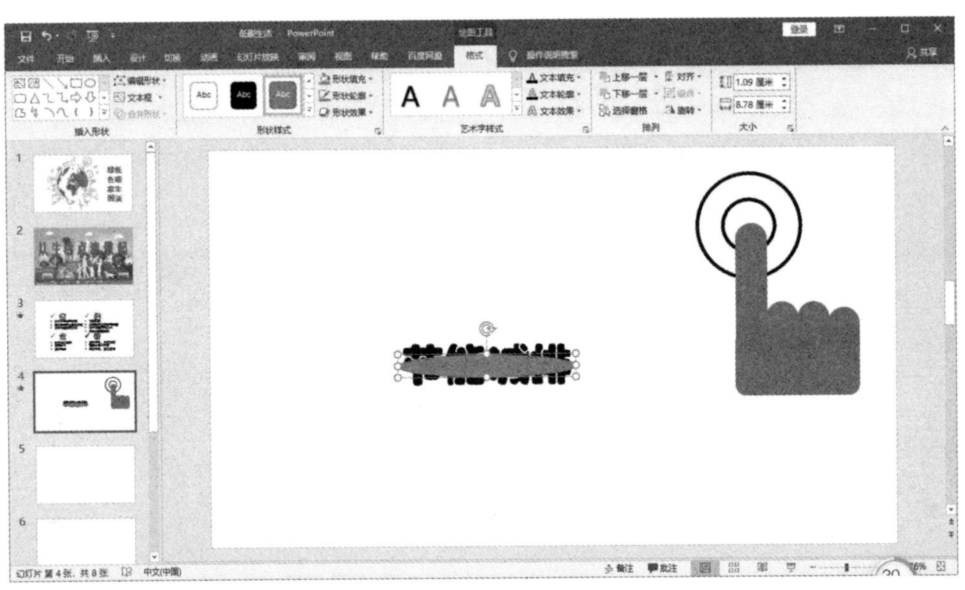

图 4－16　插入文字和椭圆

4）按住 Shift 键，同时选中文字和椭圆，选择“绘图工具”→“格式”选项卡→“插入形状”组→“合并形状”→“组合”，设置“形状填充”和“形状轮廓”皆为“蓝色”，轮廓粗细为 1 磅。选择“绘图工具”→“格式”选项卡→“排列”组→“旋转”→“其他旋转选项”，设置旋转角度为“30°”，并将文字调整到适当位置，即可得到如图 4－17 所示的效果。

图 4－17　合并形状的组合效果

5)插入图片“地球 2”，将其置于底层。再插入图片“地球 1”，覆盖在“地球 2”的上面，如图 4－18 所示。

图 4－18　插入图片

6)插入横排文本框，输入文字“共建美好家园”，设置字体为华文琥珀，字号为 80。使用“形状工具箱”→“基本形状”组→“心形”工具，画一个心形，并用复制粘贴的方法再复制两个，调整到如图 4－19 所示的位置。

图 4－19　插入文字和三个心形

7)按住 Shift 键，同时选中文字和心形，选择“绘图工具”→“格式”选项卡→“插入形状”组→“合并形状”→“拆分”，再选择“绘图工具”→“格式”选项卡→“排列”组→“组合”，使文字和形状成为一个整体。设置“形状填充”为“红色”，“形状轮廓”为“黄色”，轮廓粗细为 3 磅，制作好的效果如图 4－20 所示。

图 4－20　合并形状的拆分效果

同步练习

1. 打开演示文稿“个人求职简介”，新建第 3 张幻灯片，设置版式为“空白”，插入横排文本框“扬帆起航”，黑色，华文行楷，130 号字。

2. 找一张海洋的风景图片，将其设置为幻灯片的背景填充图片。

3. 插入 4 个大小与文字相同的水滴形状，覆盖在文字上面。同时选中形状和文字，做出“合并形状”的“组合”效果。设置组合形状的填充和轮廓皆为蓝色。

4. 利用形状的背景填充功能，做出组合形状被海水遮住一点的效果。

5. 为组合形状设置映像，透明度 30%，大小 85%，模糊 4 磅，距离 8 磅。

4.5　表格的制作方法

4.5.1　实验目的

- 掌握建立表格的方法。
- 学会使用表格的排版和设计功能。

4.5.2　实验内容

制作第 5 张幻灯片。第 5 张幻灯片的主要元素是表格，以此为例，进一步熟悉表格的制作方法。PowerPoint 表格的操作方法与 Word 基本相似，但更偏重设计效果。第 5 张幻灯片如图 4-21 所示。

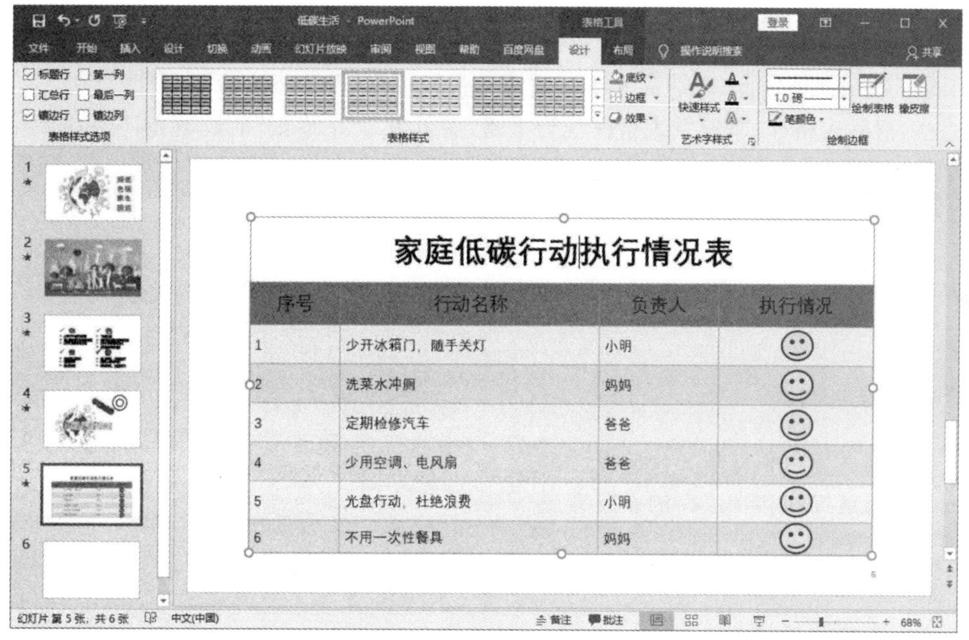

图 4-21　第 5 张幻灯片

【操作步骤】

1) 选择“插入”选项卡→“表格”组→“表格”，建立一个 8 行 4 列的表格。调整表格的大小和位置。使第一行的行高是其他行的 2 倍左右。当表格处于“选中”状态时，窗口上方菜单栏的右侧会出现“表格工具”选项卡。

2)选择“表格工具”→“设计”选项卡→“表格样式”组,设置表格样式为“中度样式 4→强调 3”。如果需要取消表格样式,可点击“表格样式组”的“其他”按钮,在弹出的表格样式菜单中选择最后一行“清除表格”。

3)选中表格的第一行,选择“表格工具”→“布局”选项卡→“合并”组→“合并单元格”,将第 1 行合并为一列。

4)在第 1 行输入标题“家庭低碳行动执行情况表”,选择“表格工具”→“布局”选项卡→“对齐方式”组,分别设置横向居中和纵向居中。选择“表格工具”→“设计”选项卡→“绘制边框”组→“橡皮擦”,擦除第 1 行上边框和两侧的边框。

5)选中第 2 行,用同样的方法设置文本的水平居中和垂直居中。选择“开始”选项卡→“绘图”组→“形状填充”,将第 2 行的底色设置为浅蓝色,输入表头文字“序号、行动名称、负责人、执行情况”。

6)选中第 2 行到第 8 行全部单元格,选择“表格工具”→“设计”选项卡→“绘制边框”组→“笔颜色”,将笔颜色设置为“深蓝”,线条粗细设置为“3 磅”,点击“表格工具”→“设计”选项卡→“表格样式”组→“边框”右侧的小三角,在弹出的菜单中选择“外侧框线”,则表格外框变为深蓝粗线。将线条粗细设置为“1.0 磅”,在边框菜单中选择“内部框线”,则表格内框变为深蓝细线。

7)用鼠标调整表格各列的宽度,输入各单元格文字。最后一列的笑脸是从形状工具栏选择。

同步练习

1.打开演示文稿“个人求职简介”,新建第 4 张幻灯片,设置版式为“空白”,添加一个 3 列 13 行表格,清除表格样式,设置表格框线为 1 磅,深蓝色,“羊皮纸”底纹填充,合并标题行。

2.输入标题“个人求学简历”,黑色,黑体,36 号字,居中。

3.根据实际情况输入时间、地点、学习内容。

4.6 插入音频、视频、超链接和动作按钮

4.6.1 实验目的

- 掌握插入音频和视频文件的方法。
- 掌握超链接和动作按钮的设置方法。

4.6.2 实验内容

1.插入音频和视频文件

(1)插入音频文件

下面在演示文稿“低碳生活”中插入音频文件“低碳贝贝.MP3”作为背景音乐。PowerPoint 2016 支持的音频文件格式有 MP3、WMA、WAV、MID、AU、AIFF 等。

【操作步骤】

1)打开演示文稿“低碳生活”,编辑第一张幻灯片。

2)选择“插入”选项卡→“媒体”组→“音频”→“PC 上的音频”,在弹出的“插入音频”窗口

中打开音频文件所在的文件夹，选中要插入的音频文件“低碳贝贝．MP3”，单击“插入”按钮。音频文件插入成功后，幻灯片上会出现一个喇叭形的音频图标，如图 4－22 所示。

图 4－22　插入音频文件

3）当音频图标处于“选中”状态时，功能区选项卡的右侧会出现“音频工具”一栏。选择“音频工具”→“播放”选项卡，设置“开始”为“自动”，设置“跨幻灯片播放”和“放映时隐藏”，并根据需要设置音量，如图 4－23 所示。

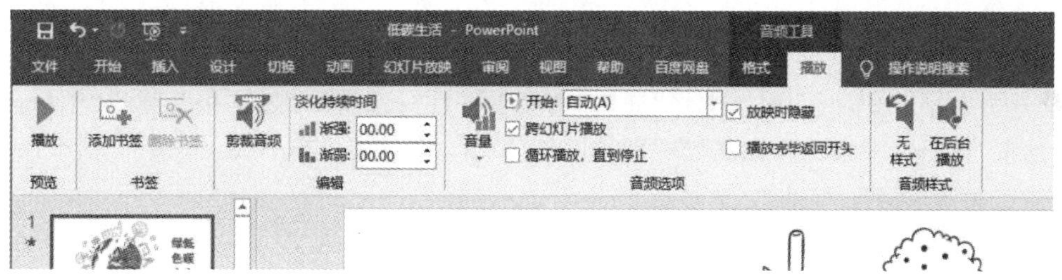

图 4－23　音频文件的设置

（2）插入视频文件

插入视频文件的方法是选择“插入”选项卡→“媒体”组→“视频”→“此设备”，后面的步骤与插入音频文件的方法相似，此处不再详述。PowerPoint 2016 支持大多数格式的视频文件，如果有些视频文件插入后不能播放，则需要使用 QQ 影音或格式工厂等工具软件解码后再插入。

2．设置超链接和动作按钮

超链接是指当前幻灯片和一个目标的连接关系，这个目标可以是一个网页、一张幻灯片，一个应用程序或一个邮件等。动作按钮在“形状”工具箱的最后一行，其功能与超链接相似，当点击或鼠标指向这个按钮时产生某种效果，例如链接到某一张幻灯片、某个网站、某个文件，播放某种音效，运行某个程序等。任何选中的文字和图片都可以设置为超链接，而动作按钮只有“形状”工具箱提供的 12 个形状。

下面在第 6 张幻灯片上插入一个超链接和一个动作按钮，如图 4－24 所示。

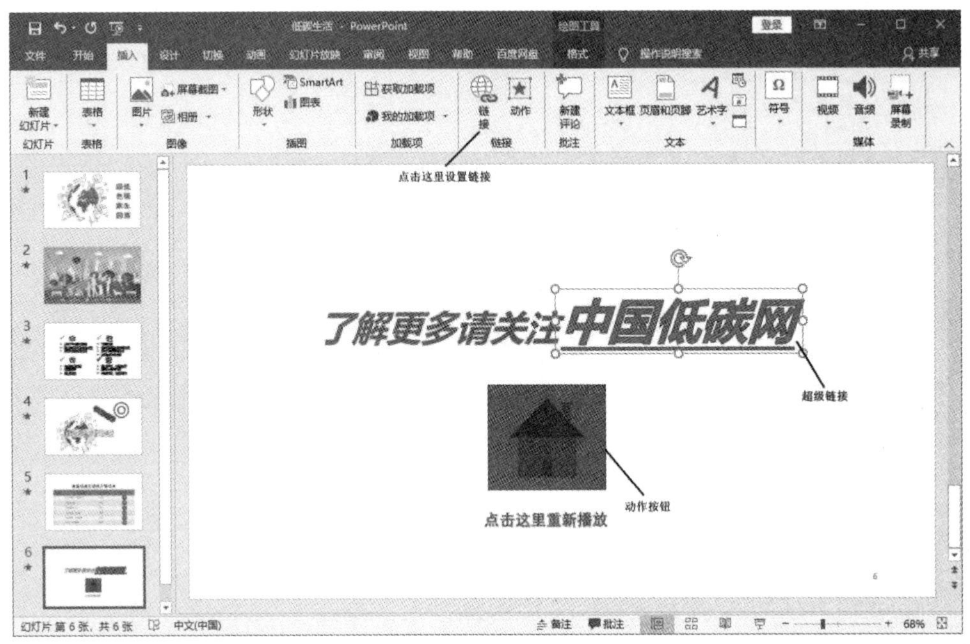

图 4－24　插入一个超链接和一个动作按钮

【操作步骤】

1)在第 6 张幻灯片上插入一个横排文本框，输入图 4－24 中的文字，设置适当的字体和颜色。

2)选中文字“中国低碳网”，选择“插入”选项卡→“链接”组→“超链接”，弹出“编辑超级链接”对话框，在“地址”栏输入中国低碳网的网址“http://www.ditan360.com/”，如图 4－25 所示。点击“确定”按钮。

图 4－25　编辑超级链接对话框

3)选择“插入”选项卡→“插图”组→“形状”→“动作按钮”组→“转到主页”,在幻灯片上拖动鼠标画一个小房子图案,与此同时,系统会弹出一个“操作设置”对话框,如图 4-26 所示。在对话框里选择第二项“超链接到”,点击右边下拉按钮,在下拉菜单中选择“第一张幻灯片”,单击“确定”按钮。

图 4-26　“操作设置”对话框

同步练习

1. 打开演示文稿“个人求职简介”,新建第 5 张幻灯片,设置版式为“空白”,添加一个横排文本框“点击这里了解我的母校”,将文本设置为超级链接,链接到自己母校的官网。

2. 插入动作按钮“转到主页”,链接到第 1 张幻灯片。

4.7　母版的运用

4.7.1　实验目的

· 了解 PPT 母版的概念。
· 掌握母版的设计制作方法。

4.7.2　实验内容

使用母版为演示文稿“低碳生活”添加一些元素。

注意:幻灯片母版用于定义演示文稿的外观和风格,包括颜色、字体、背景、效果等内容。如图 4-27 所示,幻灯片母版分为主母版和版式母版,主母版用于设计所有版式的外观,版式母版只能设计一种版式的外观。运用母版为幻灯片设置统一的风格和效果,在制作含有较多幻灯片的演示文稿时,可以大大提高制作效率。

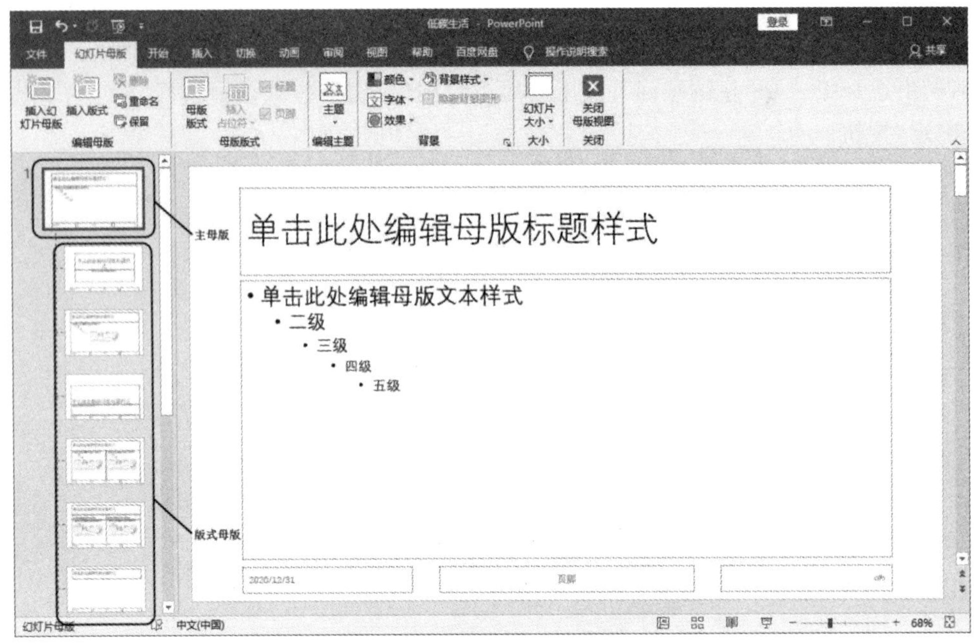

图 4-27 主母版和版式母版

1. 在主母版添加一个图标

【操作步骤】

1)选择“视图”选项卡→“母版视图”组→“幻灯片母版”,在左侧的浏览区域选中主母版,如图 4-28 所示。

2)选择“插入”选项卡→“图像”组→“图片”→“此设备”,将“图标”图片添加到主母版上的左上角并调整其大小。可以看到所有版式母版的左上角都出现了小图标图案。

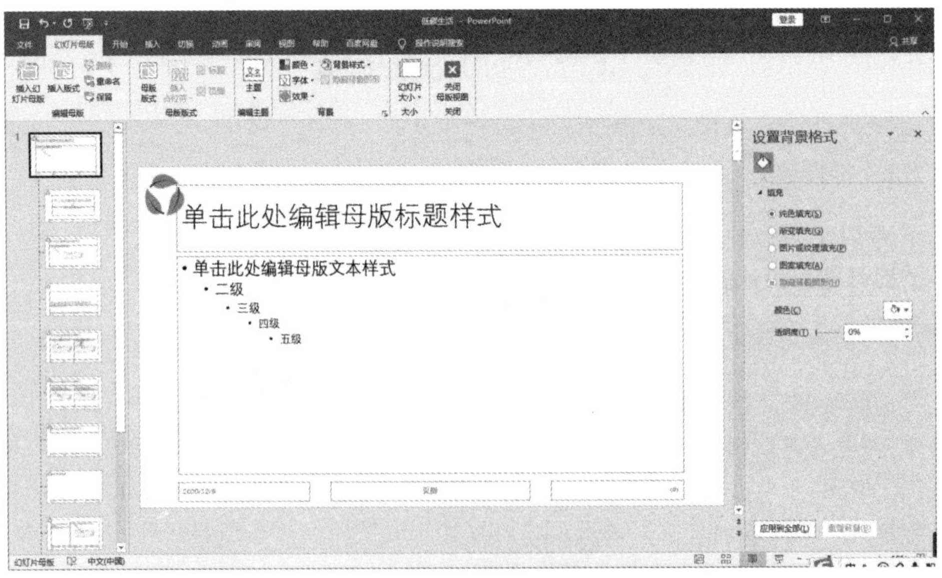

图 4-28 在主母版上添加图标

2. 在“空白”版式母版中添加一行文字

【操作步骤】

1)在左侧的浏览区域选中“空白”版式母版，选择“插入”选项卡→“文本”组→“文本框”→“横排文本框”，输入文字“低碳生活 绿色家园”，如图 4 - 29 所示。

2)设置字体为“华文行楷”，字号为 28，颜色为绿色。

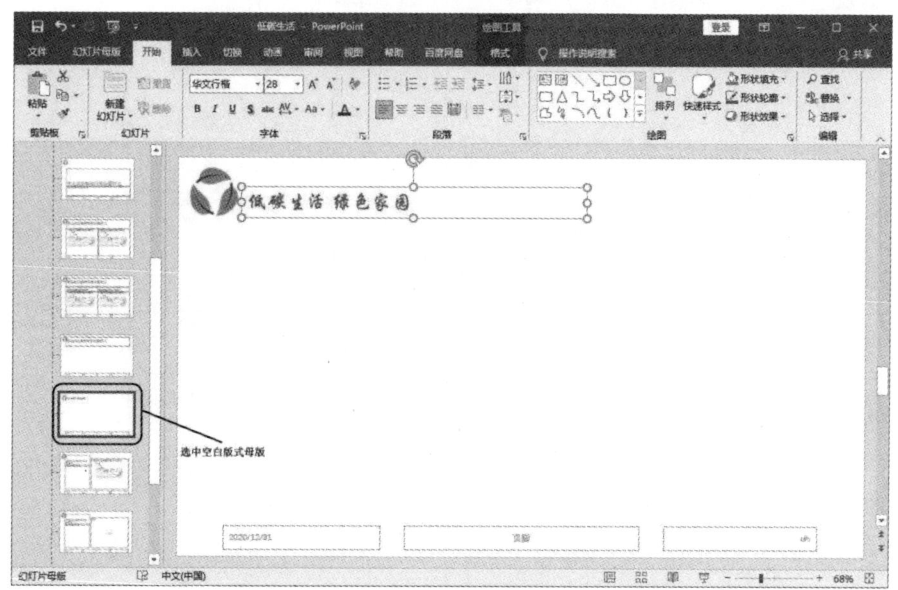

图 4 - 29　在“空白”版式母版上添加文字

3. 在“空白”版式母版中添加底纹

【操作步骤】

1)在左侧的浏览区域选中“空白”版式母版，在右侧的编辑区域对准母版单击右键，在弹出的菜单中选择“设置背景格式”，幻灯片的右侧出现“设置背景格式”窗格。

2)选中“图片或纹理填充”选项，点击“纹理”后面的按钮，在弹出的纹理菜单中选择第 1 行、第 2 列“画布”，调整透明度为 50%。调整后的效果如图 4 - 30 所示。

4. 利用母版设置幻灯片编号的字体、颜色和大小

【操作步骤】

1)在左侧的浏览区域选中主母版。

2)点击主母版右下角“＜＃＞”文本框的边框，使编号文本框处于选中状态。选择“开始”选项卡→“文本”组，设置字体为“华文彩云”，字号为 60，在“绘图工具”→“格式”选项卡中，将“文本填充”和“文本轮廓”均设置为“深红”，轮廓粗细设为 2.25 磅，如图 4 - 31 所示。选择“幻灯片母版”→ “关闭母版视图”。

3)选择“插入”选项卡→“文本”组→“幻灯片编号”，在弹出的“页眉和页脚”选择“幻灯片编号”，如果标题幻灯片不需要编号，就选择最后一项“标题幻灯片中不显示”，如图 4 - 32 所示。

添加后的效果如图 4 - 33 所示。可以看到所有幻灯片上都添加了图标和编号，幻灯片 2～6添加了文字，幻灯片 3～6 添加了底纹。幻灯片 2 因为设置了背景图片，所以不显示底纹。

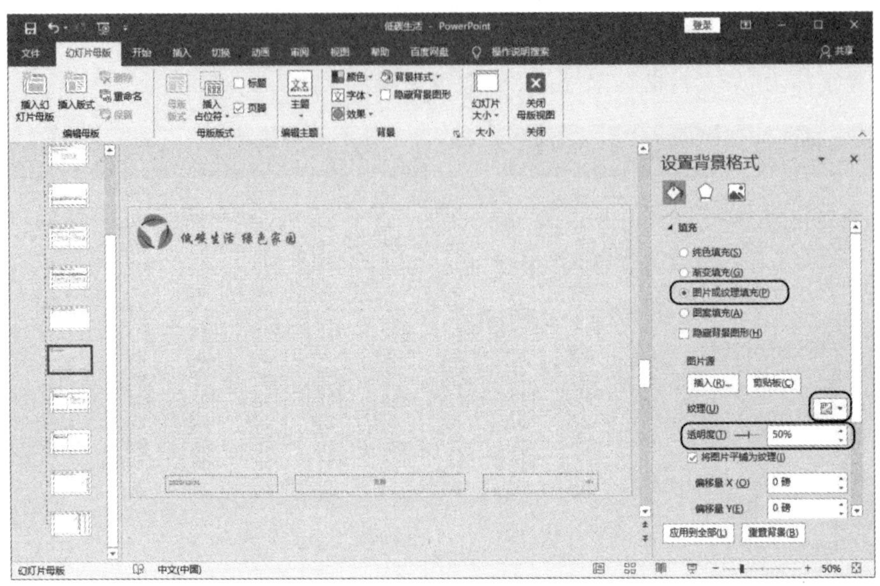

图 4－30　在“空白”版式母版上添加底纹

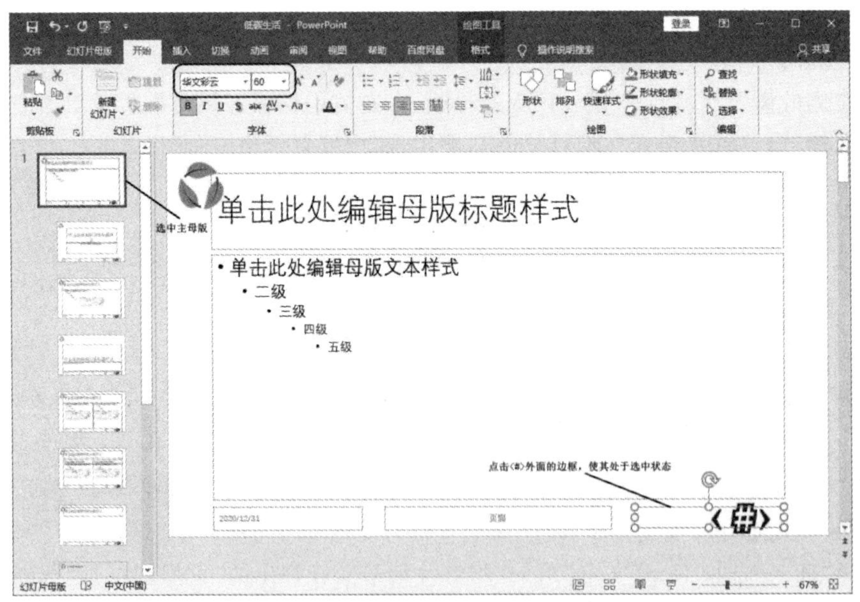

图 4－31　使用母版设置页码的格式

图 4－32　添加幻灯片编号

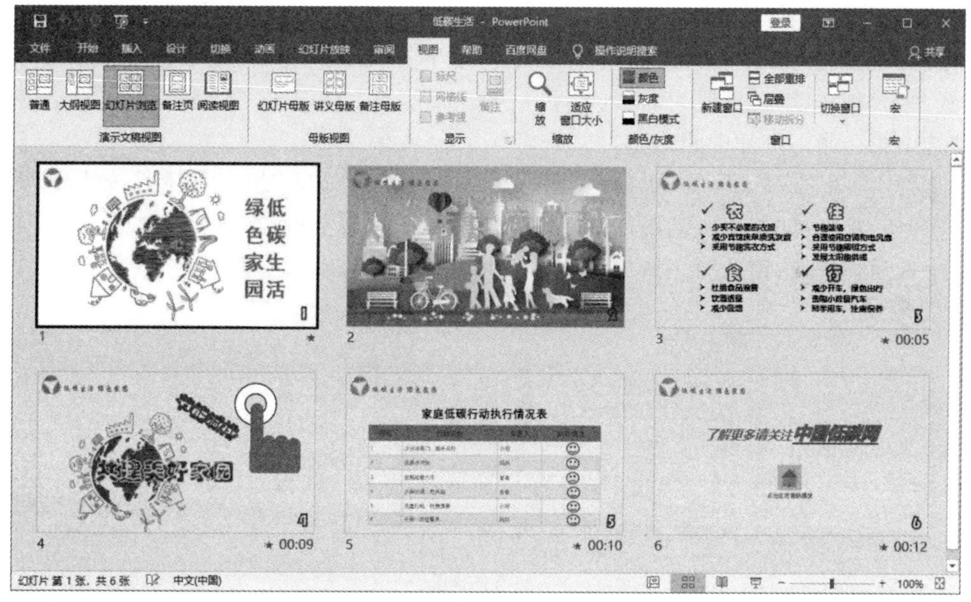

图 4－33　添加编号后的效果

同步练习

1. 使用母版在演示文稿“个人求职简介”所有版式的左上角添加一个图标，在“空白”版式的下边沿添加一条 30 磅深蓝色直线。

2. 为幻灯片添加页码，在母版中设置页码为深红色、华文琥珀、20 号字。

4.8 动画设计

4.8.1 实验目的

· 掌握为幻灯片添加动画的方法。

· 掌握进入、退出、强调、动作路径 4 种类型动画的不同应用场景。

4.8.2 实验内容

运用前面介绍的方法，只能制作静态的幻灯片。本节介绍的动画设计方法，可以使幻灯片的放映效果更加生动，更具有吸引力。PowerPoing 的动画可分为进入、退出、强调、动作路径 4 种类型。下面为演示文稿"低碳生活"分别添加这 4 种动画效果。

1. 为第 1 张幻灯片添加"进入"和"强调"动画

【操作步骤】

1)选中第 1 张幻灯片的图片。

2)选择"动画"选项卡→"高级动画"组→"添加动画"，在弹出的菜单中选择"强调"组→"陀螺旋"，"效果选项"设置为"顺时针"和"完全旋转"，然后点击"高级动画"组的"动画窗格"，打开动画窗格窗口，可以看到动画的时序图。

3)选择"动画"选项卡→"计时"组→"开始"，从下拉菜单中选择"上一动画之后"，"持续时间"设置为 13 秒，"延时"设置为 0 秒。

4)选中第 1 张幻灯片中的标题。

5)选择"动画"选项卡→"高级动画"组→"添加动画"→"进入"组→"擦除"，效果选项为"自顶部"，"开始"项选择"与上一动画同时"，"持续时间"设置为 4 秒，"延时"设置为 9 秒。两个动画设置完成后，动画窗格的时序图如图 4－34 所示。

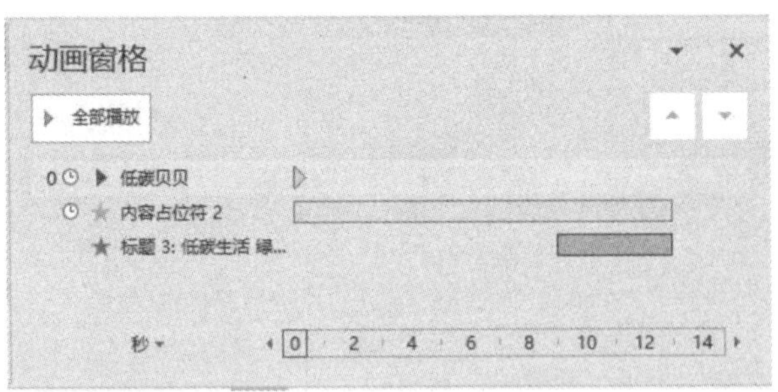

图 4－34　幻灯片 1 的动画时序图

6)点击"动画窗格"左上方的 "播放"按钮，或者点击幻灯片浏览区数字下方的小星号，都可以观看动画效果。

2. 为第 2 张幻灯片添加"进入"和"强调"动画

【操作步骤】

1)选中第 2 张幻灯片的文字。

2)选择“动画”选项卡→“高级动画”组→“添加动画”，在弹出的菜单中选择“进入”组→“飞入”。“效果选项”设置为“自底部”，“开始”项选择“上一动画之后”，“持续时间”设置为 2 秒，“延时”设置为 0 秒。

3)再次选择“动画”选项卡→“高级动画”组→“添加动画”，在弹出的菜单中选择“强调”组→“画笔颜色”。在“效果选项”设置颜色为“橙色，个性色 2，深色 25%”，“开始”项选择“上一动画之后”，“持续时间”设置为 6 秒，“延时”设置为 0 秒。设置好后的动画窗格如图 4-35 所示。

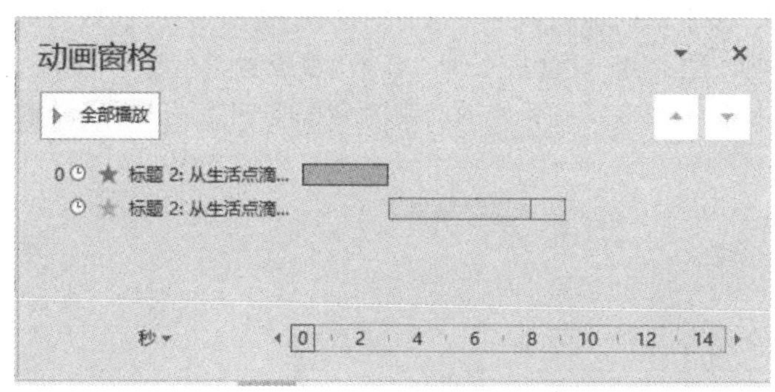

图 4-35　幻灯片 2 的动画时序图

3. 为第 3、4 张幻灯片添加“进入”和“退出”动画

【操作步骤】

1)在幻灯片浏览区选中第 3 张幻灯片，单击右键复制，然后在第 2 张和第 3 张幻灯片之间单击右键粘贴，原第 3 张至第 6 张幻灯片向后顺延。

2)下面将新的第 3 张幻灯片设计成动态文字的效果。首先将原来的文本框用“剪切”和“粘贴”的方法分成 4 个独立的文本框，如图 4-36 所示。然后分别为每个文本框添加动画效果。

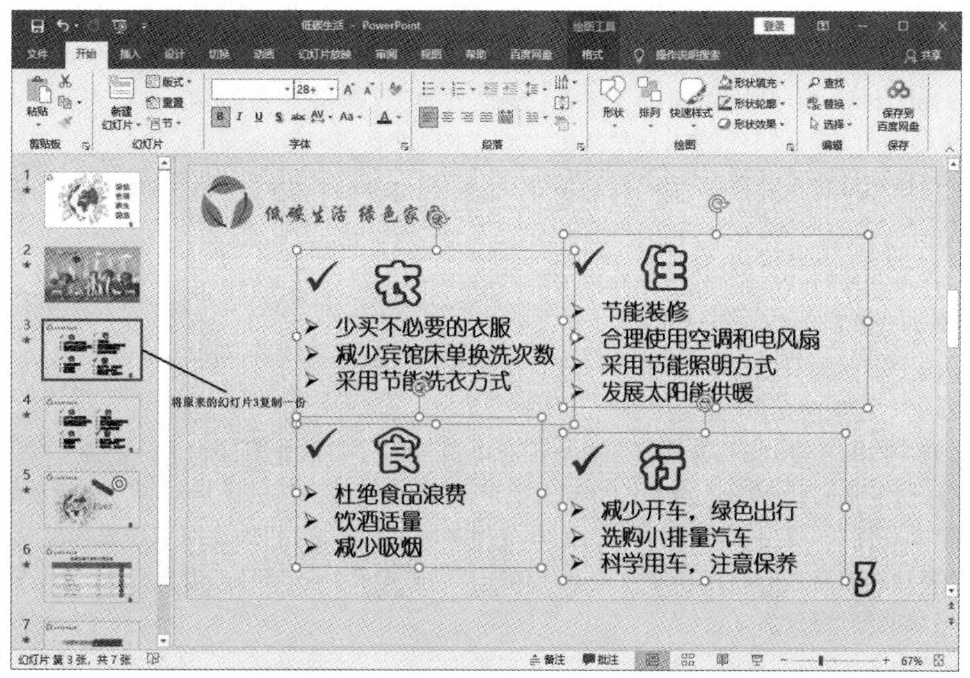

图 4-36　复制幻灯片 3 并将文本框分成 4 个

3)选中“衣”文本框的标题“衣”,选择“动画”选项卡→“高级动画”组→“添加动画”,在弹出的菜单中选择“进入”组→“弹跳”。将“开始”项设置为“上一动画之后”,“持续时间”和“延时”两项不改变。

4)选中“衣”文本框的正文,选择“动画”选项卡→“高级动画”组→“添加动画”,在弹出的菜单中选择“进入”组→“飞入”, 点击“效果选项”设置方向为“自左侧”,将“开始”项设置为“上一动画之后”,“持续时间”和“延时”两项不改变。

5)同时选中“衣”文本框的标题和正文,选择“动画”选项卡→“高级动画”组→“添加动画”,在弹出的菜单中选择“退出”组→“消失”。将“开始”项设置为“上一动画之后”,“延迟”项设置为“01.00”,“持续时间”不改变。设置好的动画时序图如图 4-37 所示,如果不合适可直接用鼠标拖动调整。

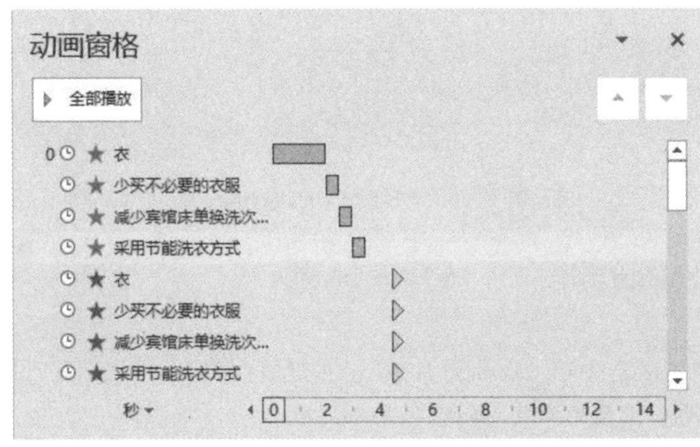

图 4-37　文本框“衣”的进入和退出动画时序图

6)重复 3)~5)步,为“食”“住”“行”3 个文本框设置动画效果。在“效果选项”中,分别设置 3 个文本框的正文飞入方向为:自右侧、自左下部、自右下部。

7)按住 Shift 键同时选中 4 个文本框,选择“开始”选项卡→“绘图”组→“排列”→“对齐”,将 4 个文本框“上下居中”“左右居中”,使 4 个文本框重叠在一起。

8)选择幻灯片 4 的文本框,设置动画为“进入”组→“随机线条”,将“开始”项设置为“上一动画之后”,“持续时间”设置为 4 秒。

4. 为第 5 张幻灯片添加“动作路径”和“强调”动画

【操作步骤】

1)选中第 5 张幻灯片中的同心圆,设置动画“进入”组→“缩放”。将“开始”项设置为“上一动画之后”,“持续时间”设置为 1 秒。

2)选中“手”图案,将其拖到幻灯片外围右下角位置。如果外围位置不够,可在“视图”中将“显示比例”调整至 50%。选择“动画”选项卡→“高级动画”组→“添加动画”,在弹出的菜单中选择“动作路径”组→“自定义路径”,拖动鼠标绘制路径轨迹,到终点时双击鼠标结束绘制。可以用鼠标调整路径的起点和终点位置,如图 4-38 所示。将“开始”项设置为“上一动画之后”,“持续时间”设置为 3 秒。

3)选中文字“节能减排”,设置其“进入”动画为“浮入”,“效果选项”设置为“下浮”,“开始”

项选择“上一动画之后”,“持续时间”设置为 1 秒。

4)再次选中文字“节能减排”,选择“动画”选项卡→“高级动画”组→“添加动画”,在弹出的菜单中选择“强调”组→“跷跷板”,“开始”项选择“上一动画之后”,“持续时间”设置为 1 秒。

5)选中图片“地球 1”,设置其“进入”动画为“向内溶解”,“开始”项设置为“上一动画之后”,“持续时间”设置为 4 秒。

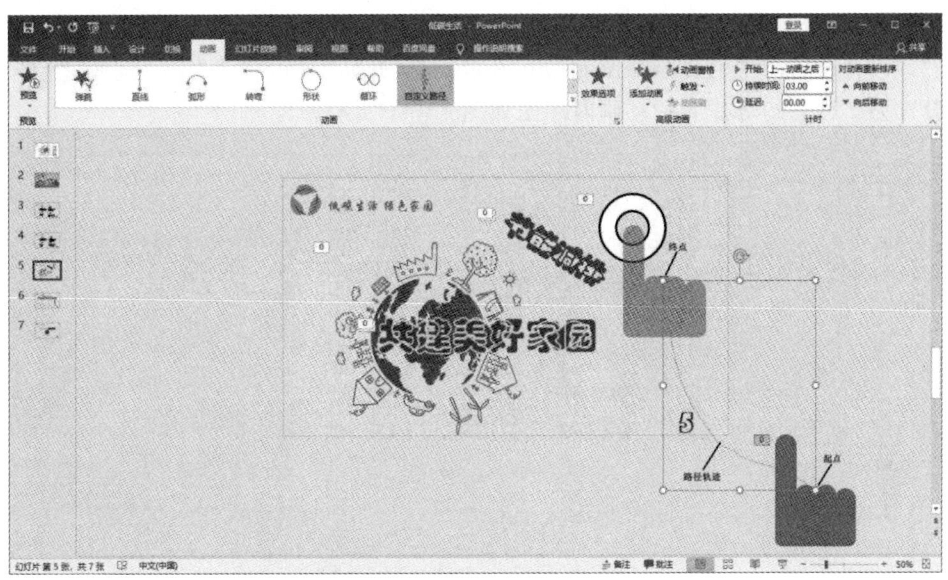

图 4 - 38　动作路径的设置

6)选中文字“共建美好家园”,将其“进入”动画效果设置为“劈裂”,“效果选项”设置为“左右向中央收缩”,“开始”项选择“与上一动画同时”,“持续时间”设置为 4 秒。

7)再次选中文字“共建美好家园”,选择“动画”选项卡→“高级动画”组→“添加动画”,在弹出的菜单中选择“强调”组→“放大/缩小”,在“效果选项”中选择“两者”和“较大”。“开始”项设置为“上一动画之后”,“持续时间”设置为 2 秒。幻灯片 5 的动画时序图如图 4 - 39 所示。

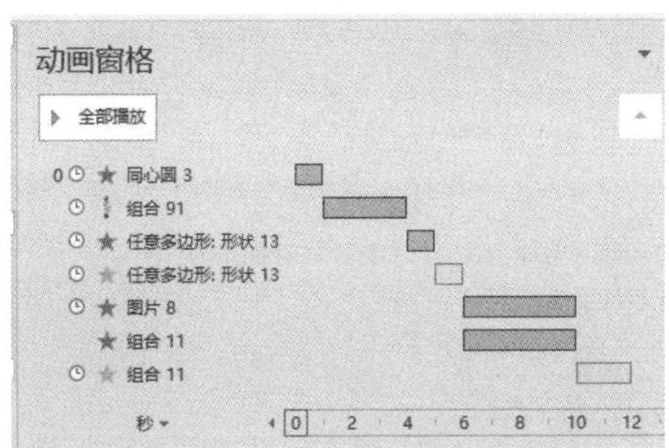

图 4 - 39　幻灯片 5 的动画时序图

5. 为第 6 张幻灯片添加“进入”动画和声音效果

【操作步骤】

1)选中第 6 张幻灯片中的表格，设置动画为“进入”组→“轮子”。将“开始”项设置为“上一动画之后”，“持续时间”设置为 2 秒。

2)按住 Shift 键，同时选中全部“笑脸”图案，设置动画为“进入”组→“缩放”。点击“动画”选项卡→“动画”组右下角的对话框启动器，在弹出的“缩放”对话框里，将“消失点”设置为“对象中心”，“声音”设置为“风铃”，如图 4-40 所示。将“开始”项设置为“上一动画之后”，“持续时间”设置为 1 秒。幻灯片 6 的动画时序图如图 4-41 所示。

图 4-40　在“缩放”对话框为动画设置声音

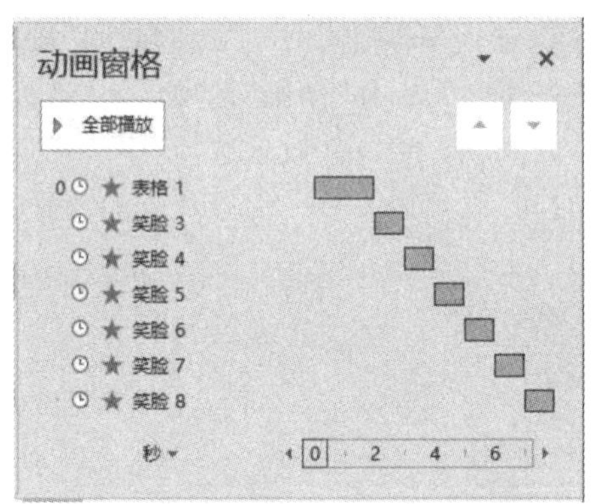

图 4-41　幻灯片 6 的动画时序图

6. 为第 7 张幻灯片添加“进入”动画

【操作步骤】

1)选中第 7 张幻灯片中的文字“了解更多请关注”，设置动画为“进入”组→“飞入”。将“开始”项设置为“上一动画之后”，“持续时间”设置为 1 秒。

2)选中文字“中国低碳网”，设置动画为“进入”组→“翻转式由远及近”。将“开始”项设置为“上一动画之后”，“持续时间”设置为 1 秒。

3）选中“动作按钮：转到主页”，设置动画为“进入”组→“旋转”。将“开始”项设置为“上一动画之后”，“持续时间”设置为 3 秒。

4）选中文字“点击这里重新播放”，设置动画为“进入”组→“浮入”。将“开始”项设置为“与上一动画同时”，“持续时间”设置为 4 秒。幻灯片 7 的动画时序图如图 4－42 所示。

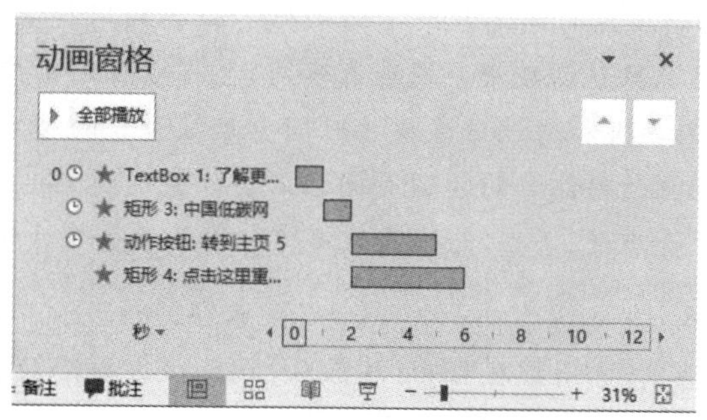

图 4－42　幻灯片 7 的动画时序图

同步练习

1. 打开演示文稿“个人求职简介”，将第 1 张幻灯片的标题进入动画设置为“劈裂”，方向为从两侧至中央。

2. 设置第 2 张幻灯片的图片进入动画为“展开”，文字动画为“盒状”，方向为缩小。

3. 设置第 3 张幻灯片的文字形状组合的进入动画为“飞入”，持续时间 3 秒，方向自下而上。停留 3 秒后，退出动画为“飞出”，方向为“到右侧”，飞出时间持续 4 秒。

4. 设置第 4 张幻灯片的进入动画为“淡化”。

5. 设置第 5 张幻灯片的文字链接动画为“伸展”，后接强调动画“脉冲”。设置动作按钮的进入动画为“压缩”，后接强调动画“填充颜色”。

4.9　幻灯片切换与放映设置

4.9.1　实验目的

- 掌握幻灯片切换的设置方法。
- 掌握幻灯片放映方式的设置方法。

4.9.2　实验内容

1. 幻灯片的“切换”设置

PowerPoint 提供了多种幻灯片的“动画切换”方式，使幻灯片的放映效果更生动、更流畅、更有动感。为帮助大家了解文档的“切换”方式，分别为实例演示文稿“低碳生活”的 7 个幻灯片设置 7 种不同的切换方式。

【操作步骤】

1）选择“切换”选项卡，在“切换到此幻灯片”组单击“其他”按钮，在弹出的下拉列表中设置实例“低碳生活”演示文稿中幻灯片 1 至幻灯片 7 的切换方式，依次设置为无、揭开、分割、立方体、闪光、悬挂、门。

2)在“切换”选项卡的“计时”组,可以设置切换的其他选项,例如切换的声音、持续时间、换片方式等。幻灯片 1 至幻灯片 7 的持续时间分别设置为 0.01、1、1.5、3、2、2、4 秒。幻灯片 7 的自动换片时间设置为 10 秒,其他幻灯片的自动换片时间设置为 0。

注意:持续时间和自动换片时间是两个不同的概念。持续时间指的是完成切换动画所需要的时间。不同的切换方式默认的持续时间会有不同,也可以自定义持续时间。幻灯片切换的换片方式有两种:单击鼠标换页和通过设置换片时间自动换页。两种方式可以同时选择。自动换片时间是指完成切换动画后幻灯片的停留时间。需要注意的是,该项值必须大于幻灯片上所有对象的动画播放时间才会有效,否则,幻灯片的停留时间等于全部对象的动画播放时间。

2.“幻灯片放映”设置

选择“幻灯片放映”选项卡,可以在“幻灯片放映”功能区设置幻灯片的放映方式。

【操作步骤】

1)设置放映方式。选择“幻灯片放映”选项卡→“设置”组→“设置幻灯片放映”,弹出“设置放映方式”对话框,如图 4-43 所示。

• 放映类型:有三种放映类型可供选择。“演讲者放映”是默认的全屏幕放映类型,演讲者可以使用鼠标控制放映进程,也可以按照事先设置好的流程放映,观众只能观看不能控制;“观众自行浏览”是窗口放映,允许观众利用窗口命令控制放映进程;“在展台浏览”也是全屏幕放映,只能按照事先设置好的流程放映,鼠标不能改变放映进程,幻灯片循环播放,按 Esc 键退出播放,观众只能观看不能控制。

• 放映选项:设置播放时是否循环、是否加旁白、是否加动画效果。

• 放映幻灯片:设置幻灯片全部放映或部分放映。

• 推进幻灯片:设置幻灯片是手动放映还是按照排练时间自动放映。如果选择第二项,必须事先做好排练计时。

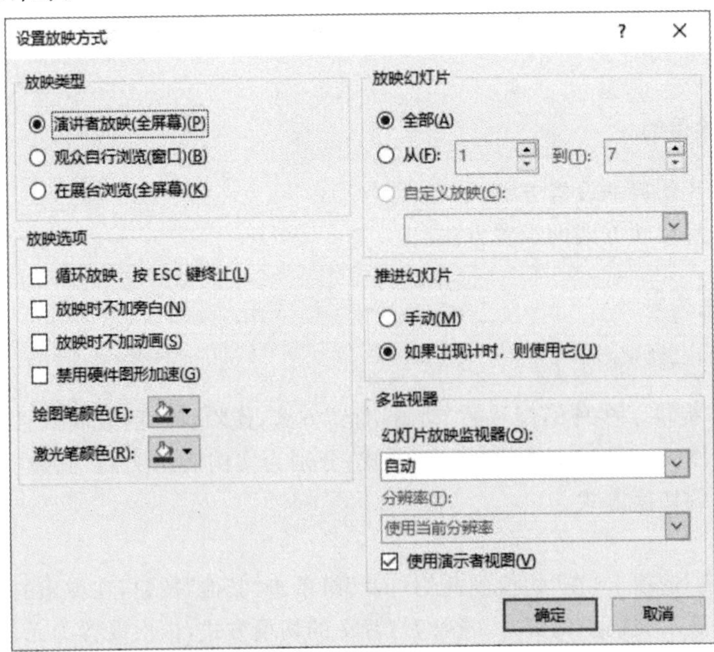

图 4-43 “设置放映方式”对话框

2)录制旁白。选择“幻灯片放映”选项卡→“设置”组→“录制幻灯片演示”,可以为幻灯片录制旁白。录制前必须确认计算机的 MIC(麦克风)处于接通状态。选择同组菜单下的“清除”功能,可以删除旁白。

3)采用排练计时。选择“幻灯片放映”选项卡→“设置”组→“排练计时”,幻灯片开始播放,同时弹出录制工具栏,用户手动切换幻灯片时,幻灯片放映时间重新计时,总放映时间累加计时。放映结束时,如果保存放映时间,则放映类型选择“在展台浏览”或换片方式选择“使用排练时间”,幻灯片都会按照排练时间自行播放。

同步练习

1. 打开演示文稿“个人求职简介”,设置幻灯片 1～5 的切换方式分别为推入、擦除、显示、形状、揭开。

2. 为演示文稿“个人求职简介”录制旁白并设置排练计时。

4.10　主题与模板的应用与自定义

4.10.1　实验目的

- 掌握幻灯片内置主题的运用方法。
- 掌握自定义幻灯片主题的方法。
- 掌握模板的概念和自定义模板的方法。

4.10.2　实验内容

1. 内置主题的运用

所谓“主题”,是一套预定义的格式集合,包括主题颜色、主题字体、主题效果等。在制作演示文稿的过程中使用主题,可以使幻灯片具有协调的颜色、匹配的背景、适合的字体,使幻灯片更具美观性和整体性。

当主题改变时,字体、颜色和背景等也会随之改变。

【操作步骤】

1)建立一个新的演示文稿,以文件名“主题效果对比”保存。

2)选择“设计”选项卡→“主题”组→“环保”主题,新建 6 张幻灯片,第一张幻灯片设置为“标题幻灯片”版式,第二张幻灯片设置为“图片与标题”版式,其他幻灯片设置为“标题与内容”版式。在各个幻灯片添加标题、图片、形状、表格、图表、形状等元素,如图 4 - 44 所示。

3)选择“设计”选项卡→“主题”组→“画廊”主题,可以看到幻灯片改变主题后,其各个元素字体、颜色、版式等都发生了变化,如图 4 - 45 所示。

2. 主题的自定义和保存

通过对内置“主题”进行修改,可以定义新的主题并且保存下来。

【操作步骤】

1)打开演示文稿“主题效果对比”,在浏览区选中所有幻灯片,选择“设计”选项卡→“主题”组→“环保”主题,点击“自定义”组“设置背景格式”,或者点击“设计”选项卡→“变体”组“其他”按钮，在弹出的下拉菜单中选择“背景样式”→“设置背景格式”，在“设置背景格式”窗格中选择“图片或文理填充”，点击“纹理”按钮，在纹理列表中选择“白色大理石”，如图 4－46 所示。在“变体”组菜单中还可以设置“主题”的颜色、字体、效果等。

2）单击“设计”选项卡→“主题”组的“其他”按钮，选择“保存当前主题”，将当前主题保存为“白色大理石”。

图 4－44　“环保”主题的效果

图 4－45　“环保”主题的效果

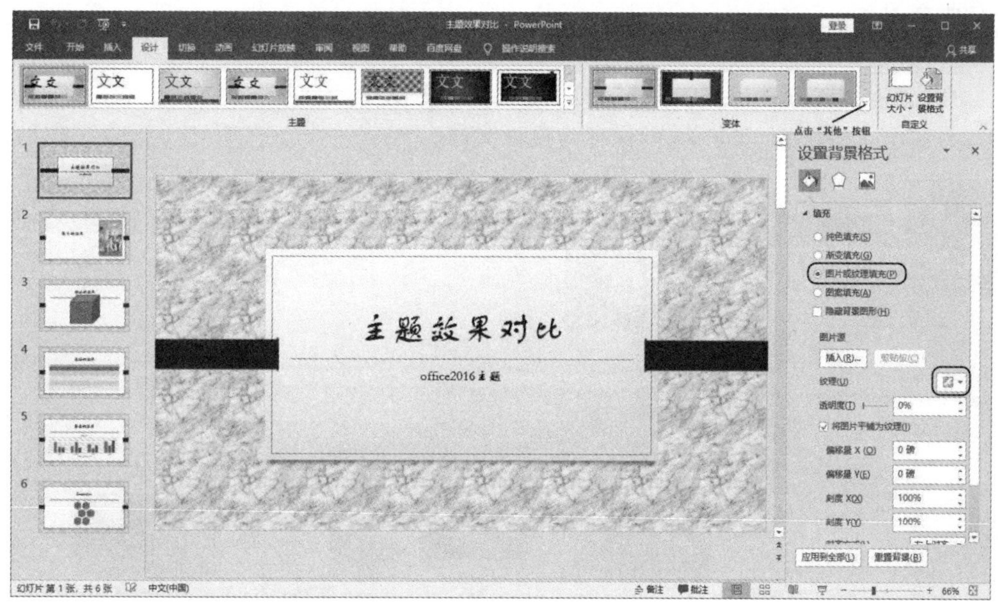

图 4-46　自定义主题

3. 在高版本的 PowerPoint 中使用低版本的主题

如果需要在高版本的 PowerPoint 中使用低版本内置的主题，可通过以下操作实现。

【操作步骤】

1）在低版本 PowerPoint 里新建一个演示文稿，选好主题，保存为演示文稿文件或主题文件。

2）在高版本 PowerPoint 里单击“设计”选项卡→“主题”组的“其他”按钮，选择“浏览主题”，在弹出的“选择主题或主题文档”对话框中打开前面保存的文件，即可使用低版本的主题。

3）在高版本 PowerPoint 中保存当前主题。

4. 模板的概念与自定义方法

模板是指设计方案的固定格式，它可以是包括主题、母版和内容在内的所有元素的集合。使用相同模板创建的演示文稿，具有相同的结构内容和相同的配色风格。模板和主题的区别在于：主题只规定格式，不包含内容，而模板是包含内容的。在 PowerPoint 2016 的“新建”界面，可以看到有很多内置模板和主题可供选择，也可以输入关键字搜索需要的模板和主题（见图 4-47）。

任何一个制作好的演示文稿都可以保存为自定义模板。下面将演示文稿“低碳生活”保存为模板文件。

【操作步骤】

1）打开演示文稿“低碳生活”。

2）选择“文件”选项卡→“另存为”，双击“这台电脑”，在弹出的“另存为”对话框中，“保存类型”选择“PowerPoint 模板”（见图 4-48），点击“保存”按钮。

3）选择“文件”选项卡→“新建”，点击“个人”按钮，查看新建的模板。

同步练习

1. 为演示文稿“个人求职简介”添加主题 “重大事件”。
2. 在“变体”组设置颜色为“纸张”,将字体改为“隶书”。
3. 将演示文稿“个人求职简介”保存为模板文件。

图 4-47 “新建”界面的主题和模板

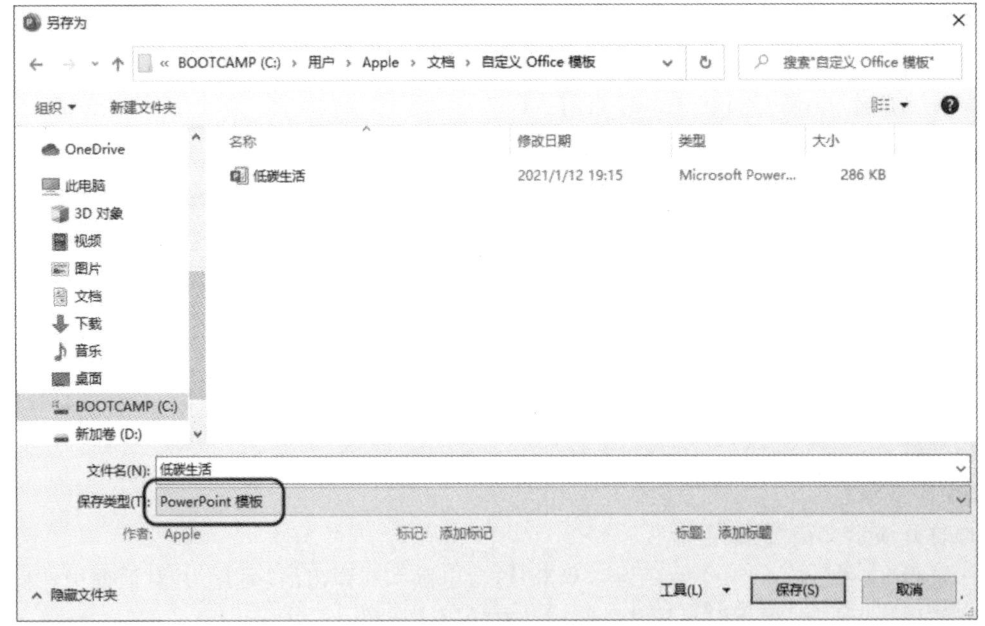

图 4-48 “保存类型”选择“PowerPoint 模板”

4.11　SmartArt 图形的创建与调整

4.11.1　实验目的

- 理解 SmartArt 图形的作用，掌握 SmartArt 图形的创建方法。
- 掌握 SmartArt 图形的编辑和修改方法。

4.11.2　实验内容

1. 创建 SmartArt 图形

SmartArt 图形是信息和观点的视觉表示形式，有多种布局选择，帮助快速、轻松、有效地传达信息。使用 SmartArt 工具，可以直观地说明层级关系、附属关系、并列关系、循环关系等多种常见关系，制作出来的图像漂亮精美，有极强的立体感和画面感。

SmartArt 图形分为列表、流程、循环、层次结构、关系、矩阵、棱锥图、图片 8 个类型。下面以图 4－49 中的 SmartArt 图形的制作过程为例，说明 SmartArt 工具的使用方法。

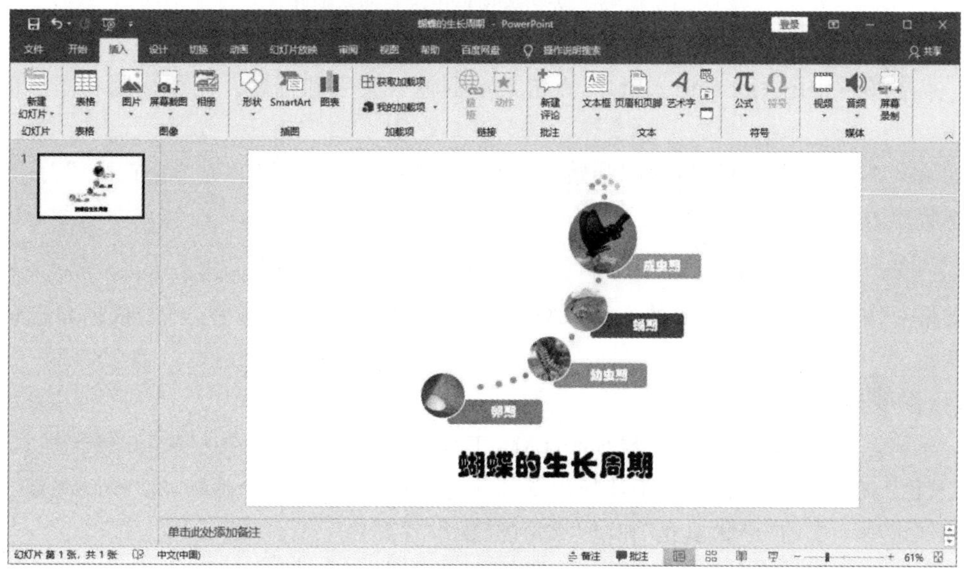

图 4－49　SmartArt 图形实例

【操作步骤】

1)新建一个演示文稿，将第一张幻灯片的版式设置为“标题与内容”。

2)点击内容占位符中的“SmartArt”图标，或者选择“插入”选项卡→“插图”组→“SmartArt”，在弹出的对话框中选择“图片”组→“升序图片重点流程”，系统会自动生成一个有两个形状的 SmartArt 图形。

3)选中其中任意一个形状，选择“SmartArt 工具”→“设计”选项卡→“创建图形”组→“添加形状”，在弹出的下拉菜单中选择“在后面添加形状”或“在前面添加形状”，重复两次，添加两个形状，如图 4－50 所示。

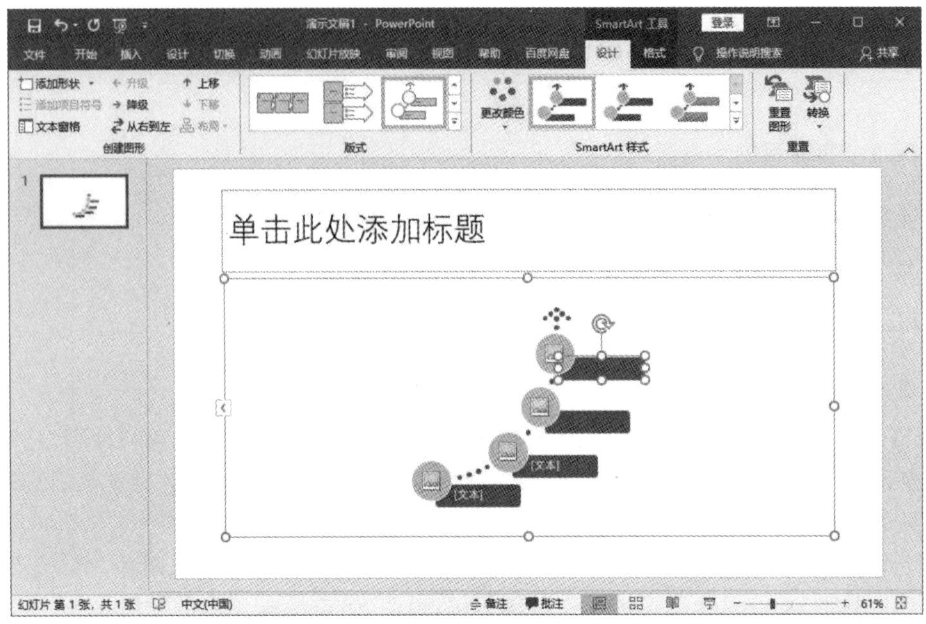

图 4－50　在原有图形中添加两个形状

4)点击图形中图片位置插入图片，点击文本框输入文字和标题。调整标题和图形的位置和大小。

如果文本已经存在，可以选择“开始”选项卡→“段落”组→“转换为 SmartArt”，直接将现有文本转换为 SmartArt 图形。

2. 调整 SmartArt 图形

如果对按照上述方法生成的 SmartArt 图形的颜色和形态不满意，可以根据自己的需要进行调整。

【操作步骤】

1)整体调整图形的颜色：选择“SmartArt 工具”→“设计”选项卡→“SmartArt 样式”组→“更改颜色”，在弹出的下拉菜单中选择需要的颜色，也可以选中一个形状，在“SmartArt 工具”→“格式”选项卡中的“形状填充”和“形状轮廓”中设置颜色。

2)单独调整文字和形状：选中需要调整的文字或形状，点击“开始”选项卡，即可在“字体”对话框调整文字的字体、大小、颜色，在“绘图”对话框调整形状的大小和颜色等。

3)为了将蝴蝶的图片放大，首先需要拖动鼠标将顶部箭头的全部圆点选中，然后将箭头整体上移，为放大图片预留空间。

4)选中整个 SmartArt 图形，选择“SmartArt 工具”→“格式”选项卡→“排列”组→“组合”，在弹出的下拉菜单中选择“取消组合”。然后选中蝴蝶图片，用鼠标拉动放大。之所以要先取消组合，是为了在拉动一个图片的时候，其他图片不受影响。

同步练习

1. 使用 SmartArt 图形中的“表格列表”来描述 Office 软件的分类。

2. 设置图形颜色为“彩色轮廓→个性 2”

4.12　图片处理

4.12.1　实验目的

· 掌握图片的裁剪、背景删除等处理方法。
· 学会使用"图片样式"工具增强图片效果。

4.12.2　实验内容

1. 图片裁剪和删除背景

使用 PowerPoint 的图片处理工具，可以轻松制作、组合各种效果的精美图片。如图 4-51 所示的"手心玫瑰"图片，就是由玫瑰、手、背景三张图片组合而成，运用了普通裁剪、形状裁剪、背景删除、图片样式等图片处理方法。

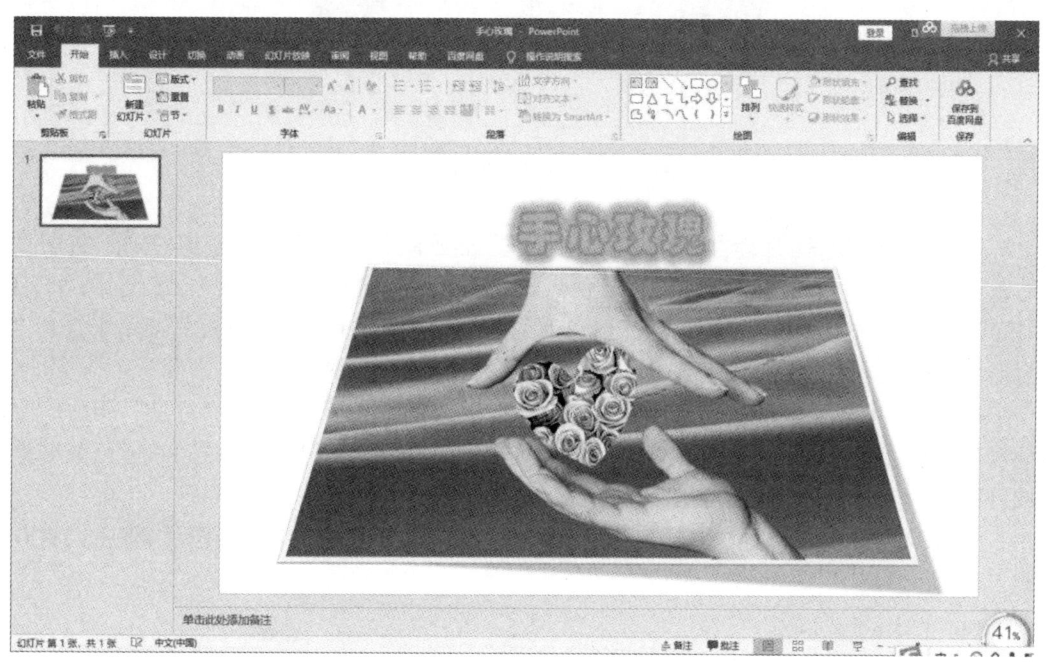

图 4-51　图片处理实例

【操作步骤】

1）新建一个演示文稿，将第一张幻灯片的版式设置为"仅标题"，点击标题占位符，输入标题"手心玫瑰"，将字体设置为"华文彩云"，大小为 60。选择"绘图工具"→"格式"选项卡→"艺术字样式"组，在"文本填充"和"文本轮廓"的颜色均设置标题颜色，将"文字效果"设置为"发光"。

2）点击内容占位符中的"SmartArt"图标，或者选择"插入"选项卡→"图像"组→"图片"，分别插入背景、手和玫瑰 3 张图片，调整其层次使背景图片位于最下层，玫瑰图片位于最上层，如图 4-52 所示。

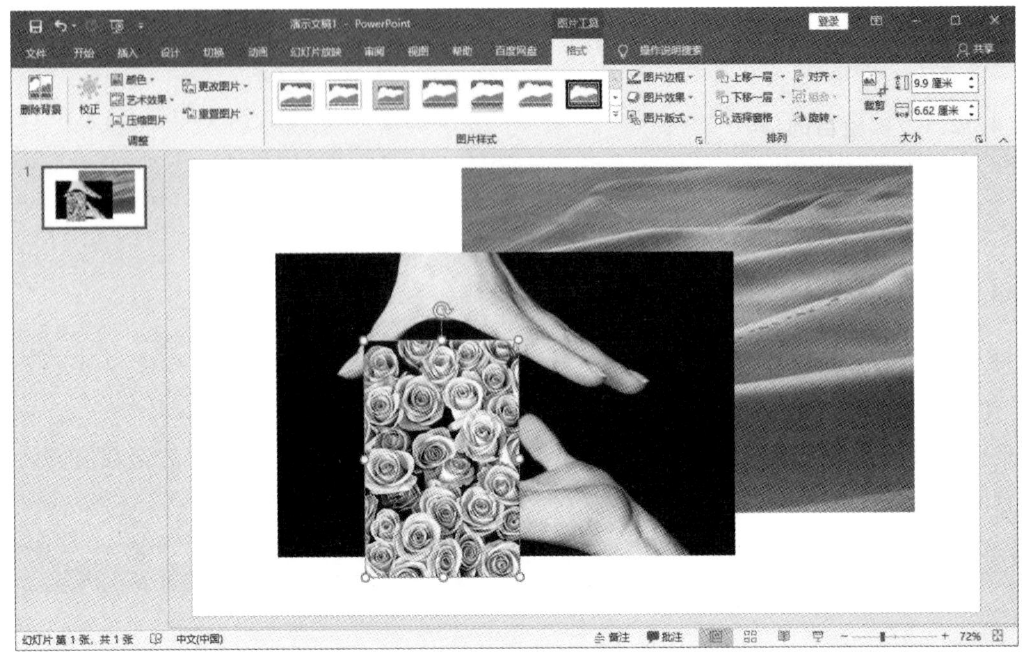

图 4-52　插入 3 张原始图片

3)选中“玫瑰”图片，选择“图片工具”→“格式”选项卡→“大小”组→“裁剪”按钮，将图片四周的裁剪框调整为近似正方形，在图片外面点击确认。再次选中“玫瑰”图片，点击“图片工具”→“格式”选项卡→ “大小”组→ “裁剪”按钮下的黑色小三角，在弹出的下拉式菜单中选择 “裁剪为形状”→“基本形状”→“心形”，将玫瑰图片裁剪为心形，在图片外面点击确认。

4)选中“手”图片，选择“图片工具”→“格式”选项卡→“调整”组→“删除背景”，调整删除范围框线使其覆盖整个图片，使用“背景删除”选项卡下的“标记要保留的区域”和“标记要删除的区域”两个工具，对保留区域和删除区域进行调整，然后在图片外面点击确认。

5)将“玫瑰”图片移至手心位置，调整大小和角度。然后同时选中两张图片，将它们组合在一起。

2.“图片样式”的使用

下面为 “背景”图片选择图片样式，使图片更有立体效果。

【操作步骤】

1)选中“背景”图片，选择“图片工具”下的“格式”选项卡→“图片样式”组→“松散透视，白色”，观察图片效果与原来有何不同。

2)调整手和玫瑰组合的大小和位置，使其与背景图片吻合。调整好后将 3 张图片组合在一起。

同步练习

1.选择一张背景单一的人物照片，将其背景换成风景图片。

2.将图片裁剪为七角星形，图片样式设置为“金属框架”。

4.13　制作图表

4.13.1　实验目的

· 掌握在幻灯片中插入图表的方法。
· 掌握编辑修改图表中的数据项和外观形状的方法。

4.13.2　实验内容

在幻灯片中使用图表，可以更形象、更直观地展示数据。下面根据图 4 - 53 中的表格来绘制图表。

服饰种类	一季度销售量	二季度销售量	三季度销售量
连衣裙	300	500	800
上衣	250	450	600
裤子	380	450	580
帽子	400	230	780
半身裙	800	655	1200

图 4 - 53　根据表格绘制图表

【操作步骤】

1)新建一个演"示文稿，将第一张幻灯片的版式设置为"空白"，选择"插入"选项卡→"插图"组→"图表"，在弹出的"插入图表"对话框里选择"柱形图"，然后单击"确定"，系统会自动生成一个原始的柱形图和一个简易的 Excel 表格，如图 4 - 54 所示。

2)将图 4 - 53 中表格的数据输入 Excel 表格，也可以直接将数据复制粘贴到 Excel 表格中。

3)关闭 Excel 表格，选中图表，在"开始"选项卡设置文字颜色为黑色，大小 18，加粗。将图表标题改为"服饰销售情况对比"，制作好的图表如图 4 - 55 所示。

4)在幻灯片浏览区选中当前图表幻灯片的缩略图，点击右键选择"复制"，再次点击右键选择"粘贴"，新建一张相同的图表幻灯片。

5)选择新建的图表幻灯片，选中幻灯片上的图表，选择"图表工具"→"设计"选项卡→"类型"组→"更改图表类型"，在弹出的"更改图表类型"对话框里选择"饼图"，并点击"三维饼图"图表，然后点击"确定"按钮。

6)选中饼图，选择"图表工具"→"设计"选项卡→"数据"组→"选择数据"，在弹出的"选择数据源"对话框里的"图例项"只勾选"一季度销售量"，如图 4 - 56 所示。点击"确定"按钮并关闭 Excel 表格。

7)选择“图表工具”→“设计”选项卡→“图表样式”组→“样式 1”，在“开始”选项卡设置文字颜色为黑色，大小 18，加粗。将图表标题改为“一季度服饰销售情况对比”。制作完成的图表如图 4-57 所示。

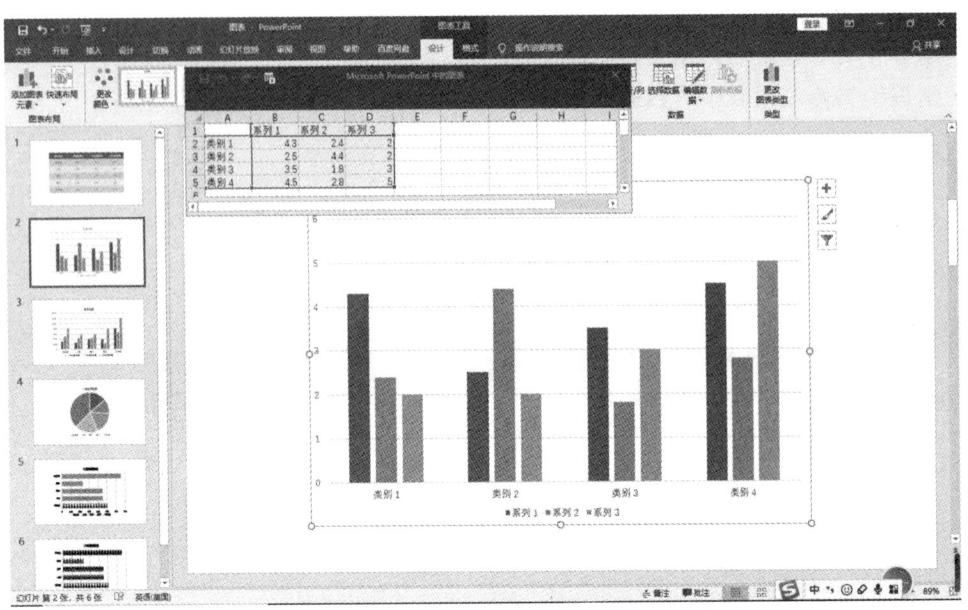

图 4-54　原始的柱形图

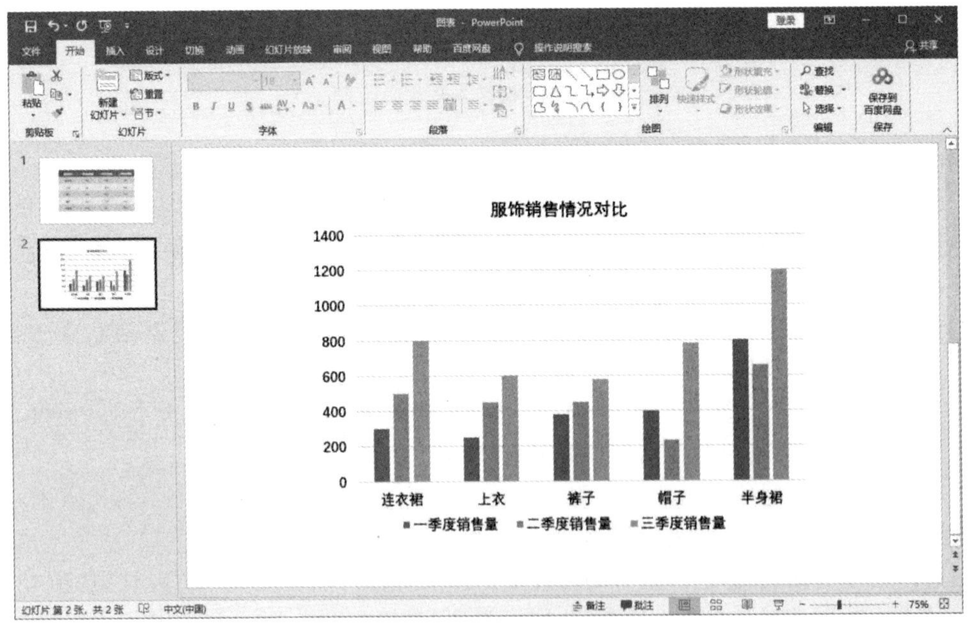

图 4-55　制作好的柱形图

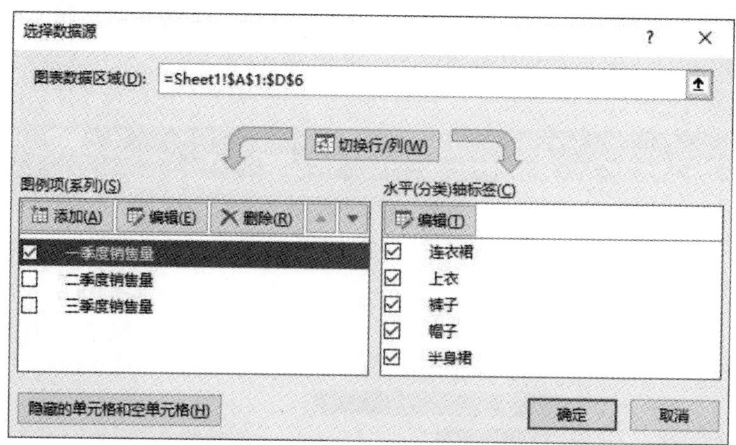

图 4-56　勾选“一季度销售量”

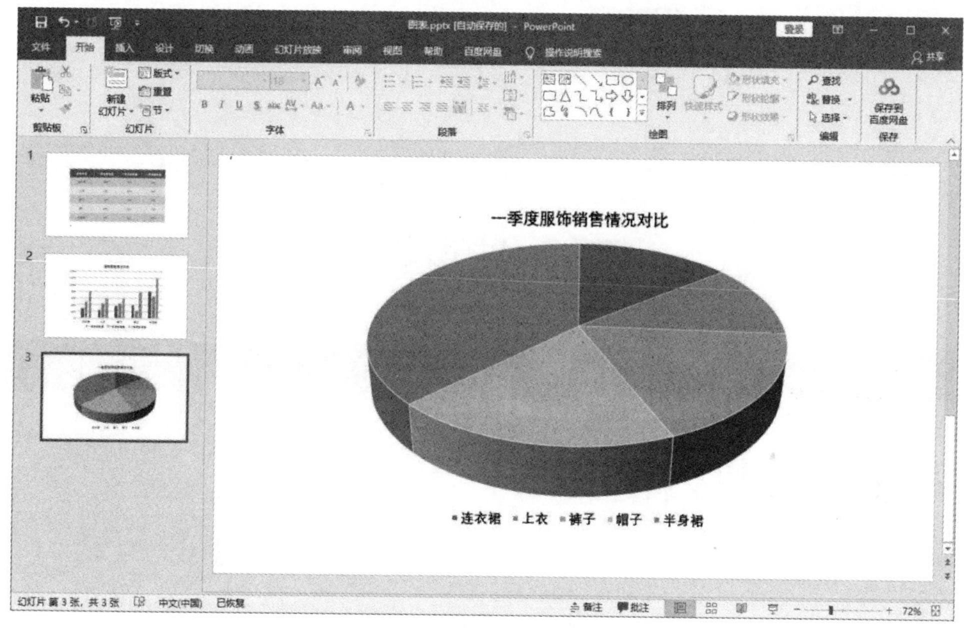

图 4-57　制作好的三维饼图

8)在幻灯片浏览区用复制粘贴的方法新建一张相同的饼图幻灯片，选中新建幻灯片上的图表，选择“图表工具”→“设计”选项卡→“类型”组→“更改图表类型”，在弹出的“更改图表类型”对话框里选择“条形图”，然后点击“确定”按钮。

9)选中图表中的条形形状，选择“图表工具”→“格式”选项卡→“形状样式”组→“形状填充”→“纹理”→“其他纹理”，或者对准图表中的条形形状单击右键选择“设置绘图区格式”，幻灯片的右边都会出现一个“设置绘图区格式”窗格。在窗格中点击第 3 个“系列选项”图标，将间隙宽度设置为 50%，如图 4-58 所示。

10)单独选中“半身裙”的条形形状，在右侧的“设置数据点格式”窗格里点击第 1 个“填充与线条”图标，选择第 4 个填充项“图片或纹理填充”，点击“图片源”下面的“插入”按钮，在弹出的“插入图片”对话框里找到半身裙的图片并点击插入，在“设置数据点格式”窗格里选择“层叠并缩放”，“单位/图片”项设置为40，如图4-59所示。

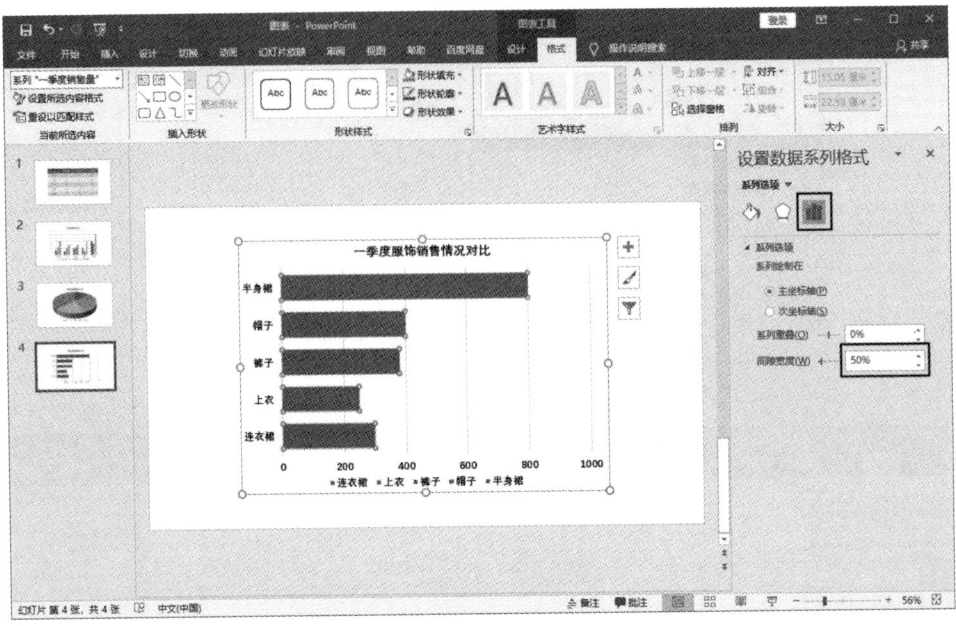

图4-58　调整图表的间隙宽度

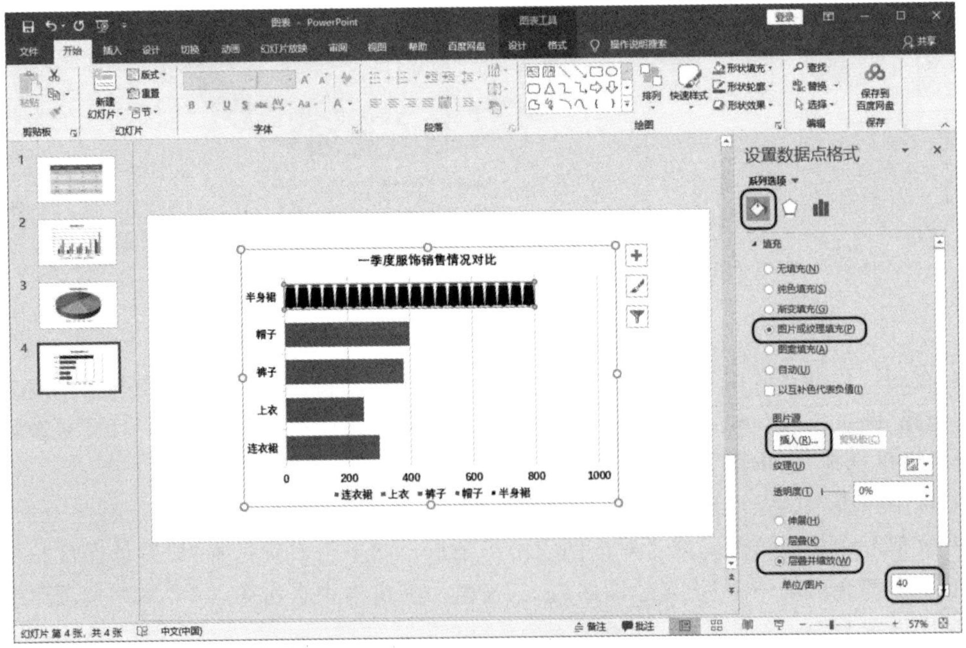

图4-59　使用图片填充的条形图

11)用同样的方法将其他的条形形状用对应的图片填充,并且用鼠标拖动图表的四个角调整大小。完成后的条形图填充效果如图 4－60 所示。

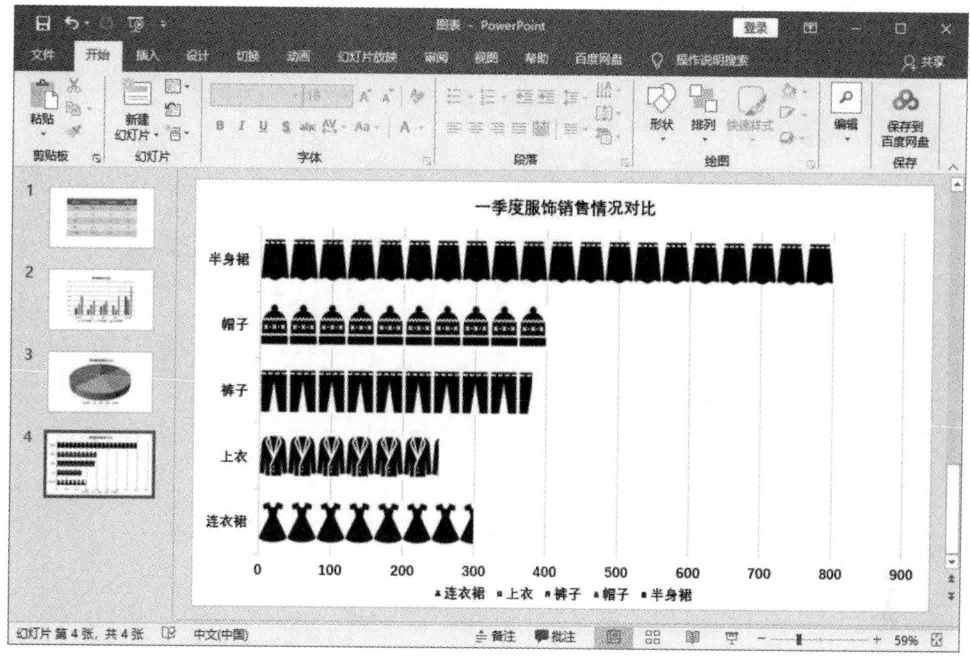

图 4－60　完成后的条形图填充效果

同步练习

1. 设计一个表格,反映一个生产车间近三年的生产规模,包括员工人数、产品数量、单价、生产总额。

2. 选择全部数据项,绘制三维簇状柱形图。

3. 绘制三年的员工人数条形图。

4. 绘制三年的生产总额三维饼图。

4.14　演示文稿的输出与格式转换

4.14.1　实验目的

· 掌握演示文稿的打印方法。

· 掌握将演示文稿转换成直接放映格式、视频文件、Word 文档和 PDF 文件的方法。

4.14.2　实验内容

1. 打印演示文稿

下面将演示文稿“低碳生活”的 7 张幻灯片打印在一张 A4 纸上。

【操作步骤】

1)打开显示文稿“低碳生活”,选择“视图”选项卡→“母版视图”组→“讲义母版”和“备注母版”,可设置幻灯片和备注文字的打印格式。

2)选择“文件”选项卡,单击“打印”,弹出“打印”对话框。选择“9 张水平放置的幻灯片”,对话框的右侧会显示 7 张幻灯片排列的预览图,如图 4-61 所示。

3)单击“打印”按钮。

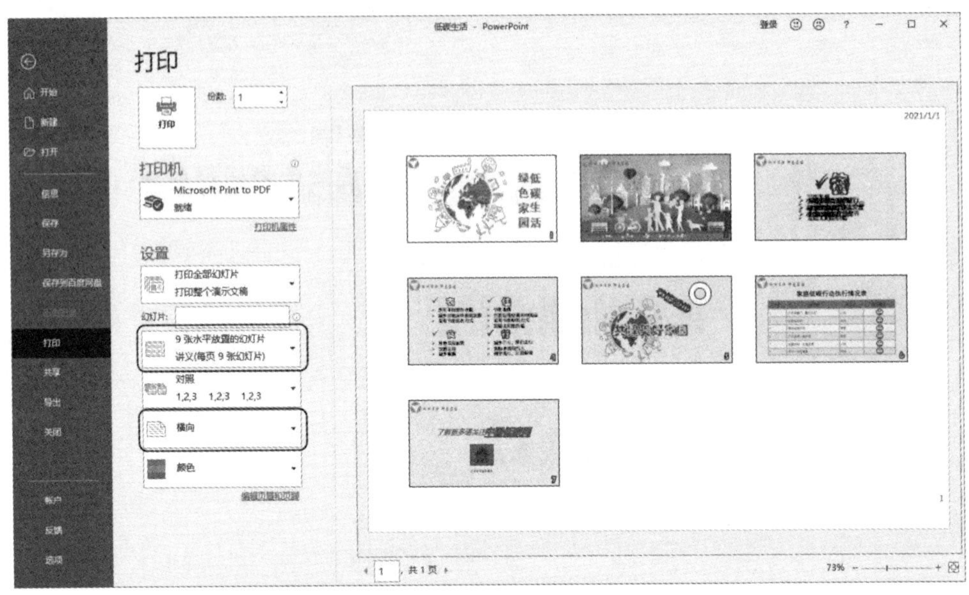

图 4-61　演示文稿“打印”对话框

2. 将演示文稿转换为直接放映格式

演示文稿文件的扩展名为 pptx,必须先进入 PowerPoint 应用程序,打开演示文稿文件才能播放。将演示文稿文件转换成直接放映格式文件(ppsm)后,就可以双击文件直接播放。

【操作步骤】

1)打开显示文稿“低碳生活”,选择“文件”选项卡→“另存为”,选择文件保存路径,出现“另存为”对话框,保存类型设置为“启用宏的 PowerPoint 放映”(＊.ppsm),如图 4-62 所示。

2)单击“保存”按钮。

3. 将演示文稿转换为视频文件

将演示文稿转换成视频文件,就可以使用播放器观看演示文稿。

【操作步骤】

1)打开显示文稿“低碳生活”,选择“文件”选项卡→“导出”→“创建视频”,单击“创建视频”按钮,出现“另存为”对话框,保存类型已自动置为“MPEG-4 视频”(＊.mp4),如图4-63 所示。

2)选择保存路径和文件名,单击“保存”按钮后,PowerPoint 应用程序窗口下方位置会出现制作视频文件的进程条,制作视频文件需要一些时间,一定要等到制作过程结束后,才能关闭演示文稿文件。

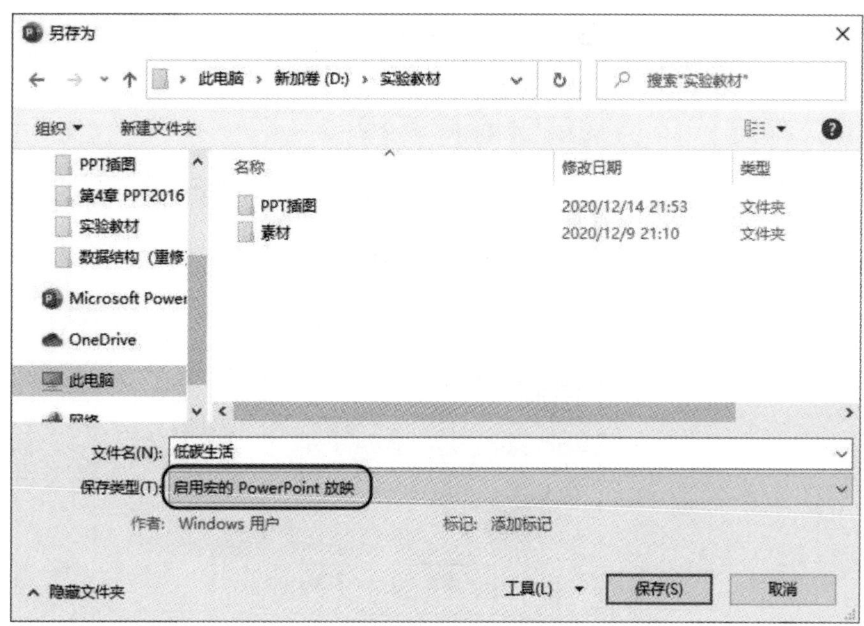

图 4－62　将演示文稿转换为直接放映文件

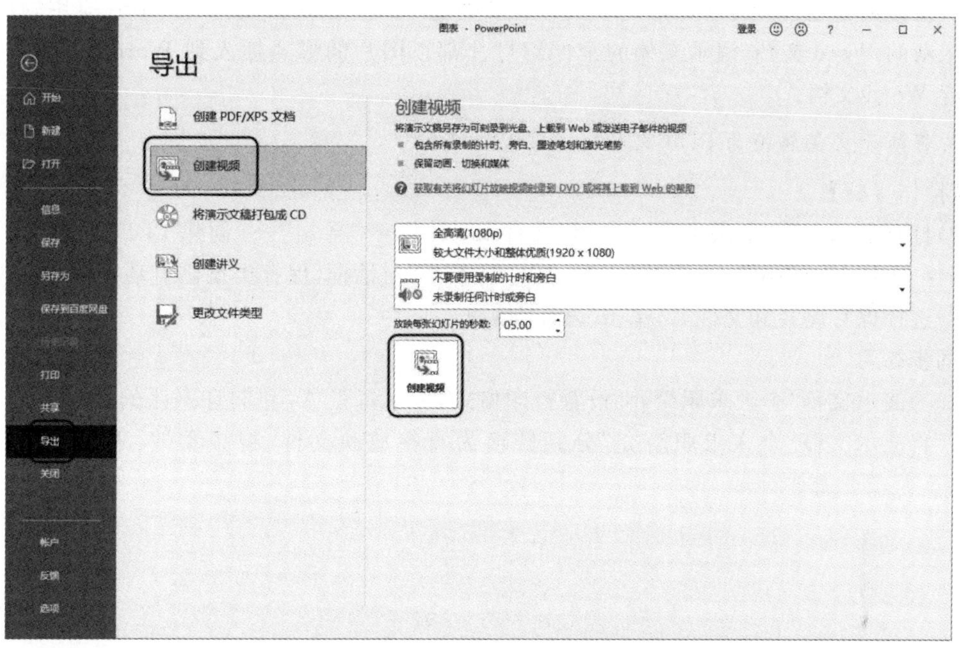

图 4－63　将演示文稿转换为视频文件

4. 将演示文稿发送到 Word 文档

【操作步骤】

1)打开显示文稿"低碳生活",选择"文件"选项卡→ "导出"→"创建讲义",单击"创建讲义"按钮,出现"发送到 Microsoft Word"对话框,如图 4－64 所示。

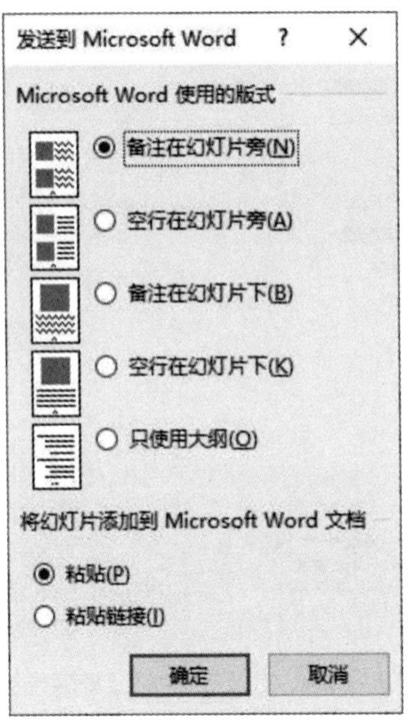

图 4-64 “发送到 Microsoft Word”对话框

2)根据需要选择 Word 文档的版式,点击“确定”按钮,系统自动打开 Word 应用软件并创建一个新的 Word 文档,演示文稿的全部幻灯片都以图片的形式插入到 Word 文档中。编辑并保存 Word 文档。

5. 将演示文稿转换为 PDF 文档

【操作步骤】

1)打开显示文稿“低碳生活”,选择“文件”选项卡→“导出”→“创建 PDF/XPS 文档”,单击“创建 PDF/XPS”按钮,出现“发布为 PDF 或 XPS”对话框,保存类型已自动置为“PDF”。

2)选择保存路径和文件名,单击“发布”按钮。

同步练习

1. 为演示文稿“个人求职简介”设置打印格式,要求每张 A4 纸打印一张幻灯片。

2. 将演示文稿“个人求职简介”分别转换为直接放映文件、视频文件、Word 文档、PDF 文件。

第 5 章　Excel 2016 操作实验

5.1　Excel 的基本操作

5.1.1　实验目的

· 了解 Excel 工作环境中的常用术语。
· 掌握 Excel 新建和保存工作簿的方法。
· 掌握 Excel 打开和关闭工作簿的方法。

5.1.2　实验内容

1. *启动* Excel 2016

采用下述方法之一，系统将启动 Excel 2016 应用程序并创建一个空白工作簿，显示如图 5－1所示的 Excel 窗口，默认文件名为“工作簿 1”。

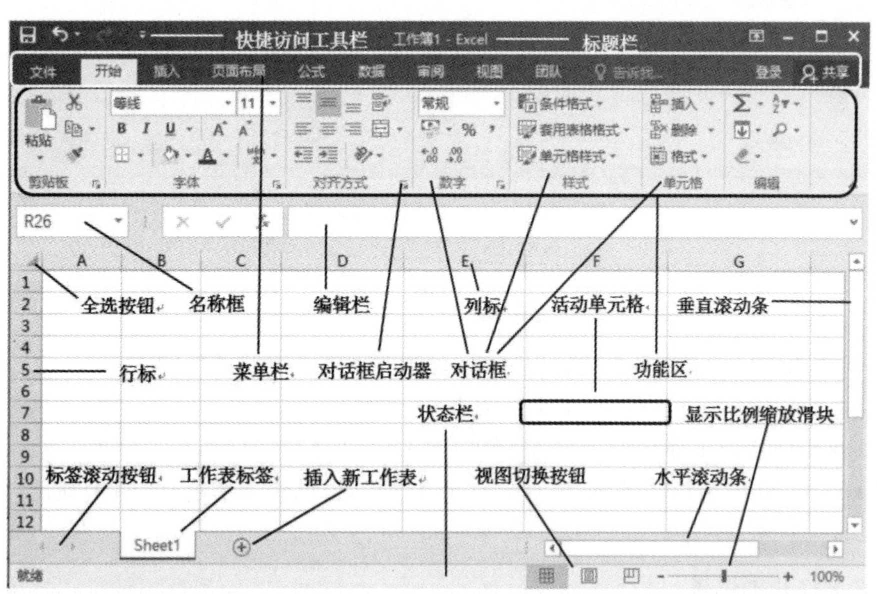

图 5－1　Excel 窗口布局

方法 1:在 Windows 桌面上,单击任务栏上的"开始"按钮,选择"所有程序"→"Microsoft Office"→"Microsoft Office Excel 2016"程序项。

方法 2:双击桌面上的"Microsoft Excel 2016"快捷方式图标。

2. 建立、保存和关闭工作簿

(1)建立工作簿。

新建、保存两个工作簿,并分别命名为"个人消费流水账"和"员工工资表"。

【操作步骤】

1)启动 Excel 2016 应用程序,系统自动创建一个空白工作簿,该工作簿名默认为"工作簿1"。

2)单击"另存为"→"这台电脑",出现如图 5-2 所示的"另存为"对话框。

3)在对话框左边的导航栏里依次选择文件要保存到的磁盘以及文件夹。

4)在"文件名"文本框中输入新工作簿名"个人消费流水账",单击"保存"按钮。

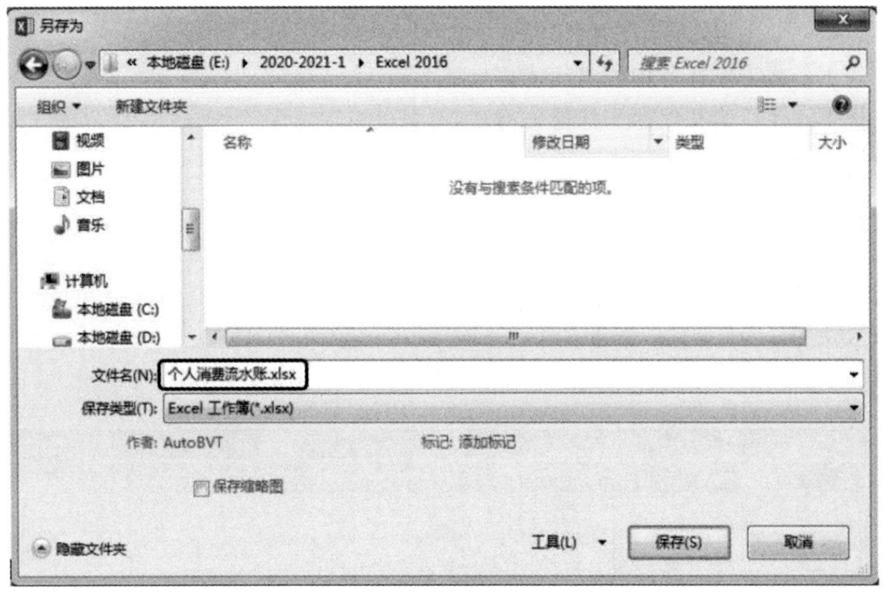

图 5-2 "另存为"对话框

5)单击该工作簿的"关闭窗口"按钮,可关闭"个人消费流水账"工作簿。

注意:此时并未退出 Excel 应用程序。

6)如果单击 Excel 右上角的"关闭"按钮,可退出 Excel 2016 应用程序。

7)用与以上相同的方法创建"员工工资表"工作薄。

(2)快速新建空白工作簿。

在 Excel 2016 应用程序界面,按 Ctrl+N 组合键,可以快速新建空白工作簿。

3. 打开工作簿

(1)直接打开工作簿。

找到"个人消费流水账"工作簿图标,双击打开。

(2)通过"文件"选项卡打开工作簿。

【操作步骤】

1)在 Excel 2016 应用程序界面选择“文件”→“打开”,则显示“打开”对话框。

2)选择文件所在的磁盘或文件夹,单击要打开的工作簿名,如“员工工资表”,单击“打开”按钮。

同步练习

在 D 盘建立一个练习文件夹,并在文件夹内建立两个名称分别为“天气统计”和“Excel 学习”的工作簿。

5.2　创建与编辑工作表

5.2.1　实验目的

· 掌握向工作表中输入数据、数据自动填充、数据有效性设置等方法。

· 掌握对单元格命名、单元格数据类型格式设置、工作表中添加行列的方法,以及行高、列宽的设置方法。

· 掌握对单元格数据添加、修改、删除批注的方法。

5.2.2　实验内容

1. 输入数据

按照表 5-1 所示内容向“员工工资表”输入数据。

【操作步骤】

1)打开“员工工资表”工作簿,在表 Sheet1 的 A1:H1 单元格中,依次输入表 5-1 中的第一行内容。可以在单元格内直接输入,也可以在编辑栏进行输入,如图 5-3 所示。

2)右键单击 A 列列标,在快捷菜单中依次选中“设置单元格格式”→“数字”→“文本”。

注意:此项操作即可将该列的数据格式设置为文本类型,否则 Excel 会自动将输入的数字识别为数值类型而删除前面的“0”。

表 5-1　员工工资表

员工编号	姓名	性别	职务	基本工资	加班工资	午餐补助	应发工资
001	邓安	男	销售经理	4200	0	300	
002	李妹芳	女	开发主管	7200	1000	300	
003	王嘉泳	男	程序员	5400	1000	300	
004	马祥英	男	测试员	3840	1000	300	
005	庞思雨	女	测试员	4200	1000	300	
006	李羚燕	女	程序员	3360	1000	300	
007	黄美	女	业务员	4800	0	300	
008	伍亚嫦	女	业务员	2160	0	300	
009	陆相助	男	测试员	1680	1000	300	
010	韩知衡	男	程序员	3600	1000	300	

图 5-3　向工作表中输入内容

3)在 A2、A3 单元格分别输入“001”和“002”,然后连续选中 A2、A3 单元格并拖动 A3 单元格右下角的填充柄至 A11 单元格,自动完成“员工编号”的填充,如图 5-4 所示。然后依次输入每位同学姓名。

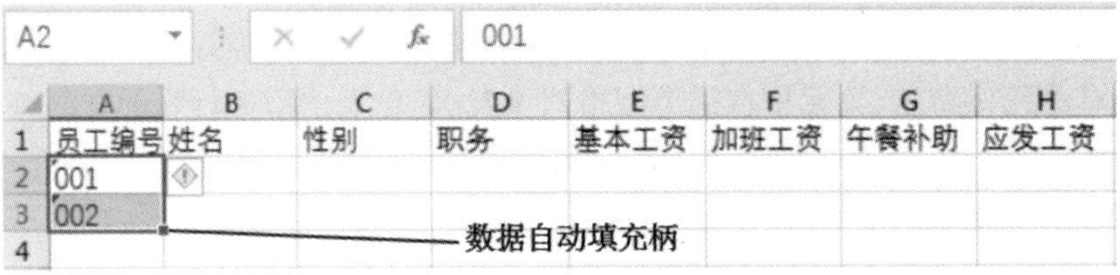

图 5-4　自动填充等差序列数据

4)在其他位置如 C13:C14 中依次输入“男”“女”,然后选择 C2:C11 区域。

5)单击“数据”菜单→“数据工具”组→“数据验证”选项,打开“数据验证”对话框。

6)选择“设置”→“允许”→“序列”,单击“来源”文本框右边的“对话框打开关闭切换按钮”,选择数据序列来源 $C$13:$C$14,如图 5-5 所示。

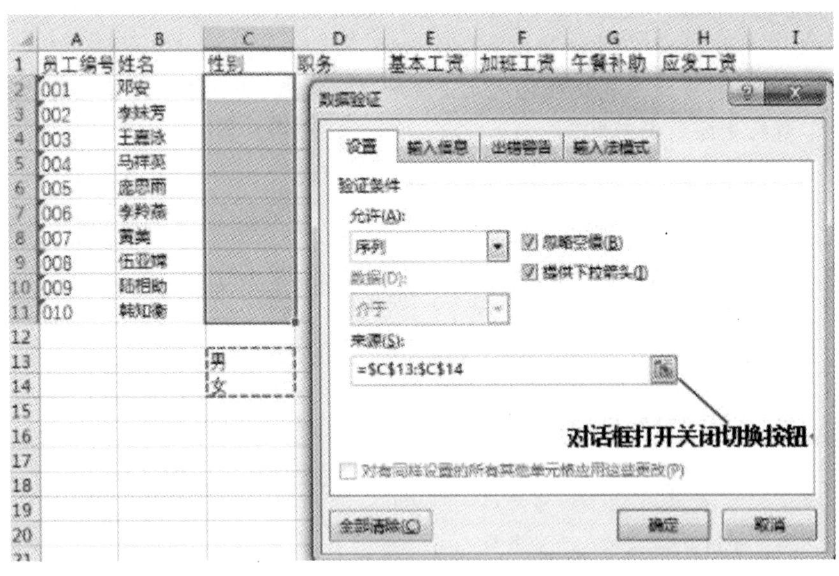

图 5-5　“数据验证”对话框

7)单击“确定”后,当输入每位员工的“性别”时单元格右边会出现下拉箭头,供数据录入者进行选择,以提高效率。同样的方法也可以应用到录入“职务”字段的值。

8)依次输入每位员工的“基本工资”“加班工资”“午餐补助”,结果如图 5－6 所示。

H23

	A	B	C	D	E	F	G	H
1	员工编号	姓名	性别	职务	基本工资	加班工资	午餐补助	应发工资
2	001	邓安	男	销售经理	4200	0	300	
3	002	李妹芳	女	开发主管	7200	1000	300	
4	003	王嘉泳	男	程序员	5400	1000	300	
5	004	马祥英	男	测试员	3840	1000	300	
6	005	庞思雨	女	测试员	4200	1000	300	
7	006	李羚燕	女	程序员	3360	1000	300	
8	007	黄美	女	业务员	4800	0	300	
9	008	伍亚嫦	女	业务员	2160	0	300	
10	009	陆相助	男	测试员	1680	1000	300	
11	010	韩知衡	男	程序员	3600	1000	300	

图 5－6　工作表数据输入效果

2. 编辑数据表

(1)设置标题和新增列。

为图 5－6 中的工作表添加标题和“扣发工资”字段。

【操作步骤】

1)右键单击图 5－6 中第一行行号,从快捷菜单中选择“插入”命令,即可在当前行的上方插入一行。

2)单击 A1 单元格,输入“城中分公司 12 月份工资表”,如图 5－7 所示。

3)右键单击 H 列列号,从快捷菜单中选择“插入”命令,即可在当前列的左侧插入一列。

4)插入新列后,原来的 H 列自动右移成为 I 列,在空白的 H 列中,输入“扣发工资”字段名及每位员工的扣发工资数,如图 5－7 所示。

	A	B	C	D	E	F	G	H	I
1	城中分公司12月份工资表								
2	员工编号	姓名	性别	职务	基本工资	加班工资	午餐补助	扣发工资	应发工资
3	001	邓安	男	销售经理	4200	0	300	50	
4	002	李妹芳	女	开发主管	7200	1000	300	225	
5	003	王嘉泳	男	程序员	5400	1000	300	115	
6	004	马祥英	男	测试员	3840	1000	300	0	
7	005	庞思雨	女	测试员	4200	1000	300	100	
8	006	李羚燕	女	程序员	3360	1000	300	125	
9	007	黄美	女	业务员	4800	0	300	75	
10	008	伍亚嫦	女	业务员	2160	0	300	0	
11	009	陆相助	男	测试员	1680	1000	300	175	
12	010	韩知衡	男	程序员	3600	1000	300	125	

图 5－7　添加行列结果

(2)命名单元格。

将单元格 A1 命名为“表头”。

【操作步骤】

1)选定 A1 单元格。

2)在编辑栏的名称框中输入“表头”,按 Enter 键后即可完成命名,如图 5-8 所示。

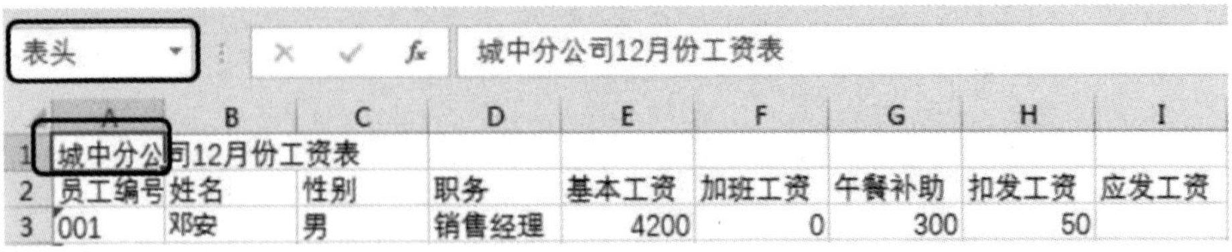

表头 | 城中分公司12月份工资表

	A	B	C	D	E	F	G	H	I
1	城中分公司12月份工资表								
2	员工编号	姓名	性别	职务	基本工资	加班工资	午餐补助	扣发工资	应发工资
3	001	邓安	男	销售经理	4200	0	300	50	

图 5-8　单元格 A1 命名结果

(3)插入批注。

为单元格 B4 添加批注,批注内容为“自治区劳动模范”。

【操作步骤】

1)右键单击 B4 单元格→“插入批注”,弹出批注文本框。

2)在批注文本框中输入“自治区劳动模范”,如图 5-9 所示。

	A	B	C	D	E	F	G	H	I
1	城中分公司12月份工资表								
2	员工编号	姓名	性别	职务	基本工资	加班工资	午餐补助	扣发工资	应发工资
3	001	邓安			4200	0	300	50	
4	002	李妹芳	女		7200	1000	300	225	
5	003	王嘉泳			5400	1000	300	115	
6	004	马祥英	男		3840	1000	300	0	
7	005	庞思雨			4200	1000	300	100	
8	006	李羚燕	女	程序员	3360	1000	300	125	
9	007	黄美	女	业务员	4800	0	300	75	
10	008	伍亚婵	女	业务员	2160	0	300	0	
11	009	陆相助	男	测试员	1680	1000	300	175	
12	010	韩知衡	男	程序员	3600	1000	300	125	

AutoBVT:
自治区劳动模范

图 5-9　对 B4 单元格插入批注

如果要修改批注,则右键单击单元格 B4→“编辑批注”命令,即可在批注文本框中做出修改。若想删除该批注,则右键单击单元格 B4→“删除批注”即可。

(4)设置行高。

对于工作表中的第 2～12 行设置行高为 20 磅。

【操作步骤】

1)单击第 2 行行号,拖动至 12 行行号,选中这 11 行。

2)在选中的区域上右键单击鼠标,在弹出的快捷菜单中选择“行高”选项。

3)在打开的“行高”对话框中输入 20 即可。

注意:列宽的设置方法与行高类似,需要换作选择列号。

同步练习

1. 在 5.1 节同步练习建立的工作簿“天气统计”中,将表 5-2 中的数据输入到 Sheet1 中。

表 5-2　练习数据(一)

城市	所属地区	一月	二月	三月	四月	五月	六月	七月	八月	九月	十月	十一月	十二月
北京	华北	-3.0	0.6	9.1	15.8	20.3	23.4	27.2	26.0	21.0	14.5	6.3	-1.0

续表

城市	所属地区	一月	二月	三月	四月	五月	六月	七月	八月	九月	十月	十一月	十二月
拉萨	西南	1.5	1.4	5.6	10.1	13.5	15.9	16.2	15.0	14.4	8.9	3.8	1.0
南京	华东	1.5	2.5	11.3	15.6	22.2	23.4	29.0	27.0	24.4	19.0	11.4	5.7
西宁	西北	−9.2	−7.9	3.4	8.3	13.3	14.8	17.9	15.4	12.4	7.0	−0.3	−5.9
柳州	华南	15.6	14.9	19.6	22.4	25.4	27.2	33.4	33.8	30.5	19.6	18.6	13.5
天津	华北	−3.6	−0.7	8.6	15.8	20.8	23.4	27.0	26.5	21.0	14.7	6.4	−1.3
厦门	华东	11.0	9.1	15.3	19.3	22.8	26.7	29.0	29.0	27.9	23.7	18.0	13.5
长春	东北	−15.6	−9.4	3.0	12.1	15.1	21.3	23.5	22.4	16.5	9.5	−2.3	−9.6
上海	华东	4.2	4.0	11.4	15.9	21.6	24.0	30.2	28.4	25.6	20.7	13.1	7.5

2. 将表5-3中的数据输入到Sheet2中。

表5-3　练习数据(二)

城市	所属地区	一月	二月	三月	四月	五月	六月	七月	八月	九月	十月	十一月	十二月
重庆	西南	6.2	7.3	15.5	19	23.8	25.8	29.1	26.3	25.6	19.6	14.2	9.4
贵阳	西南	1	2.2	11.8	15.7	18.8	21	22.7	22	20	16.5	10.4	6.3
昆明	西南	10.7	8.5	13.7	18	18.5	19.2	19.4	19.7	19.1	16.8	11.8	9.4

3. 批注Sheet1工作表中北京为首都。

4. 在Sheet1第1行前插入两行，在A1单元格写入标题“部分城市2020年度各月气温表”，在A2单元格输入“单位:摄氏度”。然后将第3～12行设置行高“20”，列宽适宜。

5.3　应用工作表

5.3.1　实验目的

- 掌握工作表的命名、插入、删除、移动、复制等操作。
- 掌握拆分和冻结工作表窗口。
- 掌握行列的隐藏。

5.3.2　实验内容

1. 工作表的操作

(1)备份工作表。

在“员工工资表”工作簿中，将Sheet1工作表重命名为“工资表”，将其备份，副本放在“工资表”工作表之后，并将其也复制到名为“Excel 学习”工作簿中。

【操作步骤】

1)打开“员工工资表”工作簿，右击 Sheet1 工作表标签→“重命名”，在激活的工作表标签上输入“工资表”，按 Enter 键即完成重命名。

2)右击“工资表”工作表标签→“移动或复制”，在弹出的对话框中选择“移至最后”及选择“建立副本”即可，如图 5－10 所示。

3)打开“Excel 学习”工作簿。

4)右击“员工工资表”中的“工资表”工作表标签→“移动或复制”，在弹出的对话框中“工作簿”下的下列表选择“Excel 学习”及勾选“建立副本”，如图 5－11 所示。

注意：如果不勾选“建立副本”选项，则完成的操作只是移动工作表，原工作簿中的工作表就会被删除，而不是备份。

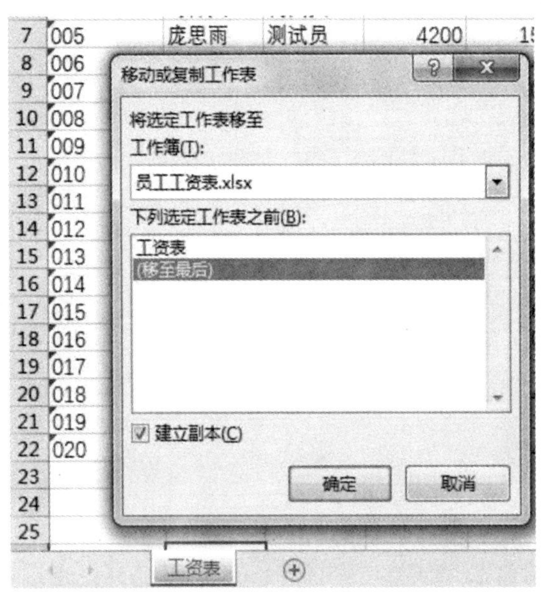

图 5－10　在同一个工作簿中备份工作表

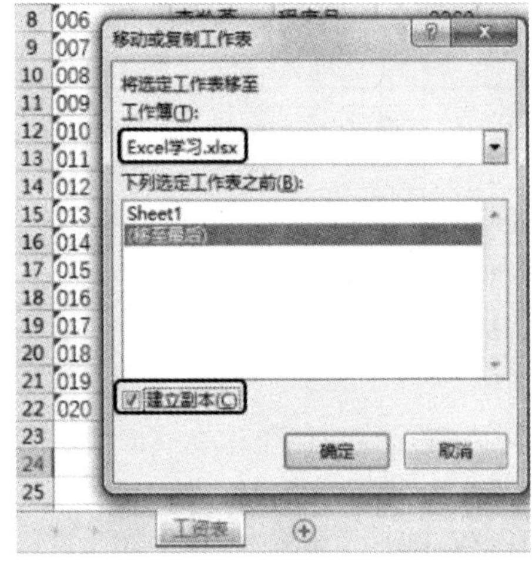

图 5－11　在不同的工作簿中备份工作表

(2)复制记录。

将工作簿“员工工资表”中“工资表”工作表中的前 4 条记录复制到 Sheet2 中，重命名为“一分部 12 月份工资单”，并把“工资表(2)”删除。

【操作步骤】

1)在“员工工资表”工作簿中单击“新工作表”按钮，新建工作表“Sheet2”，并把其重命名为“一分部 12 月份工资单”。

2)单击“工资表”标签，切换至“工资表”工作表中，选中单元格 A1:I6，单击“复制”按钮。

3)单击“一分部 12 月份工资单”标签，右键单击 A1 单元格，再选择“粘贴”选项。

4)右键单击“工资表(2)”工作表，选择删除，如图 5－12 所示。

注意：如果在同一个工作簿中移动工作表，鼠标左键选中工作表标签直接拖动即可，若拖动的同时按住 Ctrl 键将执行复制操作。

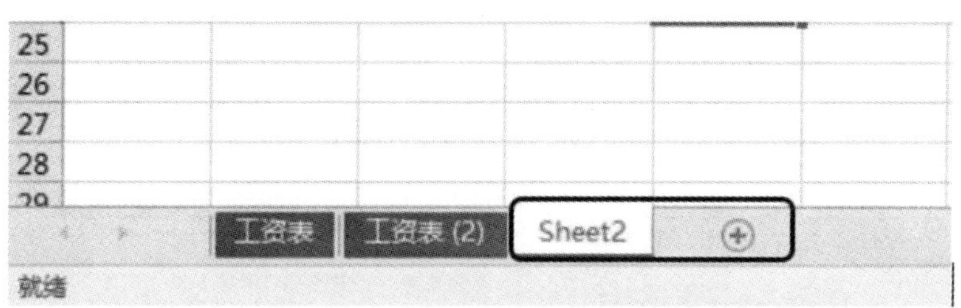

图 5－12　“员工工资表”中工作表操作后的效果

2. 拆分和冻结工作表窗口

(1)拆分窗口。

将“员工工资表”工作簿中的“工资表”工作表中的窗口拆分成 4 个窗格。

【操作步骤】

1)单击“工资表”中的任意单元格，如 F14 单元格。

2)选择“视图”菜单→“窗口”组→“拆分”，Excel 将工作表分为 4 个独立的小窗口，拆分结果如图 5－13 所示。可以分别在 4 个窗口中滚动查看数据。

F14　1000

	B	C	D	E	F	G	H	I	J
4	李妹芳	开发主管	7200	4000	1000	300	255	12755	
5	王嘉泳	程序员	5400	2100	1000	300	115	8915	
6	马祥英	测试员	3840	1400	1000	300	0	6540	
7	庞思雨	测试员	4200	1500	1000	300	100	7100	
8	李羚燕	程序员	3360	1400	1000	300	125	6185	
14	欧继	程序员	3600	2000	1000	300	115	6900	
15	黄飞京	业务员	4800	2000	0	300	0	7100	
16	林美兰	业务员	2160	800	0	300	100	3260	
17	田家俊	测试员	1680	600	1000	300	125	3580	
18	张胜源	程序员	3600	2000	1000	300	75	6900	

图 5－13　4 窗口拆分结果

注意：如果要将窗口拆分成上、下或左、右两个窗格，确定拆分点时只要选择行号或列标即可。取消拆分方法：再次单击“拆分”按钮，或者直接双击拆分线条即可。

(2)冻结窗口。

将“工资表”工作表中的上两行和左三列冻结。

【操作步骤】

1)双击拆分线,取消窗口拆分状态,然后选定 D3 单元格。

2)选择“视图”菜单→“窗口”组→“冻结窗格”→“冻结拆分窗格”。冻结线出现在 D3 的左边和上面,此时滚动滚动条,上两行和左三列是固定不动的,如图 5-14 所示。

	A	B	C	D	E	F	G	H	I
1	城中分公司12月份工资表								
2	员工编号	姓名	职务	基本工资	绩效奖金	加班工资	午餐补助	扣发工资	应发工资
3	001	邓安	销售经理	4200	5500	0	300	50	10050
4	002	李妹芳	开发主管	7200	4000	1000	300	255	12755
5	003	王嘉泳	程序员	5400	2100	1000	300	115	8915
6	004	马祥英	测试员	3840	1400	1000	300	0	6540
7	005	庞思雨	测试员	4200	1500	1000	300	100	7100
8	006	李羚燕	程序员	3360	1400	1000	300	125	6185
9	007	黄美	业务员	4800	2000	[illegible]	[illegible]	75	7175
10	008	伍亚娣	业务员	2160	800	[illegible]	[illegible]	0	3260
11	009	陆相助	测试员	1680	600	1000	300	175	3755
12	010	韩知衡	程序员	3600	2000	1000	300	125	7025
13	011	陈丽英	程序员	3840	2000	1000	300	255	7140
14	012	欧继	程序员	3600	2000	1000	300	115	6900
15	013	黄飞京	业务员	4800	2000	0	300	0	7100
16	014	林美兰	业务员	2160	800	0	300	100	3260
17	015	田家俊	测试员	1680	600	1000	300	125	3580
18	016	张胜源	程序员	3600	2000	1000	300	75	6900
19	017	邹晴	程序员	5400	2100	1000	300	0	8800
20	018	麦冬梅	测试员	3840	1400	1000	300	175	6540
21	019	罗丽	程序员	5400	2100	1000	300	125	8800
22	20	赵红霞	测试员	3840	1400	1000	300	125	6540

冻结线

图 5-14　以 C3 单元格为冻结交叉点的窗格冻结结果

注意:如果只冻结左边列或上边行,则只要选择需要冻结的行号或列标再进行冻结操作,这样,所选中列左边的所有列或所选中行上面所有行即会被冻结。

(3)撤销窗口冻结。

撤销图 5-14 里的窗口冻结。

【操作步骤】

1)选择“视图”→“窗口”组→“冻结窗口”。

2)选择“取消冻结窗口”命令。

3. 隐藏行或列

隐藏“加班工资”和“扣发工资”列,然后取消隐藏。

【操作步骤】

1)将鼠标放至 F 列标上,按住 Ctrl 键再单击 H 列,这样就同时选中 F 列和 H 列。

2)右键单击 F、H 两列任意列标。

3)在弹出的快捷菜单中选择“隐藏”,此时在列标区无法看到 F、H 列标。

4)将鼠标放至 E 列标上,拖动至 I 列,这样,全部选中 E 列至 I 列之间所有的列。

5)右键单击 E、I 两列之间任意选择位置。

6)在弹出的快捷菜单中选择“取消隐藏”,此时在列标区重新出现 F、H 列标。

注意:取消隐藏时,一定要同时选中被隐藏行列两边的行列才能进行取消隐藏操作。

同步练习

1. 将 5.2 节同步练习中的 Sheet1 工作表重命名为“气温对比表”，新添加一个工作表并重命名为“西南气温对比表”。

2. 将上述两张工作表各生成一个副本，放至这两个工作表后面。

3. 尝试对“气温对比表(2)”所在窗口以 C4 单元格为交叉点做四窗口拆分，取消窗口拆分后，再按 C4 单元格“冻结拆分窗格”。

4. 将“西南气温对比表(2)”中的一月到六月气温所在列隐藏。

5.4　工作表的格式化

5.4.1　实验目的

· 掌握单元格格式的设置方法。
· 掌握条件格式的使用方法。
· 掌握样式的使用方法。

5.4.2　实验内容

1. 单元格格式的设置

(1)设置对齐方式和字体。

设置工作簿“员工工资表”中“工资表”的对齐方式和字体。

【操作步骤】

1)打开工作簿“员工工资表”中“工资表”工作表。

2)选中 A1:I1 单元格区域。

3)选定“开始”菜单→“对齐方式”→“合并后居中”，如图 5-15 所示。

4)将合并后单元格内的字体设置为“楷体”，26 号，效果如图 5-15 所示。

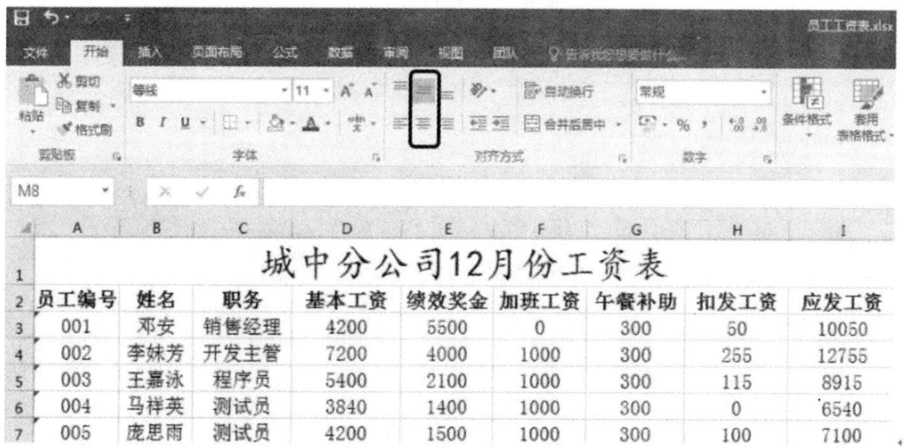

城中分公司12月份工资表								
员工编号	姓名	职务	基本工资	绩效奖金	加班工资	午餐补助	扣发工资	应发工资
001	邓安	销售经理	4200	5500	0	300	50	10050
002	李妹芳	开发主管	7200	4000	1000	300	255	12755
003	王嘉泳	程序员	5400	2100	1000	300	115	8915
004	马祥英	测试员	3840	1400	1000	300	0	6540
005	庞思雨	测试员	4200	1500	1000	300	100	7100

图 5-15　单元格对齐方式设置后

5)选中 A2:I22,将其字体设置为“宋体”,14 号。单击“开始”菜单→“对齐方式”→“居中”按钮。适当调整各列宽,均匀分布,如图 5-15 所示。

6)选中 A2:I2,将其字体设置为“加粗”,如图 5-15 所示。

(2)设置填充色。

设置“工资表”工作表的单元格颜色。

【操作步骤】

1)选择 A1 单元格,在“开始”选项卡→“字体”分组→“填充颜色”中,选择“橙色,个性色 2,淡色 80%”。

2)选择 A2:I2 单元格,在“开始”选项卡→“字体”分组→“填充颜色”中,选择“金色,个性色 4,淡色 80%”。

3)选择 A3:I22 单元格,在“开始”选项卡→“字体”分组→“填充颜色”中,选择“蓝色,个性色 5,淡色 80%”。

(3)设置边框线。

设置“工资表”的边框线。

【操作步骤】

1)选择 A1:I22 单元格,在选中的区域上右击,在弹出的快捷菜单中选择“设置单元格格式”→“边框”,如图 5-16 所示。

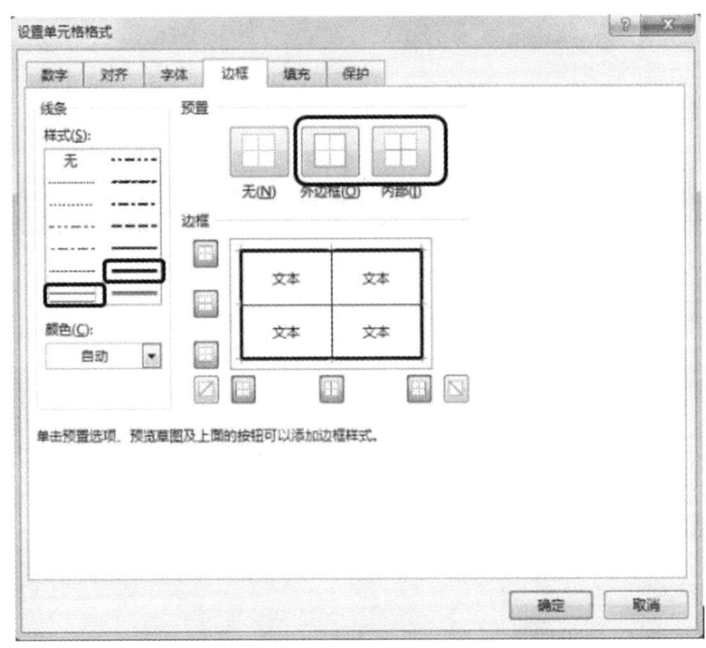

图 5-16　单元格的边框设置

2)在“线条”→“样式”区域选取中实线,在“预置”区单击“外边框”。

3)在“线条”→“样式”区域选取细实线,在“预置”区单击“内部”。

4)单击“确定”,格式化后的“工资表”如图 5-17 所示。

	A	B	C	D	E	F	G	H	I
1	城中分公司12月份工资表								
2	员工编号	姓名	职务	基本工资	绩效奖金	加班工资	午餐补助	扣发工资	应发工资
3	001	邓安	销售经理	4200	5500	0	300	50	10050
4	002	李妹芳	开发主管	7200	4000	1000	300	255	12755
5	003	王嘉泳	程序员	5400	2100	1000	300	115	8915
6	004	马祥英	测试员	3840	1400	1000	300	0	6540
7	005	庞思雨	测试员	4200	1500	1000	300	100	7100
8	006	李羚燕	程序员	3360	1400	1000	300	125	6185
9	007	黄美	业务员	4800	2000	0	300	75	7175
10	008	伍亚嫦	业务员	2160	800	0	300	0	3260
11	009	陆相助	测试员	1680	600	1000	300	175	3755

图 5－17　格式化后的“工资表”工作表

2. 应用条件格式

(1)突出显示单元格规则。

对于所有员工的基本工资，低于 2 000 元的用浅红色填充显示。

【操作步骤】

1)选中 D3:D22 单元格。

2)选择“开始”菜单→“样式”→“条件格式”→“突出显示单元格规则”→“小于”命令。

3)在弹出的“小于”对话框中输入“2000”，在“设置为”文本框中选择“浅红色填充”，如图 5－18 所示。

图 5－18　条件格式下的“小于”对话框

(2)项目选取规则。

对于员工基本工资，将高于平均基本工资的工资用绿色填充，深绿色显示文本。

【操作步骤】

1)选择中 D3:D22 单元格。

2)选择“开始”菜单→“样式”→“条件格式”→“项目选取规则”→“高于平均值”命令。

3)在弹出的“高于平均值”对话框中，选择“绿填充色深绿色文本”，如图 5－19 所示，即可把基本工资中高于平均工资的工资标注出来。

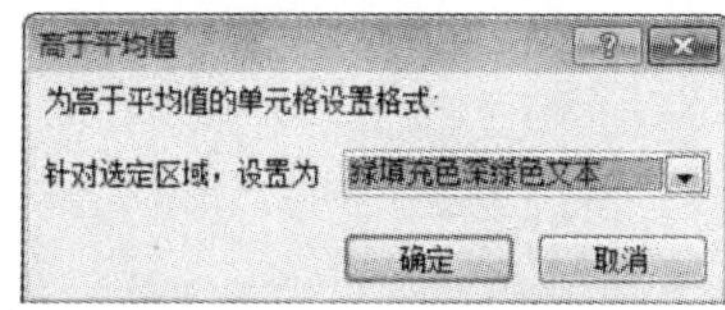

图 5－19　条件格式下的“高于平均值”对话框

4)重复前面三步,可以把其他几项收入中的高于平均值的收入项也标注出来。

5)选中 D3:I22 单元格,选择“开始”选项卡→“样式”→“条件格式”→“清除规则”→“清除所选单元格的规则”命令,即可全部清除之前条件格式设置。

(3)组合条件格式。

打开“学生成绩表”工作簿,把“成绩表”工作表中成绩大于或等于 90 分的用绿色斜体字体显示,而分数不及格的用红色加粗字体显示。

【操作步骤】

1)选中 C2:H23 单元格。

2)选择“开始”菜单→“样式”→“条件格式”→“管理规则”→“条件格式规则管理器”→“新建规则”,对话框中做如图 5-20 所示设置。

3)单击“新建格式规则”对话框中的“格式”按钮,在弹出的“设置单元格格式”对话框中选择“字体”选项卡,将颜色设置为“红色”,字形设置为“倾斜”。

4)单击“确定”后返回“条件格式规则管理器”,重复前面的步骤将分数大于或等于 90 的用“绿色”“加粗”显示,如图 5-21 所示。

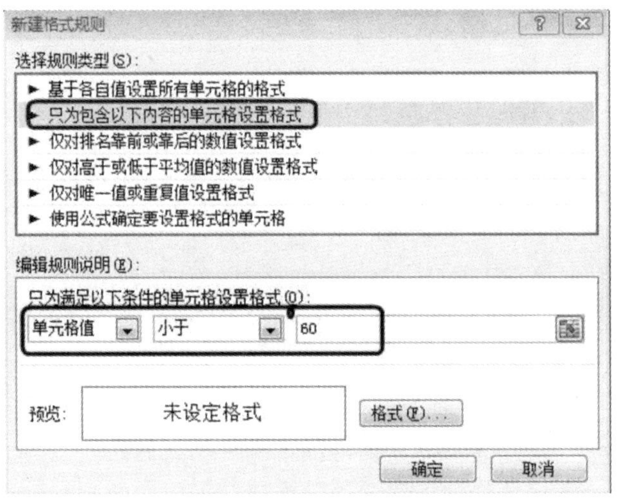

图 5-20 “新建规则”对话框设置

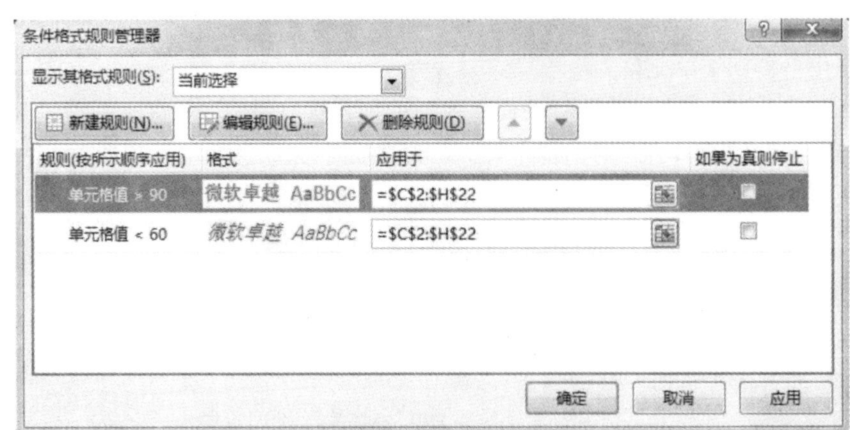

图 5-21 “条件格式规则管理器”对话框

注意：如果感觉设置规则不满意，可以选中规则后单击“编辑规则”或“删除规则”进行修改或删除。

条件格式化后的“成绩表”如图 5－22 所示。

高三（2）班第二学期期末考试成绩表							
学号	姓名	语文	数学	外语	生物	物理	化学
201601	刘秀艳	88	133	88	85	82	70
201602	史志超	116	138	97	86	84	80
201603	李晓强	99	97	87	74	73	65
201604	韩盼盼	90	132	96	86	84	82
201605	马丽圆	107	127	93	86	82	70
201606	胡　晶	115	130	74	76	88	77
201607	郭子玉	97	78	84	64	67	49
201608	孟德雨	82	87	87	67	63	46
201609	吴明波	105	139	87	62	87	70
201610	王雨婷	122	120	81	75	80	64

图 5－22　条件格式化后的“成绩表”

3. 样式的使用

（1）单元格格式。

对“学生成绩表”工作簿中的“成绩表”工作表设置标题样式。

【操作步骤】

1）选择 A1 单元格，选择“开始”菜单→“样式”组里右下角的打开按钮，如图 5－23 所示。

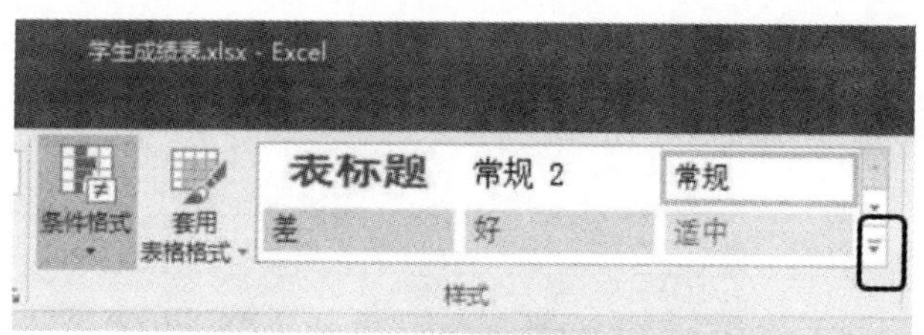

图 5－23　“样式”组中的打开按钮

2）再选择“新建单元格样式”→“格式”打开“设置单元格格式”对话框，进行如图 5－24 所示的样式设置。

3）在“样式名”中填写“表标题”，单击“格式”按钮，在出现的对话框中设置“黑体”字体，字号 18，加粗。

4）点击“确定”即可逐级返回，并在“样式”组中看到名为“表标题”的样式。

（2）表标题样式。

对“成绩表”工作表中的表头使用“表标题”样式。

【操作步骤】

选中 A1 单元格后直接单击“开始”→“样式”→“表标题”样式按钮。

注意：如果需要修改或者删除样式，则只需右键单击该样式名，然后在弹出的快捷菜单中选择“修改”或“删除”即可打开对话框操作。

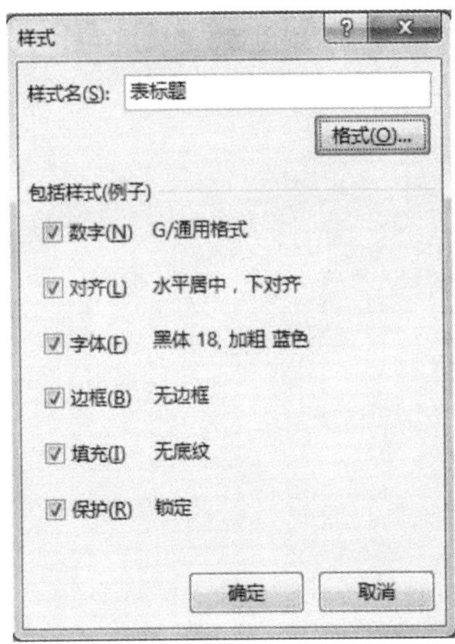

图 5-24　设置一个名为“表标题”的样式

(3)自动套用样式。

将“成绩表”工作表中的 A2:H23 单元格自动套用“表样式中等深浅 3”的表格样式。

【操作步骤】

1)选中 A2:A23 单元格。

2)单击“开始”→“样式”→“套用表格格式”→“中等深浅”→“表样式中等深浅 3”，在弹出的对话框中做出如图 5-25 所示选择。

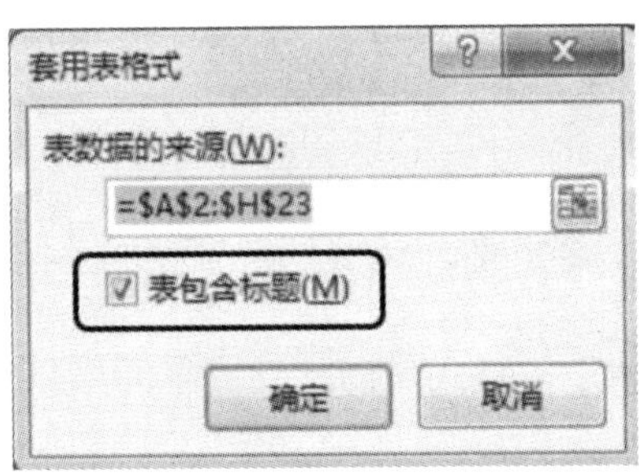

图 5-25　“套用表格式”对话框

(4)取消自动套用样式。

取消“成绩表”工作表中自动套用的表格格式。

【操作步骤】

1)选中 A2:H23 单元格。

2)选择“设计”→“表格样式”组右下角的打开按钮，如图 5-26 所示。在打开的样式选择区最下方选择 清除(C) 选项。

3)选择“表格工具”菜单→“设计”→“工具”→“转换为区域”，打开对话框如图 5-27 所示，选择“确定”，完全清除在 A2:H23 表格上的自动套用格式。

图 5-26　自动套用表格式的清除

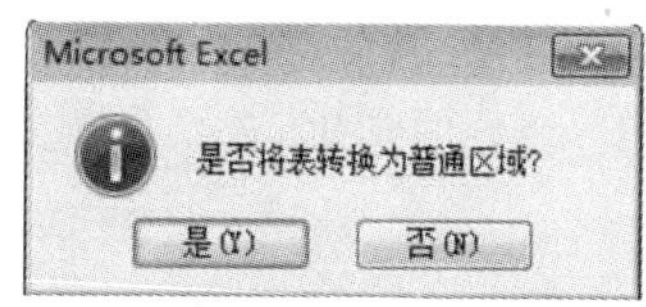

图 5-27　确认对话框

同步练习

1. 对于“天气统计”工作簿中“气温对比表”工作表中所有温度精确到整数。
2. 将“气温工作表”A1 到 AN 单元格“合并后居中”操作后套用“标题 1”样式。
3. 将“气温对比表”中所有温度低于−5℃、高于 30℃的温度用红色斜体显示。
4. 将“气温工作表”除标题外的其他数据区域进行外观包括底纹、边框、字体等格式设置。

5.5　公式和函数的使用

5.5.1　实验目的

· 掌握公式的使用方法。
· 掌握函数的使用方法。
· 掌握单元格的引用。

5.5.2　实验内容

1. 公式的使用

(1)公式的输入。

使用公式计算工作簿“著名学生成绩表”中“成绩表”工作表的各名学生的总分。

【操作步骤】

1)在“体育”字段后追加“总分”字段。

2)单击 J3 单元格后，在编辑栏里输入“=E3+F3+G3+H3+I3”后再单击“输入”按钮或直接按 Enter 键即可得出“林黛玉”同学的总分，如图 5-28 所示。

3)拖动 J3 单元格右下角的填充柄至 J15，可以发现公式也可以自动填充，即可以通过公式的填充自动求出后面所有学生的总分。

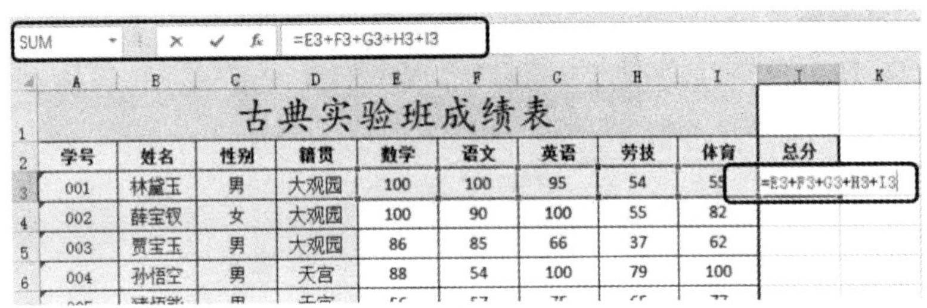

SUM =E3+F3+G3+H3+I3

古典实验班成绩表									
学号	姓名	性别	籍贯	数学	语文	英语	劳技	体育	总分
001	林黛玉	男	大观园	100	100	95	54	55	=E3+F3+G3+H3+I3
002	薛宝钗	女	大观园	100	90	100	55	82	
003	贾宝玉	男	大观园	86	85	66	37	62	
004	孙悟空	男	天宫	88	54	100	79	100	

图 5-28 J3 单元格中公式的输入

(2)布尔运算。

使用公式找出劳技课成绩大于 80 分的学生,观察后删除结果。

【操作步骤】

1)选择 K3 单元格。

2)双击 K3 单元格,在单元格内输入“=H3>80”后按下 Enter 键。

3)拖动 K3 单元格的填充柄至 K15,可以看到所有劳技课成绩大于 80 分的显示 TRUE,低于或等于 80 分的显示 FALSE,如图 5-29 所示。

4)选中 K3:K15 单元格,按下“Delete”键,删除计算结果。

K3 =H3>80

古典实验班成绩表										
学号	姓名	性别	籍贯	数学	语文	英语	劳技	体育	总分	
001	林黛玉	男	大观园	100	100	95	54	55	404	FALSE
002	薛宝钗	女	大观园	100	90	100	100	82	472	TRUE
003	贾宝玉	男	大观园	86	85	66	86	62	385	TRUE
004	孙悟空	男	天宫	88	54	100	79	100	421	FALSE
005	猪悟能	男	天宫	56	57	75	65	77	330	FALSE
006	嫦娥	女	天宫	68	58	100	62	100	388	FALSE

图 5-29 使用公式计算出劳技课成绩是否大于 80 分

2. 自动求和按钮的应用

利用“求和”按钮求出每门课程的平均值。

【操作步骤】

1)选中 E3:E15 单元格。

2)单击“开始”→“编辑”→“自动求和”→“平均值”,如图 5-30 所示,则在 E16 单元格内会自动计算出该班“数学”科目的平均成绩。

3)同理,可以拖动 E16 单元格的填充柄至 I16,自动求出各门课程的平均分。

3. 函数的使用

(1)计算平均数。

使用函数计算工作簿“著名学生成绩表”中“成绩表”工作表的各名学生的平均分。

【操作步骤】

1)在“总分”之后插入列,并在 K2 单元格输入“平均分”,即增加一新的字段。

2)单击 K3 单元格,选择编辑栏上的插入函数按钮,在弹出的对话框中选择“常用函数”→“AVERAGE”,如图 5-31 所示。

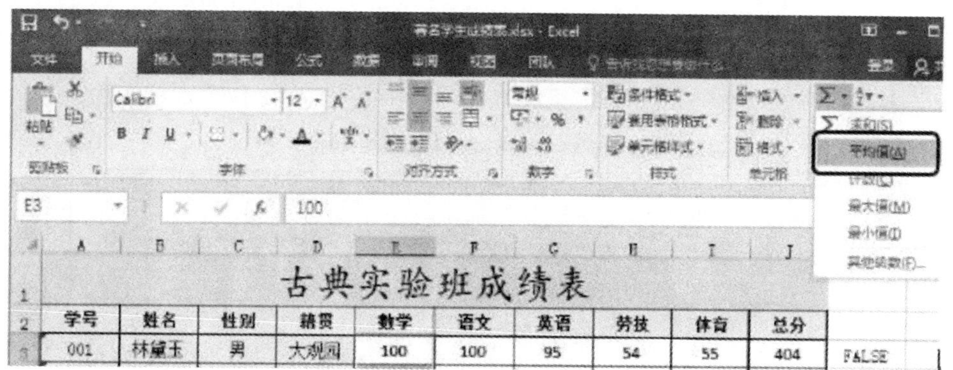

图 5-30　使用“自动求和”按钮求各门课程平均分

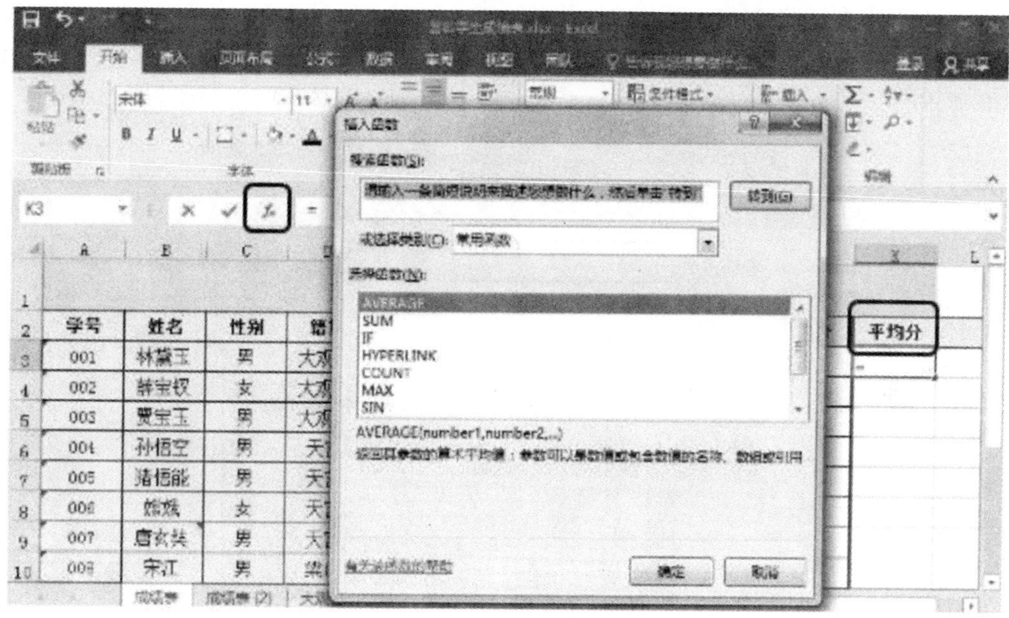

图 5-31　插入函数

3)确定后,在参数对话框的第一个数据源中选择 E3:I3,单击“确定”,如图 5-32 所示,会观察到在 K3 单元格中计算出了林黛玉的平均分。

4)拖动 K3 单元格右下角的填充柄至 K15,实现函数填充,分别自动求出后面 12 名学生的平均分。

(2)条件计数。

使用函数求出每门课程的不及格人数,分别显示在 E17:I17 单元格。

COUNTIF(数据区范围,条件)函数是用来统计在某个数据区范围内满足某种条件的数据个数。

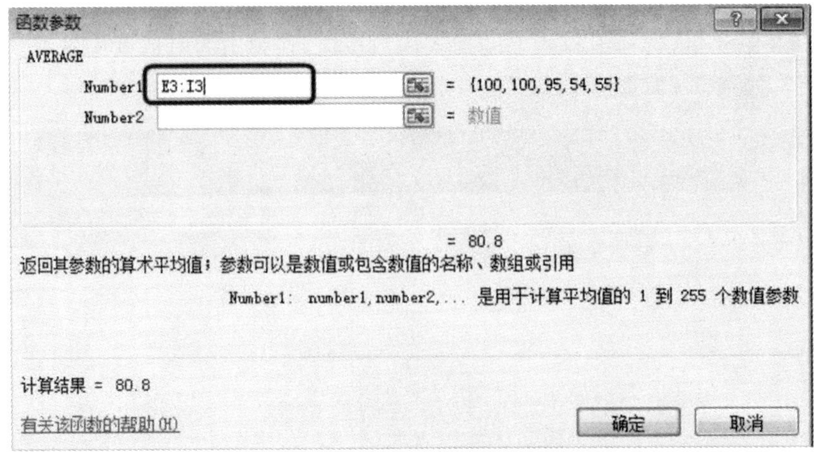

图 5－32　函数参数选择对话框

【操作步骤】

1)单击 E17 单元格。

2)单击函数插入按钮,在弹出的对话框中,选择“统计”类别中的“COUNTIF”函数,如图 5－33 所示。

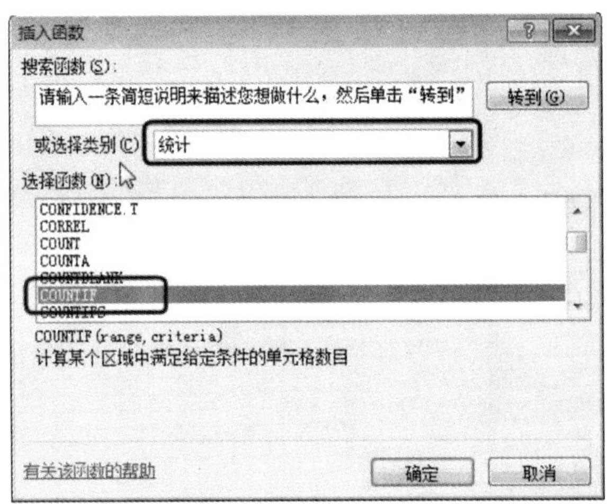

图 5－33　插入统计函数

3)单击“确定”,在弹出的“函数参数”对话框中,对于“范围(Range)”设置为 E3:E15,“条件(Criteria)”设置为“＜60”,如图 5－34 所示。

4)单击“确定”后就可以在 E17 单元格看到“数学”科目不及格的人数。

5)拖动 E17 单元格右下角的填充柄至 I17,可以进行函数填充,自动求出所有其他科目中不及格人数。

(3)条件函数。

用函数计算出每名学生是否有三好学生候选资格。设定三好学生候选资格为每门课程成绩均及格。

IF(条件参数,参数 1,参数 2)函数的结果是根据条件参数结果来确定,当条件参数值为真,则参数 1 为函数结果,否则参数 2 为函数结果。

AND(条件参数 1,条件参数 2,……)函数的结果是根据多个条件参数相"与"的结果来确定,只有当所有条件参数都为真时,AND 函数结果才为真。

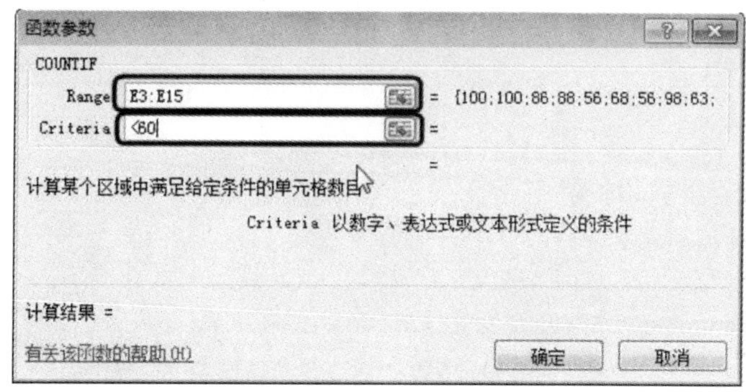

图 5－34　条件统计中选参数设定

【操作步骤】

1)在"平均分"右侧增加一字段"三好学生候选资格"。

2)单击 L3 单元格。

3)选择"公式"→"函数库"→"逻辑"→"IF",如图 5－35 所示。

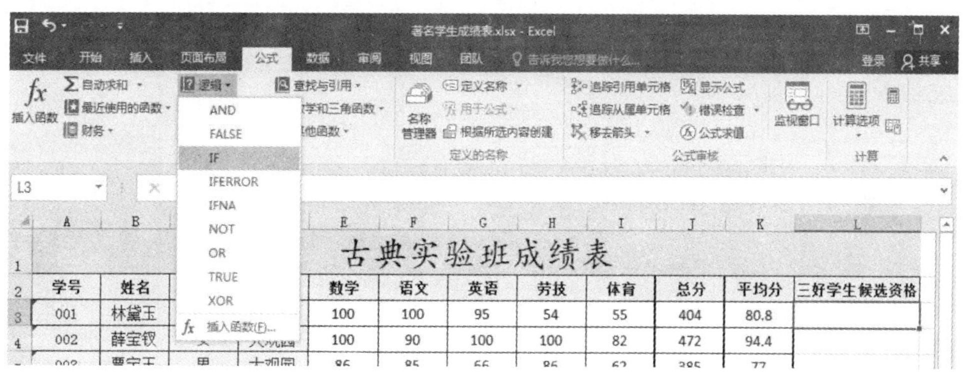

图 5－35　选择插入"IF"函数

4)在打开的函数参数对话框中的"logical_test"中填写"and(e3＞＝60, f3＞＝60, g3＞＝60, h3＞＝60, i3＞＝60)","Value_if_true"中填写"有","Value_if_false"中填写"""(两个英文双引号),如图 5－36 所示。

5)确定后,拖动 L3 单元格的填充柄至 L15,则在此列中,所有满足三好学生候选资格,即全部科目均及格的同学记录中该项的值为"有",其他则为空白。

4. 综合

使用函数计算出"成绩表"中男生人数、女生人数、男生英语平均分、女生英语平均分,并将结果分别存放在 N5、N7、N9 和 N11 单元格中。

【操作步骤】

1)单击 N5 单元格。

2)选择“公式”→“插入函数”,选择“统计”函数类别中的“COUNTIF”函数。

3)在弹出的函数参数对话框中进行如图 5-37 所示的参数设置。

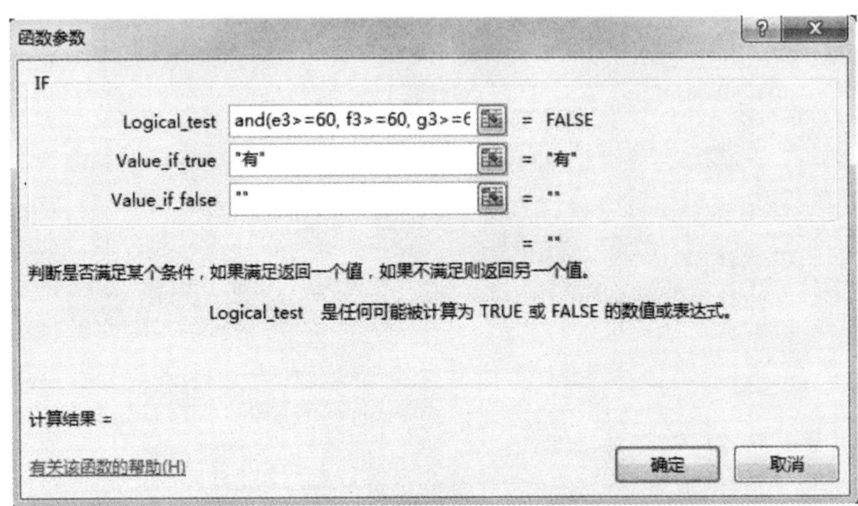

图 5-36　有无“三好学生候选资格”条件函数参数设置

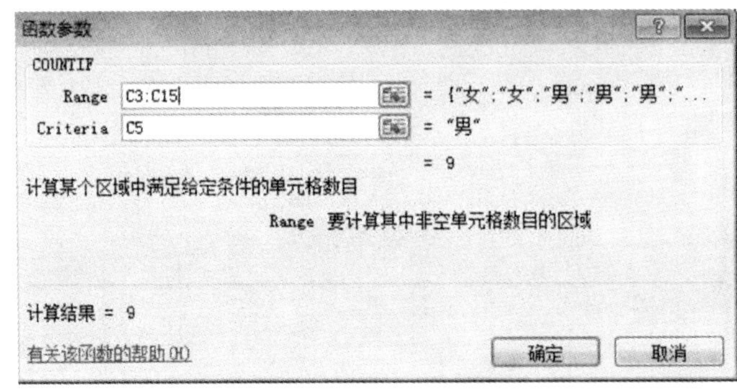

图 5-37　统计男生人数函数参数设置

4)同理可以在 N7 单元格中求出女生人数。

5)单击 N9 单元格。

6)选择“公式”→“插入函数”,选择“统计”函数类别中的“AVERAGEIF”函数。

7)在弹出的函数参数对话框中进行如图 5-38 所示的参数设置。

8)确定后即可在 N9 单元格中看到男生英语平均分。

9)同理,可以在 N11 单元格中计算出女生英语平均分。最终结果如图 5-39 所示。

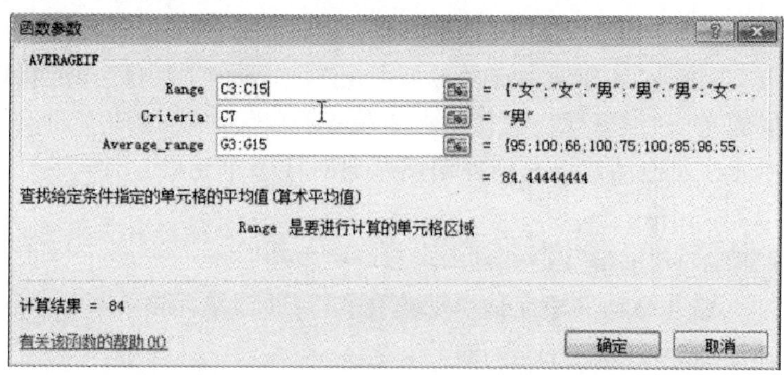

图 5-38 函数计算所有男生英语平均分参数设置

	A	B	C	D	E	F	G	H	I	J	K	L	M	N
1	古典实验班成绩表													
2	学号	姓名	性别	籍贯	数学	语文	英语	劳技	体育	总分	平均分	三好学生候选资格		
3	001	林黛玉	女	大观园	100	100	95	54	55	404	80.8			
4	002	薛宝钗	女	大观园	100	90	100	100	82	472	94.4	有		
5	003	贾宝玉	男	大观园	86	85	66	86	62	385	77	有	男生人数:	9
6	004	孙悟空	男	天宫	88	54	100	79	100	421	84.2			
7	005	猪悟能	男	天宫	56	57	75	65	77	330	66		女生人数:	4
8	006	嫦娥	女	天宫	68	58	100	62	100	388	77.6			
9	007	唐玄奘	男	天宫	56	100	85	66	49	356	71.2		男生英语平均分:	84
10	008	宋江	男	梁山	98	99	96	78	76	447	89.4	有		
11	009	孙二娘	女	梁山	63	47	55	95	97	357	71.4		女生英语平均分:	88
12	010	林冲	男	梁山	67	86	63	88	97	401	80.2	有		
13	011	曹操	男	三国	99	85	97	74	99	454	90.8	有		
14	012	诸葛亮	男	三国	100	100	96	56	65	417	83.4			
15	013	吕布	男	三国	49	75	82	57	93	356	71.2			
16				平均分	79.23	79.69	85.38	73.85	80.92					
17			男	不及格人数	3	3	1	2	1					

图 5-39 数据处理后的效果

同步练习

打开 5.3 节同步练习中“天气统计”工作簿的“气温对比表”工作表，完成以下操作：

1. 使用自动求和按钮求出每个地方的年平均气温。
2. 使用函数求出每个城市一年中的最高气温。
3. 使用函数统计出哪些城市是宜居城市，条件是年平均气温在 18℃到 28℃。
4. 使用公式计算出国内每月的平均气温。

5.6 数据引用

5.6.1 实验目的

· 掌握数据相对引用和绝对引用。

· 掌握引用不同工作表中的数据和不同工作簿中的数据。

5.6.2 实验内容

1. 单元格相对引用和绝对引用

在“汽车销售统计”工作簿的“数据引用”工作表中，分别计算出合计、总计和百分比值。

【操作步骤】

1)打开“汽车销售统计”工作簿,选中“数据引用”工作表中 B7:H7 单元格区域。

2)选择“开始”菜单→“编辑”组→“自动求和”→“求和”。

3)单击 H7 单元格并拖动其填充柄自动填充 H8:H12 单元格。

4)选中 B7:B13 单元格。

5)选择“开始”菜单→“编辑”组→“自动求和”→“求和”。

6)单击 B13 单元格并拖动其填充柄自动填充 C13:H13 单元格。

7)在 I7 单元格内输入公式“=H7/H13”。

8)选中公式中的 H13,单击键盘上的 F4 键,则公式中的 H13 单元格变成了绝对引用,如图 5-40 所示。

9)在“开始”选项卡的“数字”组进行“百分比样式”显示和“增加两位小数位”设置,如图 5-40所示。

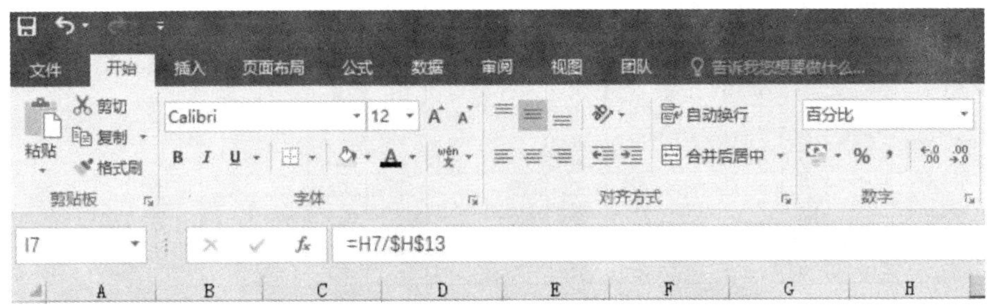

图 5-40　绝对引用效果及百分比样式设置

10)拖动 I7 单元格的填充柄,填充至 I13 单元格。

2. 单元格的混合引用

使用混合引用数据自动填充生成“九九表”。

【操作步骤】

1) 在一空白工作表中 A2:A10 单元格自动填充数字 1 至 9;B1,J1 单元格自动填充数字 1 至 9。

2)单击 B2 单元格,在其中输入公式“=$A2*B$1”。

3)拖动 B2 单元格的填充柄向右下填充至 J10 单元格,即可产生如图 5-41 所示效果。

	A	B	C	D	E	F	G	H	I	J
1		1	2	3	4	5	6	7	8	9
2	1	1	2	3	4	5	6	7	8	9
3	2	2	4	6	8	10	12	14	16	18
4	3	3	6	9	12	15	18	21	24	27
5	4	4	8	12	16	20	24	28	32	36
6	5	5	10	15	20	25	30	35	40	45
7	6	6	12	18	24	30	36	42	48	54
8	7	7	14	21	28	35	42	49	56	63
9	8	8	16	24	32	40	48	56	64	72
10	9	9	18	27	36	45	54	63	72	81

图 5-41　混合引用单元格产生的“九九表”

3. 跨工作表引用数据

计算"1 月 2 月工资"工作簿中"2 月"工作表中的"1 月 2 月总和"项。

【操作步骤】

打开"1 月 2 月工资"工作簿，单击"2 月"工作表中的 H3 单元格，输入"＝"，单击 G3 单元格，再次输入"＋"，单击"1 月"工作表中的 G3 单元格，再返回"2 月"工作表，在公式栏中产生如图 5－42 所示公式。单击公式栏中的"√"或者按下 Ctrl＋Enter。

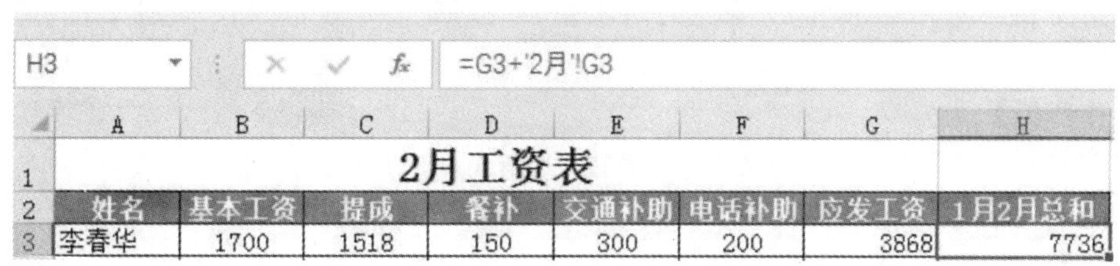

图 5－42　引用同一工作簿不同工作表数据

4. 跨工作簿引用数据

在"3 月工资"工作簿中，引用"1 月 2 月工资"工作簿的数据计算出这三个月工资总和。

【操作步骤】

1）打开"1 月 2 月工资"和"3 月工资"工作簿。

2）单击"3 月"工作表中的 H3 单元格，输入"＝"后单击 G3 单元格，在 H3 单元格内继续输入"＋"。

3）单击"1 月 2 月工资"工作簿→"1 月"工作表→G3 单元格，返回"3 月"工作表的 G3 单元格继续输入"＋"。

4）单击"1 月 2 月工资"工作簿→"2 月"工作表→G3 单元格，返回"3 月"工作表，按下 Enter 确定。

5）再次单击"3 月"工作表的 G3 单元格，在公式栏中将其中的绝对引用符号"＄"手动删除。

6）选择 H3 单元格并拖动其填充柄到 H14 单元格，则可以计算出每位员工的第一季度总工资。

注意：在引用其他工作簿中的数据时，所引用的工作簿必须打开，如果引用的工作簿没有打开，则必须给出所引用工作簿的完整路径，否则将不能计算出正确的结果。

同步练习

1. 使用绝对引用来计算"加班补贴表"工作簿中每位员工的 2 月份加班费。

2. 使用混合引用计算"汽车销售统计 2"工作簿的"混合引用"工作表中每月奥迪销售所占百分比。

5.7　常用函数的应用

5.7.1　实验目的

- 掌握 If 函数的使用及嵌套使用。
- 掌握 And、Or 和 Not 函数的使用及混合使用。

· 掌握 Choose 函数的使用。

5.7.2 实验内容

1. IF 函数

IF(参数 1,参数 2,参数 3)函数中,需要三个参数,分别用逗号间隔开,函数的结果由第一个参数的结果确定,如果第一参数为真,则函数值就是第二个参数值,否则是第三个参数值。

对“员工销售表”工作簿中的“第一标准奖金”项按照“客户评价”4、5 级别发放 5 000 元的标准发放。

【操作步骤】

1)打开“员工销售表”工作簿的“汽车销售”工作表。

2)在 G2 单元格内输入公式“＝IF(F2＞＝4,5000,0)”,如图 5－43 所示。单击确定后再拖动填充柄自动填充至 G20。

G2 =IF(F2>=4,5000,0)

	A	B	C	D	E	F	G
1	品牌	销售员	入职时间	工作年限	员工级别	客户评价	第一标准奖金
2	奥迪	李春华	2002-11-29	10	A类	4	5000
3	宝马	王爱民	2001-06-13	11	C类	4	5000
4	奔驰	程胜祖	2006-03-14	7	B类	3	0

图 5－43　IF 函数的使用

2. IF 函数的嵌套

对“第二标准奖金”,按照“客户评价”为大于 4 分的发 5 000 元,等于 3 分的发 3 000 元,低于 3 分的不发的标准发放。

【操作步骤】

1)在 H2 单元格内输入公式“＝IF(F2＞＝4,5000,IF(F2＝3,3000,0))”。

2)单击 H2 单元格,再拖动填充柄,自动填充至 H20 单元格即可。

3. AND 函数

AND(参数 1,参数 2,……)函数的结果是逻辑值,即真或假,最多可有 255 个参数,各个参数之间是“与”的关系,只有当所有参数都为真时,函数结果才为真。

对“第三标准奖金”按照“员工级别”属于 A 类且“客户评价”在 4 分以上发放 5 000 元,其余无奖金的标准来发放。

【操作步骤】

1)在 I2 单元格内输入公式“＝IF(AND(E2＝"A 类",F2＞＝4),5000,0)”。

2)单击 I2 单元格,再拖动填充柄,自动填充至 I20 单元格即可。

4. OR 函数

OR(参数 1,参数 2,……)函数的结果是逻辑值,即真或假,最多可有 255 个参数,各个参数之间是“或”的关系，只要有一个参数为真，函数结果即为真。

对“第四标准奖金”按照若“员工级别”属于 A 类且“客户评价”在 4 分以上的员工或工龄在 10 年以上的员工都发放 5 000 元的标准发放。

【操作步骤】

1)在 J2 单元格内输入公式“＝IF(OR(D2＞＝10,AND(F2＞＝4,E2＝"A 类")),5000,0)”。

2)单击 J2 单元格，再拖动填充柄，自动填充至 J20 单元格即可。

5. NOT 函数

NOT(参数 1)函数的结果是逻辑值，即真或假，只需要一个参数，功能是对参数的逻辑值求反，即参数为真，结果为假，参数为假，结果为真。

对“第五标准奖金”按照只要不是 C 类员工都发 5 000 元的标准发放。

【操作步骤】

1)在 K2 单元格内输入公式“＝IF(not (E2＝"C 类"),5000,0)”。

2)单击 K2 单元格，再拖动填充柄，自动填充至 K20 单元格即可。

6. CHOOSE 函数

CHOOSE(索引项，数值 1，数值 2，……)函数是根据索引项的值，来确定后面对应序号上的数值项作为函数值。MONTH(日期)函数是把日期参数中的月份数值作为函数值。

将“季度划归”工作簿的“季度划归”工作表中的日期都按照月份划归到每个季度显示在“季度”列。

【操作步骤】

1)打开“季度划归”工作簿中的“季度划归”工作表，在 B2 单元格输入公式“＝CHOOSE(MONTH(A2),"一季度","一季度","一季度","二季度","二季度","二季度","三季度","三季度","三季度","四季度","四季度","四季度")”。

2)单击 B2 单元格的填充柄拖动填充至 B18 单元格，效果如图 5－44 所示。

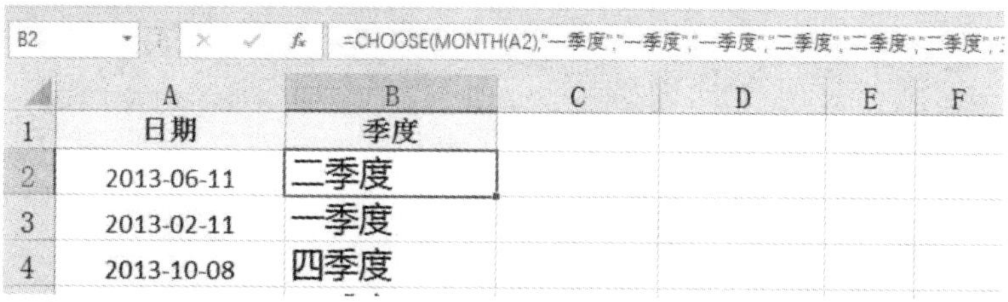

图 5－44　使用 CHOOSE 函数划分日期的季度效果

同步练习

1. 将“员工销售表”工作簿的“汽车销售”工作表里的“第五标准奖金”发放标准改为“工作年限超过十年，是 A 类员工，客户评价为 5 分”三个条件满足一个即可发放 5 000 元奖金。

2. 使用 CHOOSE 函数对“奖品发放”工作簿的“奖品”工作表中的奖品按照发放标准显示出明细。

5.8 数据的排序和筛选

5.8.1 实验目的

· 掌握数据清单的排序方法。
· 掌握数据清单的自动筛选。
· 掌握数据清单的高级筛选。

5.8.2 实验内容

1. 数据排序

(1)单关键字排序。

对于“著名学生成绩表”工作簿中的“成绩表”工作表按照总分由高到低进行排序。

【操作步骤】

1)选中 A2:L15 数据区域。

2)选择“开始”菜单→“编辑”组→“排序和筛选”按钮→“自定义排序”，打开“排序”对话框，在对话框中做如图 5-45 所示的参数设置。

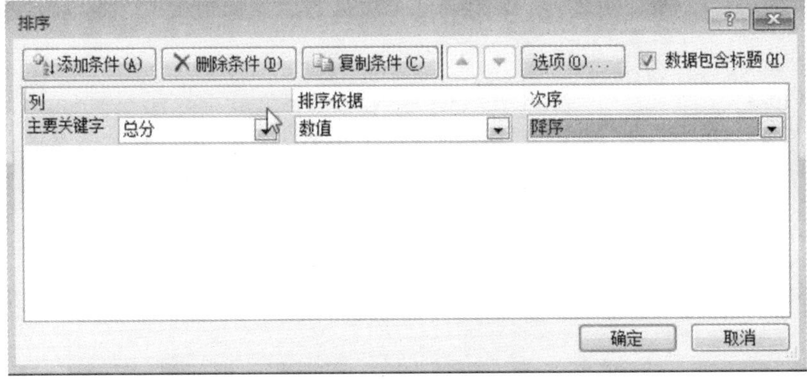

图 5-45 “排序”对话框

3)点击“确定”，数据表中的记录排序结果如图 5-46 所示。

(2)多关键字排序。

对于该表重新排序，按照籍贯进行总分降序排序，即可观察出同一籍贯的学生成绩情况。

【操作步骤】

1)选中 A2:L15 数据区域。

2)选择“开始”菜单→“编辑”组→“排序和筛选”按钮→“自定义排序”，打开“排序”对话框，设置主关键字为“籍贯”，升降序任意，目的是将所有籍贯一样的学生排在一起；再点击“添加条件”按钮，添加次关键字为“总分”，如图 5-47 所示。

3)点击“确定”，数据表中的记录排序结果如图 5-48 所示。在该表中，籍贯一样的学生再次按照总分降序排列。

古典实验班成绩表											
学号	姓名	性别	籍贯	数学	语文	英语	劳技	体育	总分	平均分	三好学生资格
011	曹操	男	三国	99	85	97	74	99	454	91	有
008	宋江	男	梁山	98	99	96	78	76	447	89	有
002	薛宝钗	女	大观园	100	90	100	55	82	427	85	
004	孙悟空	男	天宫	88	54	100	79	100	421	84	
012	诸葛亮	男	三国	100	100	96	56	65	417	83	
001	林黛玉	女	大观园	100	100	95	54	55	404	81	
010	林冲	男	梁山	67	86	63	88	97	401	80	有
006	嫦娥	女	天宫	68	58	100	62	100	388	78	
009	孙二娘	女	梁山	63	47	55	95	97	357	71	
007	唐玄奘	男	天宫	56	100	85	66	49	356	71	
013	吕布	男	三国	49	75	82	57	93	356	71	
003	贾宝玉	男	大观园	86	85	66	37	62	336	67	
005	猪悟能	男	天宫	56	57	75	65	77	330	66	

图 5－46　按照总分降序排列结果

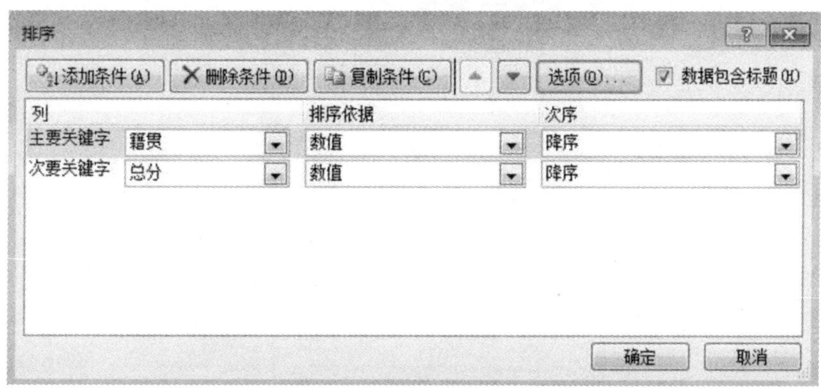

图 5－47　排序中的多关键字选择设置

	A	B	C	D	E	F	G	H	I	J	K	L
1	古典实验班成绩表											
2	学号	姓名	性别	籍贯	数学	语文	英语	劳技	体育	总分	平均分	三好学生资格
3	004	孙悟空	男	天宫	88	54	100	79	100	421	84	
4	006	嫦娥	女	天宫	68	58	100	62	100	388	78	
5	007	唐玄奘	男	天宫	56	100	85	66	49	356	71	
6	005	猪悟能	男	天宫	56	57	75	65	77	330	66	
7	011	曹操	男	三国	99	85	97	74	99	454	91	有
8	012	诸葛亮	男	三国	100	100	96	56	65	417	83	
9	013	吕布	男	三国	49	75	82	57	93	356	71	
10	008	宋江	男	梁山	98	99	96	78	76	447	89	有
11	010	林冲	男	梁山	67	86	63	88	97	401	80	有
12	009	孙二娘	女	梁山	63	47	55	95	97	357	71	
13	002	薛宝钗	女	大观园	100	90	100	55	82	427	85	
14	001	林黛玉	女	大观园	100	100	95	54	55	404	81	
15	003	贾宝玉	男	大观园	86	85	66	37	62	336	67	

图 5－48　多关键字排序结果

2. 数据自动筛选

(1)自动筛选。

自动筛选出“成绩表”工作表中“体育”科目不及格的男生。

【操作步骤】

1)选中 A2:L15 数据区域。

2)选择“开始”菜单→“编辑”组→“排序和筛选”按钮→“筛选”,会发现在每个字段右下方都多出一个下拉三角按钮。单击“性别”字段名右下方的三角按钮,在弹出的对框中只勾选“男”前面的单选框,如图 5-49 所示。

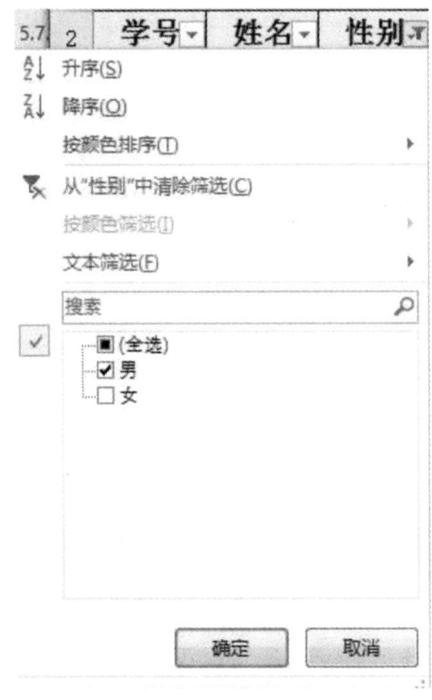

图 5-49 “男”生筛选条件选定

3)单击“体育”字段里的三角按钮,在打开的对话框中,依次选中“数字筛选”→“小于”,在打开的对话框中做如图 5-50 所示的参数设置。

图 5-50 “体育”小于 60 分条件自定义对话框

4)点击“确定”后，符合条件的记录被筛选显示出来，而其他记录则自动隐藏。

注意：如果要恢复所有记录，可以再次单击“编辑”→“排序和筛选”→“筛选”按钮。

(2)高级筛选。

在“成绩表”工作表中，同时筛选出“体育”成绩大于 90 分的女生和英语成绩大于 90 分的男生。

【操作步骤】

1)将前面所做的自动筛选全部恢复。

2)将表 5 - 4 所示的数据依次输入到任意连续的 3×3 个单元格中，比如 N9:P11 单元格中。高级筛选条件设定中，条件间是“与”的关系则需要编写在同一行，条件间是“或”的关系则需要编写在不同行。

表 5 - 4　高级筛选条件设置表

	N	O	P
9	性别	英语	体育
10	男	>90	
11	女		>90

3)选中 A2:L15 单元格，选择“数据”选项卡→“排序和筛选”→“高级”按钮，在弹出的“高级筛选”对话框中做出如图 5 - 51 所示的参数设置。

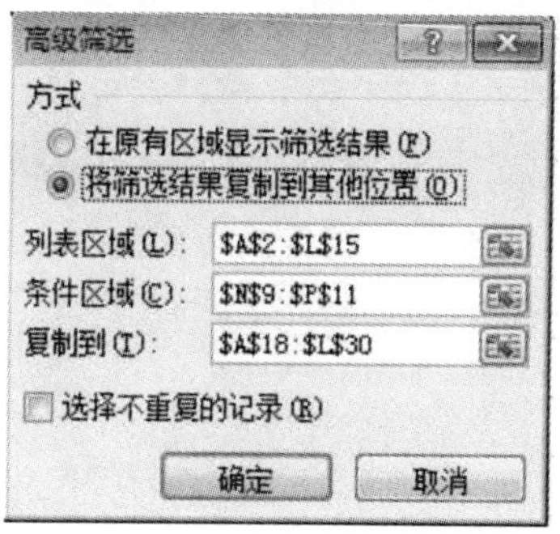

图 5 - 51　“高级筛选”对话框

4)单击“确定”后，符合条件的记录都被筛选出来并单独显示在“复制到”设定区域内，如图 5 - 52 所示。

注意：高级筛选其实就是可以实现不同字段间条件“或”的筛选，而在自动筛选中只能实现不同字段间条件“与”的筛选。

同步练习

1. 将“西南气温对比表”中的三条记录追加到“气温对比表”中。
2. 同样计算出追加三城市的平均气温。
3. 对所有城市按照平均气温降序排列。
4. 筛选出全年没有 0℃以下温度的城市。
5. 筛选出 7、8 两月气温都在 30℃以上或 1 月气温在 0℃以下的城市(这些城市环境太恶劣，假期不能去）。

古典实验班成绩表

学号	姓名	性别	籍贯	数学	语文	英语	劳技	体育	总分	平均分	三好学生资格
004	孙悟空	男	天宫	88	54	100	79	100	421	84	
006	嫦娥	女	天宫	68	58	100	62	100	388	78	
007	唐玄奘	男	天宫	56	100	85	66	49	356	71	
005	猪悟能	男	天宫	56	57	75	65	77	330	66	
011	曹操	男	三国	99	85	97	74	99	454	91	有
012	诸葛亮	男	三国	100	100	96	56	65	417	83	
013	吕布	男	三国	49	75	82	57	93	356	71	
008	宋江	男	梁山	98	99	96	78	76	447	89	有
010	林冲	男	梁山	67	86	63	88	97	401	80	有
009	孙二娘	女	梁山	63	47	55	95	97	357	71	
002	薛宝钗	女	大观园	100	90	100	55	82	427	85	
001	林黛玉	女	大观园	100	100	95	54	55	404	81	
003	贾宝玉	男	大观园	86	85	66	37	62	336	67	

性别	英语	体育
男	>90	
女		>90

学号	姓名	性别	籍贯	数学	语文	英语	劳技	体育	总分	平均分	三好学生资格
004	孙悟空	男	天宫	88	54	100	79	100	421	84	
006	嫦娥	女	天宫	68	58	100	62	100	388	78	
011	曹操	男	三国	99	85	97	74	99	454	91	有
012	诸葛亮	男	三国	100	100	96	56	65	417	83	
008	宋江	男	梁山	98	99	96	78	76	447	89	有
009	孙二娘	女	梁山	63	47	55	95	97	357	71	

图 5－52　高级筛选结果

5.9　制作图表

5.9.1　实验目的

- 掌握创建图表的方法。
- 掌握编辑图表的方法。
- 掌握图表的格式化方法。

5.9.2　实验内容

1. 建立图表

（1）制作簇状柱形图

在“著名学生成绩表”工作簿的“大观园成绩单”工作表中创建嵌入式簇状柱形图表，比较三位同学各科成绩，要求有图表标题，有纵坐标轴标题，有图例。

【操作步骤】

1）打开“著名学生成绩表”工作簿的“大观园成绩单”工作表，依次选中 B2：B5，按住 Ctrl 键，再选中 E2：I5 单元格区域。

2）单击“插入”→“图表”→“推荐的图表”→ “簇状柱形图”，如图 5－53 所示，会发现在“大观园成绩单”工作表里生成一个图表。

3）单击该图表，则菜单栏上会出现“图表工具”菜单项，点击“图表工具”→“图表布局”→“添加图表元素”→“图表标题”→“图表上方”，可为该图标添加标题“大观园同学成绩对比”。

4）选择“图表工具”→“图表布局”→“添加图表元素”→“轴标题”→“主要纵坐标轴标题”；

在打开的对话框中，文字方向设置为“竖排”，并输入纵坐标“分数”，如图 5－54 所示。

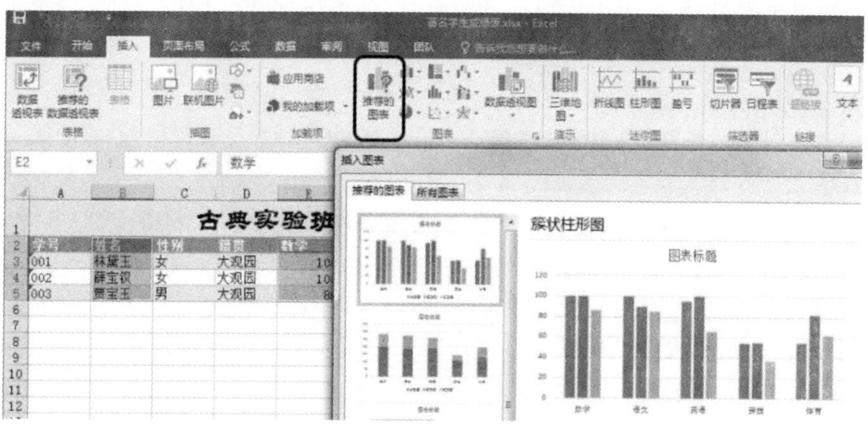

图 5－53　插入图表

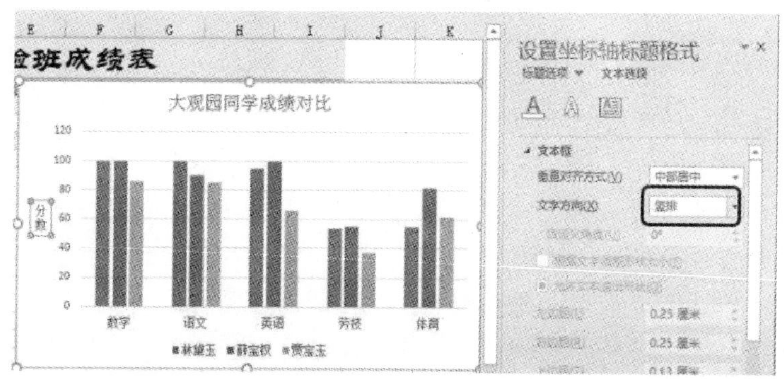

图 5－54　纵坐标轴方向设置

5）单击该图表，移至工作表合适位置，效果如图 5－55 所示。

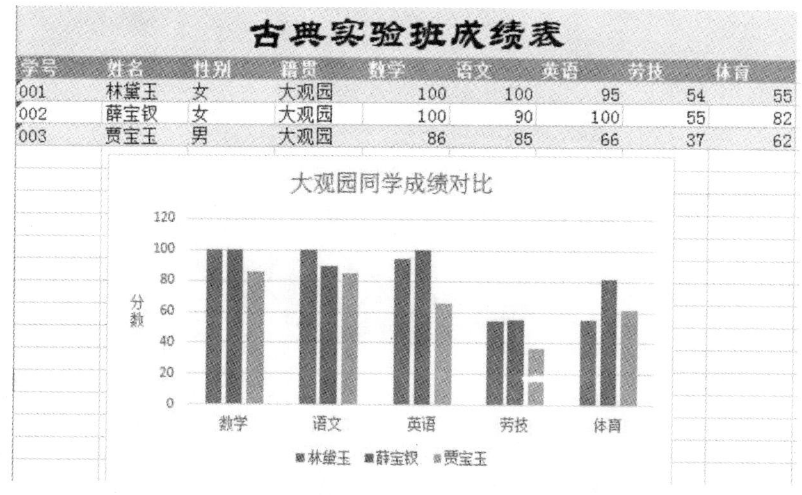

古典实验班成绩表

学号	姓名	性别	籍贯	数学	语文	英语	劳技	体育
001	林黛玉	女	大观园	100	100	95	54	55
002	薛宝钗	女	大观园	100	90	100	55	82
003	贾宝玉	男	大观园	86	85	66	37	62

图 5－55　在“大观园成绩单”中插入图表效果

(2)制作三维饼图。

在“大观园成绩单”工作表中创建独立图表,以三维饼图比较贾宝玉同学各科成绩在总分中的比例。

【操作步骤】

1)单击“大观园成绩单”工作表,选择 B2 单元格,按住 Ctrl 键再依次单击 B5,E2:I2,E5:I5 单元格(单元格区域)。

2)单击“插入”→“图表”→“插入饼图”→“三维饼图”,如图 5-56 所示,即可插入一个三维饼图。

3)单击图表标题后直接在编辑栏里输入“贾宝玉各科成绩”,会发现图表标题发生变化。

4)选中图表,单击“图表工具”菜单→“设计”→“图表布局”→“快速布局”→“布局 4”,则会在饼图的每个系列上显示数据标签,即科目和分数。

5)右键单击图表的全部系列,在弹出的快捷菜单里选择“设置数据系列格式”,在右方打开的对话框中选择“填充与线条”→“边框”→“无实线”,选中所有的数据标签。在“开始”菜单里,将字体颜色设置为白色,字体为幼圆,加粗,则插入图表如图 5-57 所示。

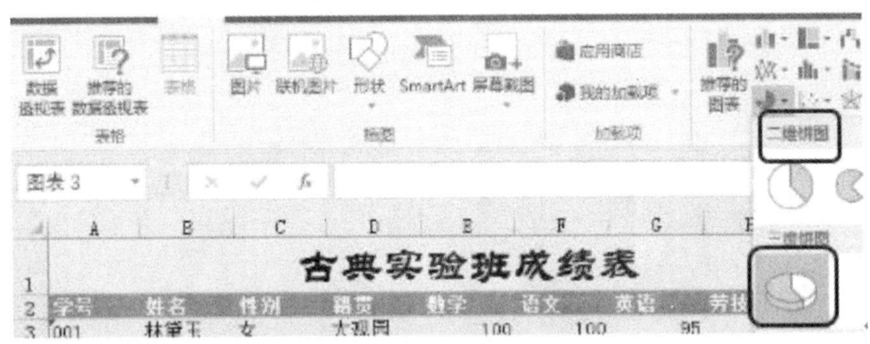

图 5-56 饼图的插入

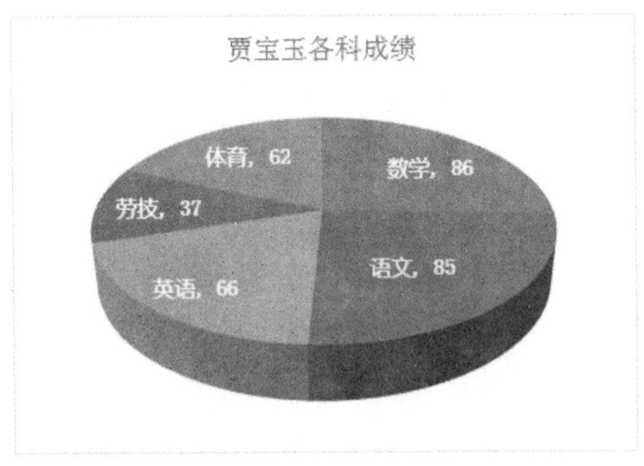

图 5-57 饼图的实现

6)选中该图表,再选择“图表工具”→“设计”→“移动图表”,弹出“移动图表”对话框,选择新工作表,并输入表名,如图 5-58 所示,则饼图移动到一张新的单独工作表中。

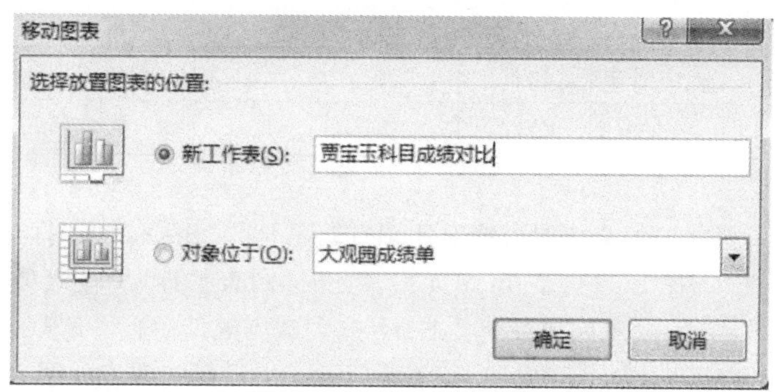

图 5 - 58　“移动图表”对话框

2. 修改和编辑图表

(1)修改图表。

将“大观园同学成绩对比”簇状图中改变系列产生在列，并且删除“体育”科目成绩，图表的类型改为“堆积柱形图”，修改标题名为“大观园学生文化课成绩对比图”。

【操作步骤】

1)右键单击“大观园同学成绩对比”图表，选择“选择数据”打开“选择数据源”对话框，单击“切换行/列”按钮，如图 5 - 59 所示，则图表的系列产生在列了，再在“图例项”里选择“体育”，点击“删除”按钮，即可删除图表中的“体育”系列。

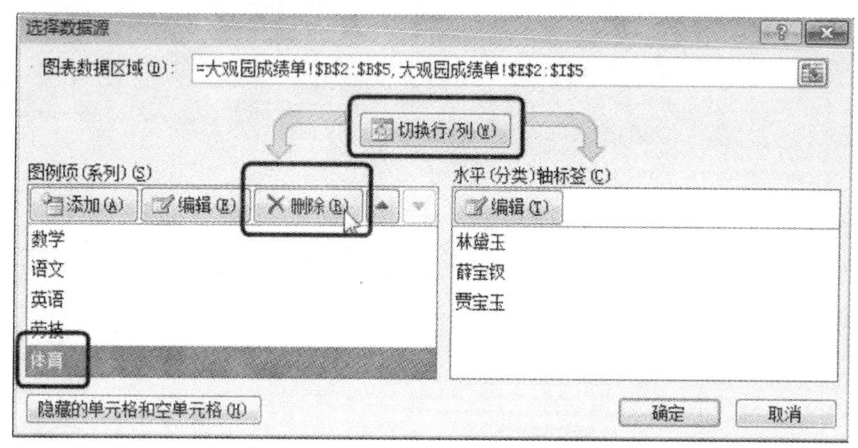

图 5 - 59　数据源的修改对话框

2)右键单击“大观园同学成绩对比”图表，选择“更改图表类型”，在打开的对话框中选择“所有图表”→“柱形图”→“堆积柱形图”。

3)单击图表标题直接更改为“大观园学生文化课成绩对比图”。

(2)将新增记录添加到图表。

在“大观园成绩单”工作表中追加一条记录，并把此条记录数据添加到“大观园学生文化课成绩对比图”中。

【操作步骤】

1)将表 5 - 5 所示的数据追加到“大观园成绩单”中。

表 5-5 实验数据

学号	姓名	性别	籍贯	数学	语文	英语	劳技	体育
014	史湘云	女	大观园	82	86	77	67	84

2)右键单击“大观园学生文化课成绩对比图”图表，选择“选择数据”打开“选择数据源”对话框，再按住 Ctrl 键，选择 B6 和 E6:I6 单元格。此时“图表数据”里输入项里显示“=大观园成绩单！$B$2:$B$5,大观园成绩单！$B$6,大观园成绩单！$E$2:$I$5,大观园成绩单！$E$6:$I$6”，即增加了“史湘云”该条记录。编辑后的图表如图 5-60 所示。

注意：数据源的更改也可以在“图表数据区域”选项后面的填充栏里手动输入。

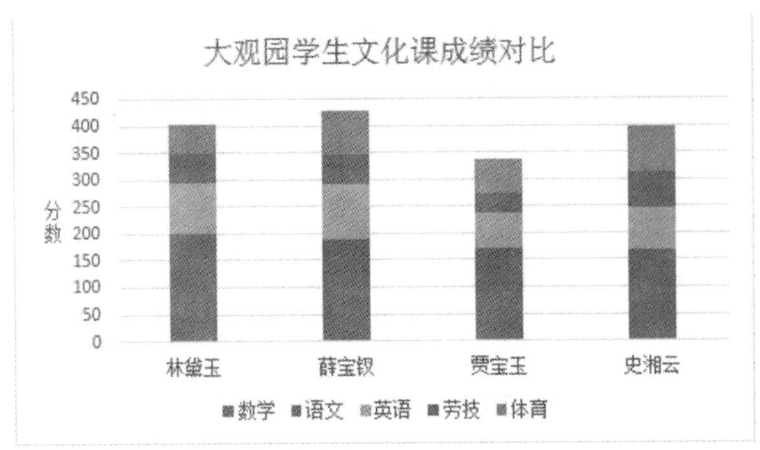

图 5-60 编辑后的图表

3. 格式化图表

(1)修改水平轴/垂直轴标题。

改变图 5-60 中图表的水平轴标题、垂直轴标题、图例和图表标题的字形、颜色。

【操作步骤】

1)选中图表标题，选择“图表工具”→“格式”→“艺术字样式”，在列表中选择样式“渐变填充”→“紫色，着色 4，轮廓，着色 4”。

2)选中图例，选择“图表工具”→“格式”→“艺术字样式”，在列表中选择样式“填充”→“紫色，着色 4，紫色，软棱台”。

3)对水平轴标题和垂直轴标题也重复上面第 2)步的操作，进行同样的字样设置。

(2)修改图表区/绘图区格式。

设置图 5-60 中图表的图表区格式和绘图区格式。

【操作步骤】

1)右键单击图表区，在弹出的快捷菜单中选择“设置图表区域格式”，打开窗口右侧的“设置图表区格式”对话框，依次进行以下设置：

• “填充与线条”→“填充”→“纯色填充”→“颜色”→“主题颜色”→“橙色，个性色 6，淡色 80%”。

• “边框”→“无线条”。

• “阴影”→“预设”→“外部”→“右下斜偏移”。

• “阴影”→“颜色”→“主题颜色”→“橙色，个性色 6，深色，50%”。

2）右键单击绘图区，在窗口右侧弹出的对话框中选择“填充与线条”→“填充”→“纯色填充”→“颜色”→“主题颜色”→“水绿色，个性色 5，淡色 80%”。最终效果如图 5－61 所示。

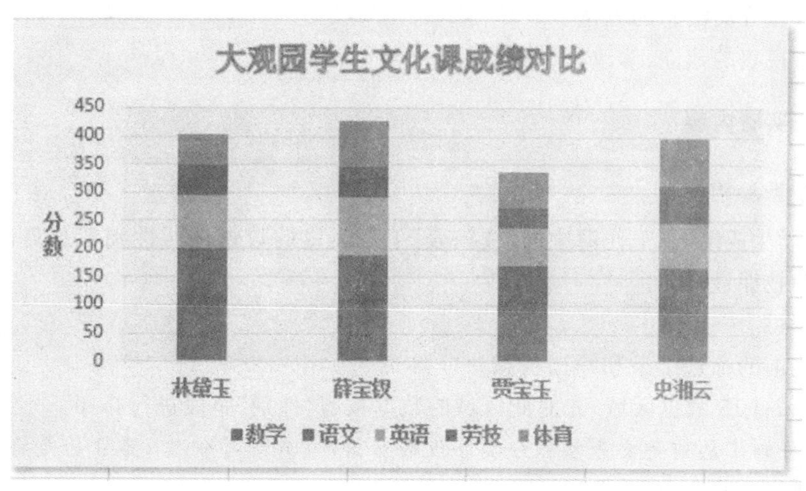

图 5－61　图表格式化后的效果

4. 设置数据标签格式

设置“贾宝玉科目成绩对比”工作表中的“贾宝玉各科成绩”图表中的数据系列格式和图表区格式。

【操作步骤】

1）右键单击图表中的数据系列，在弹出的菜单中，依次选择“设置数据系列格式”→“效果”→“三维格式”→“顶端棱台”→“棱台”→“圆”。

2）切换至“系列选项”，设置第一扇区起始角度为 30°，饼图分离程度为 7%。

3）右键单击图表，在弹出的菜单中，依次选择“设置图表区格式”→“填充与线条”→“填充”→“纯色填充”→“颜色”→“主题颜色”→“红色，个性色 2，淡色 80%”。该图表格式设置效果如图 5－62 所示。

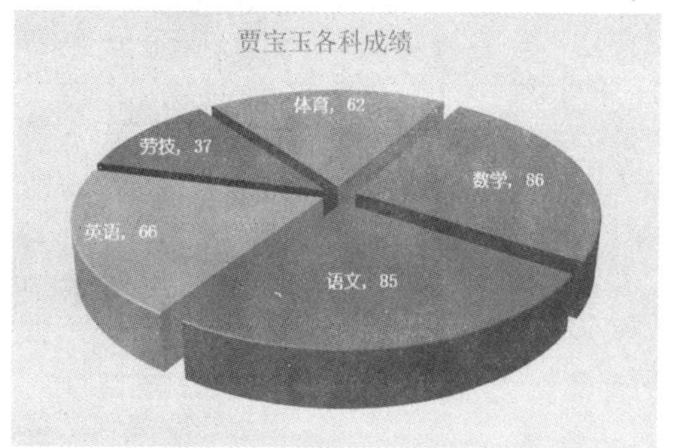

图 5－62　饼图格式化后的效果

同步练习

打开“天气统计”工作簿中的“气温对比表”工作表，以各城市气温为数据源，插入一个折线图来观察 2020 年度各城市气温走向，并对其进行格式设置。

5.10 数据的分类汇总和透视表的建立

5.10.1 实验目的

· 掌握数据分类汇总的方法。
· 掌握透视表的建立、修改、删除方法。

5.10.2 实验内容

1. 数据分类汇总

将“著名学生成绩表”工作簿中的“成绩表”工作表里的数据按照性别汇总英语平均分、总分平均分和劳技课最高分。

【操作步骤】

1)删除之前的筛选结果和筛选状态。

2)选中 A2:L15 数据区域,先对此区域的数据按照“性别”字段进行排序。

注意:在任何汇总前都要先按照分类字段进行排序,升降序任意,其目的是将该字段值相同的记录归并在一起,以便进行后面的汇总。

3)单击“数据”菜单→“分级显示”组→“分类汇总”按钮,在弹出的“分类汇总”对话框中做如图 5-63 所示的参数设置。

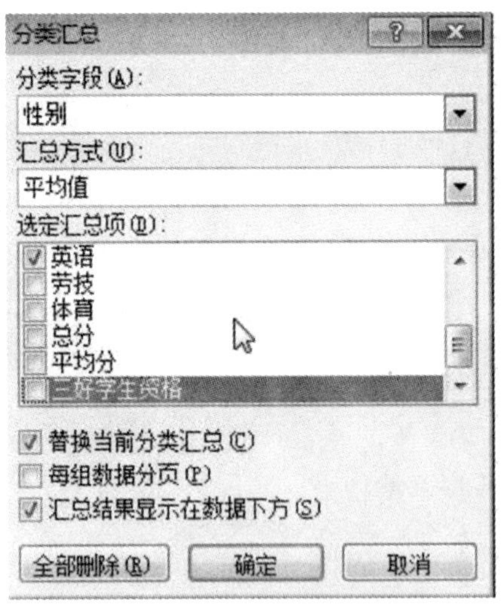

图 5-63 按“性别”分类汇总英语平均分

4)单击“确定”,即按照性别汇总了英语平均分。

5)在数据区域单击任意单元格,单击“分类汇总”按钮,又可以进行第二次分类汇总,进行如图 5-64 所示的设置,则可以汇总“劳技”课最高分。

注意:如果再次进行分类汇总,但是还要保留前面分类汇总的结果,在“分类汇总”对话框中一定不要勾选“替换当前分类汇总”。

6)单击任意单元格,按照性别进行"平均分"分类汇总,如图 5－65 所示。全部分类汇总结果如图 5－66 所示。

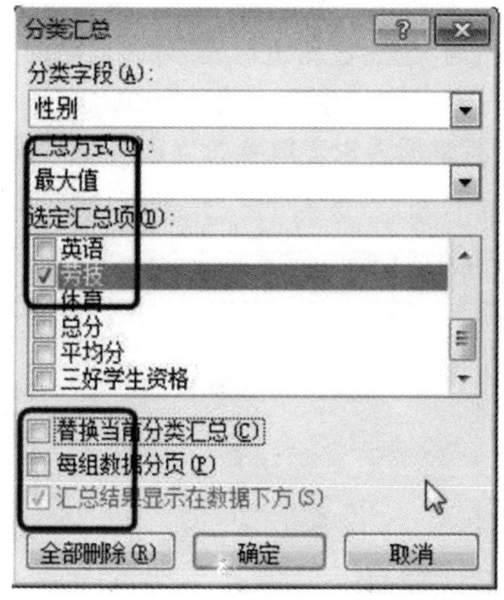

图 5－64 按"性别"分类汇总"劳技"课最高分

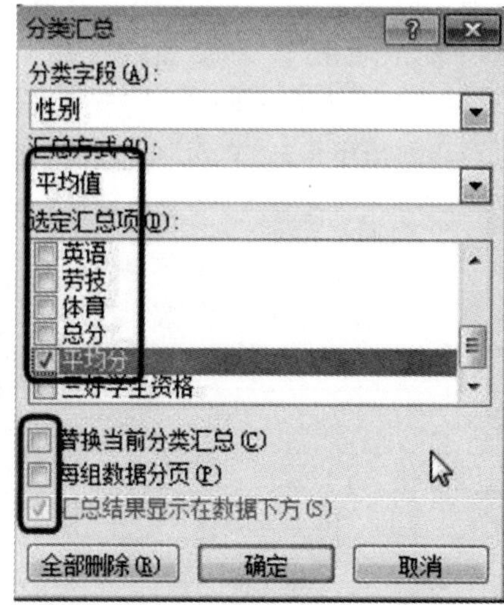

图 5－65 按"性别"分类汇总"平均分"

	A	B	C	D	E	F	G	H	I	J	K	L
1	古典实验班成绩表											
2	学号	姓名	性别	籍贯	数学	语文	英语	劳技	体育	总分	平均分	三好学生资格
3	006	嫦娥	女	天宫	68	58	100	62	100	388	78	
4	009	孙二娘	女	梁山	63	47	55	95	97	357	71	
5	002	薛宝钗	女	大观园	100	90	100	55	82	427	85	
6	001	林黛玉	女	大观园	100	100	95	54	55	404	81	
7		女 平均值									79	
8		女 最大值						95				
9		女 平均值					87.5					
10	004	孙悟空	男	天宫	88	54	100	79	100	421	84	
11	007	唐玄奘	男	天宫	56	100	85	66	49	356	71	
12	005	猪悟能	男	天宫	56	57	75	65	77	330	66	
13	011	曹操	男	三国	99	85	97	74	99	454	91	有
14	012	诸葛亮	男	三国	100	100	96	56	65	417	83	
15	013	吕布	男	三国	49	75	82	57	93	356	71	
16	008	宋江	男	梁山	98	99	96	78	76	447	89	有
17	010	林冲	男	梁山	67	86	63	88	97	401	80	有
18	003	贾宝玉	男	大观园	86	85	66	37	62	336	67	
19		男 平均值									78	
20		男 最大值						88				
21		男 平均值					84.444					
22		总计平均值									78	
23		总计最大值						95				
24		总计平均值					85.385					

图 5－66 按照"性别"进行分类汇总效果

如若需要删除分类汇总,则只需再次单击"分类汇总"按钮,在弹出的分类汇总对话框中,单击左下方的"全部删除"按钮即可。

2. 透视表的使用方法

(1)创建数据透视表。

建立透视表，统计出“英语”科目中各分数段的人数。

【操作步骤】

1）取消之前“成绩表”工作表中的分类汇总，在数据区的任意一个单元格上单击后，选择“插入”选项卡里“表格”区→“数据透视表”，在弹出的“创建数据透视表”对话框中的“表区域”中选取“成绩表！＄A＄2：＄L＄15”数据源区，勾选“现有工作表”，选取“成绩表”工作表的任何一个空白单元格单击后，点击“确定”，即选择要将数据透视表放置的位置，比如N2单元格，如图5－67所示。

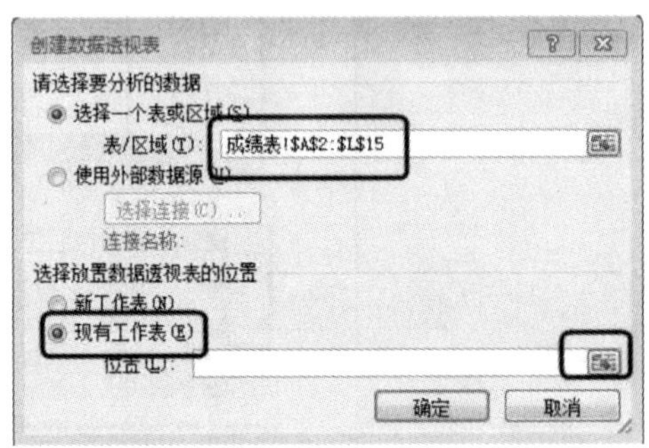

图5－67　创建数据透视表对话框

2）在窗口右端弹出的“数据透视表字段”窗口中，将“英语”字段拖动到“行标签”分窗口中，如图5－68所示。

3）右键单击“行标签”下面的任意一个单元格，在弹出的快捷菜单中选择“创建组”，如图5－68所示。

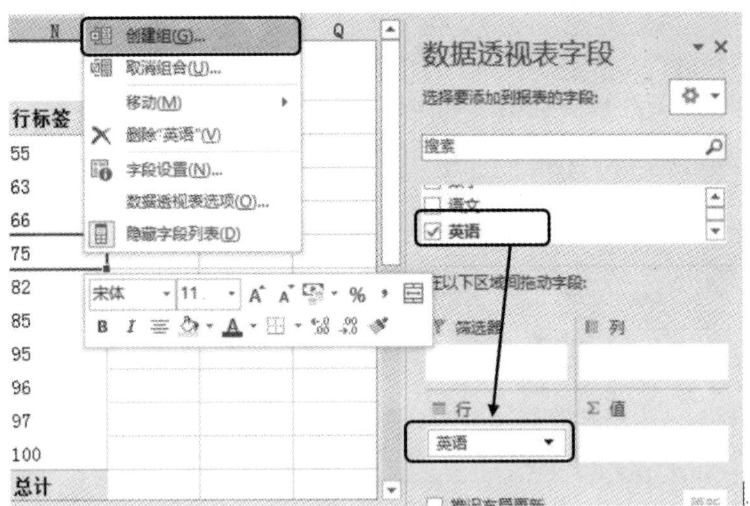

图5－68　对“英语”字段进行“创建组”

4）在打开的“创建组”对话框中做如图5－69所示的设置。

5）在“数据透视表字段列表”中再次把“英语”字段拖拽到“数值区”。观察数据透视表，发现数据已自动按照不同分数段汇总了人数，如图5－70所示。

图 5-69 “组合”对话框

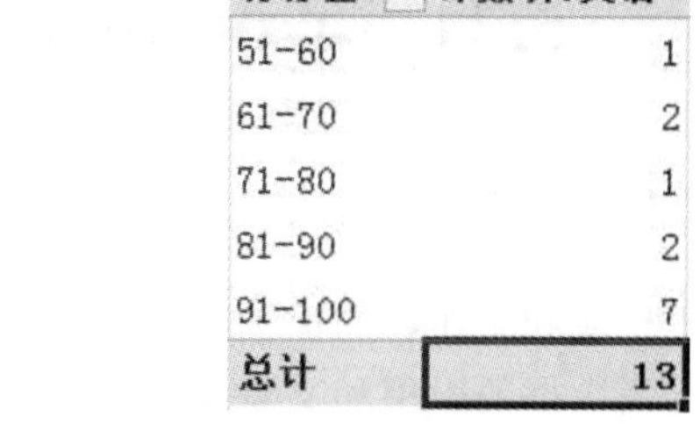

行标签	计数项:英语
51-60	1
61-70	2
71-80	1
81-90	2
91-100	7
总计	13

图 5-70 创建统计英语各分数段人数的数据透视表

(2)修改数据透视表。

在前面的数据透视表基础上,统计出各个籍贯学生的英语成绩分布情况。

【操作步骤】

1)单击前面创建的数据透视表上任意单元格,在“数据透视表字段”对话框中,拖动“籍贯”字段至“列标签”区。观察数据透视表,已经将不同分数段的英语成绩按照籍贯统计成报表。

2)在“数据透视表字段列表”中,将“籍贯”字段从“列标签”区拖动“行标签“区,观察报表格式变化。

(3)重设数据透视表。

删除数据透视表,再重新创建新的数据透视表,统计出不同籍贯有三好学生评选资格的人数。

【操作步骤】

1)选中前面所建数据透视表,清空“列标签”“行标签”“数值”三个区域中的所有内容(所谓清空,指将所有分窗口字段删除)即可删除已建数据透视表。

2)再次在空白数据透视表上单击鼠标,在弹出的“数据透视表字段”对话框中,将“籍贯”字段拖动至“行标签”区,将“三好学生资格”拖拽至“列标签”区和“数值”区,得出的数据透视表如图 5-71 所示。

计数项:三好学生资格	列标签		
行标签		有	总计
大观园	3		3
梁山	1	2	3
三国	2	1	3
天宫	4		4
总计	10	3	13

图 5-71 统计不同籍贯三好学生资格数目的数据透视表

注意:这里的“三好学生资格”字段值类别是逻辑型,所以默认的统计方法就是计数。

同步练习

1. 以“天气统计”工作簿中“气温对比表”工作表的 A3:N12 区域为数据源,按“所属地区”分类汇总出每月最高气温和平均气温。

2. 建立数据透视表,分类统计出各地区第一季度每个月平均气温。

5.11 工作表的保护及外部数据引用

5.11.1 实验目的

· 掌握工作簿和工作表的保护。
· 掌握网络数据的引用和文本数据的引用。

5.11.2 实验内容

1. 工作表的保护

将“汽车销售”工作簿的各个工作表中 B7:D14 单元格进行保护。

【操作步骤】

1)打开“汽车销售”工作簿，单击工作表左上角全选按钮，在工作表上任何位置单击右键，在弹出的快捷菜单中选择“设置单元格格式”，在出现的对话框中选择“保护”选项卡，将“锁定”选项设置为未选状态，确保取消其原来该表中的所有单元格锁定状态，如图 5-72 所示。

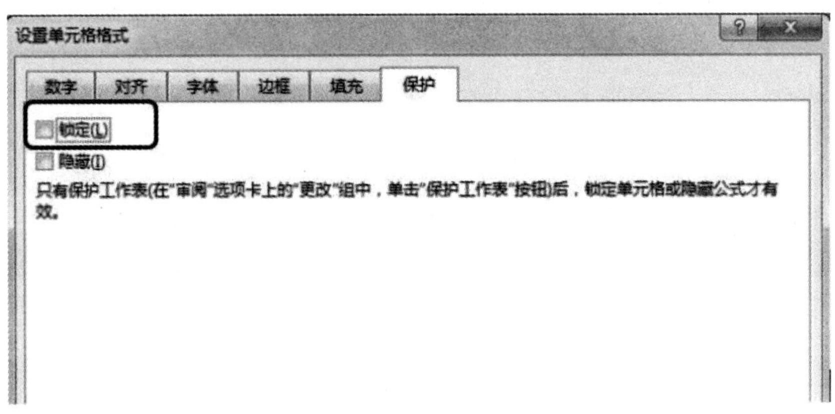

图 5-72 解除“锁定单元格”状态

2)选中 B7:D14 单元格，单击“开始”→“单元格”区→“格式”→“锁定单元格”，则该部分单元格被锁定；再次单击“开始”→“单元格”区→“格式”→“保护工作表”则会打开如图 5-73 所示对话框，进行数据表保护选择，比如只允许对未锁定的单元格进行修改。

3)重复前面两步操作可以继续将另外两张工作表进行保护。

2. 工作簿的保护

将“汽车销售”工作簿进行密码保护。

【操作步骤】

选择“文件”选项→“信息”→“保护工作簿”→“用密码进行加密”，如图 5-74 所示，即可进行密码设置。

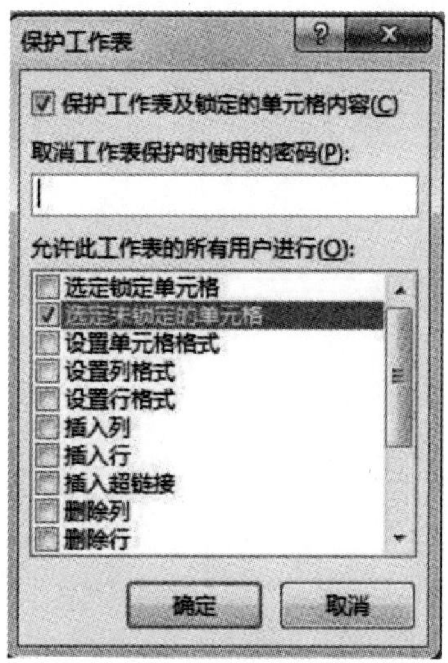

图 5－73 保护工作表设置

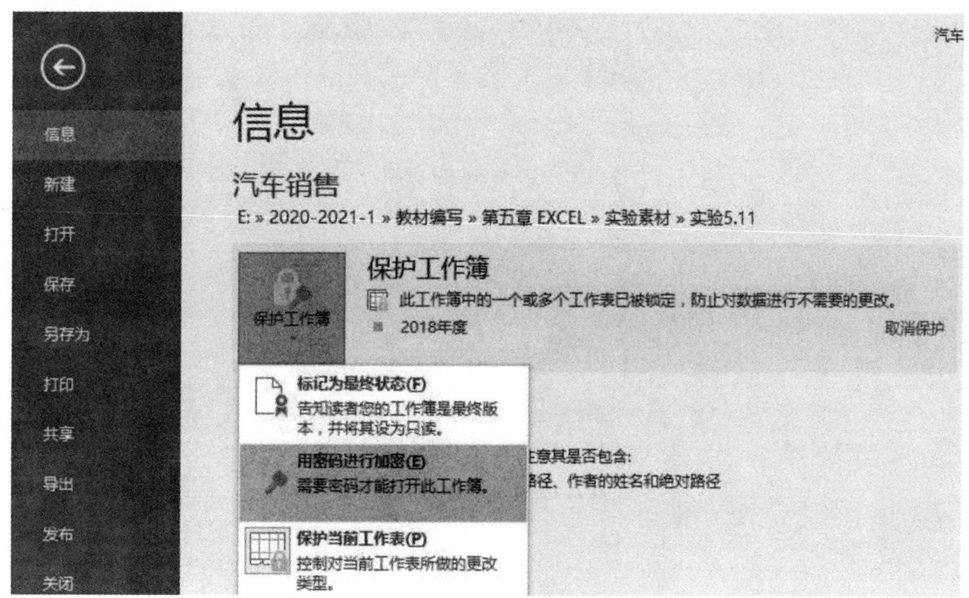

图 5－74 对工作簿进行密码加密

3. 文本数据的引用

将“2021 年计划销售表”的文本数据引用到 Excel 中。

【操作步骤】

打开“数据引用”工作簿，然后选择“2021 年计划销售表”工作表。选择“数据”选项卡→“获取外部数据”区→“自文本”。选择文本文件“2021 年计划销售表.txt”进行导入，在导入导向第二步将“逗号”勾选，如图 5－75 所示。

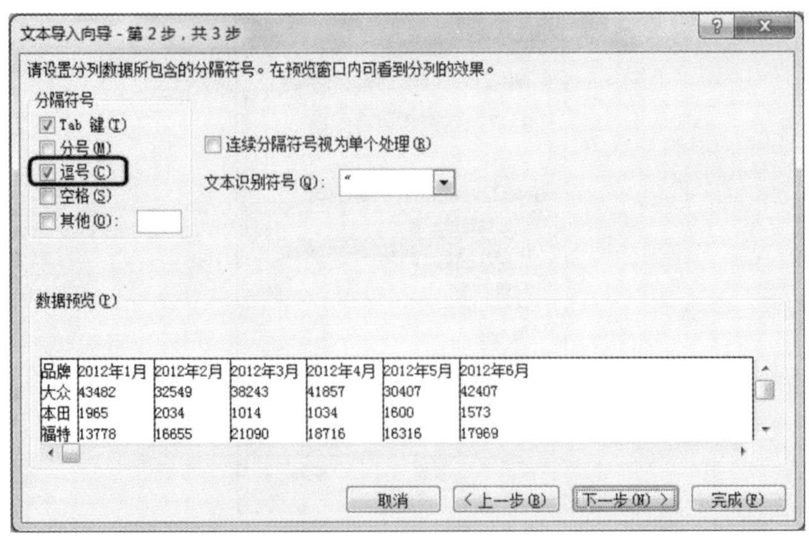

图 5 - 75　导入文本数据时的分隔符设置

2)在导入向导的最后一步可以输入需要导入起始单元格名称，即起始位置，如图 5 - 76 所示。

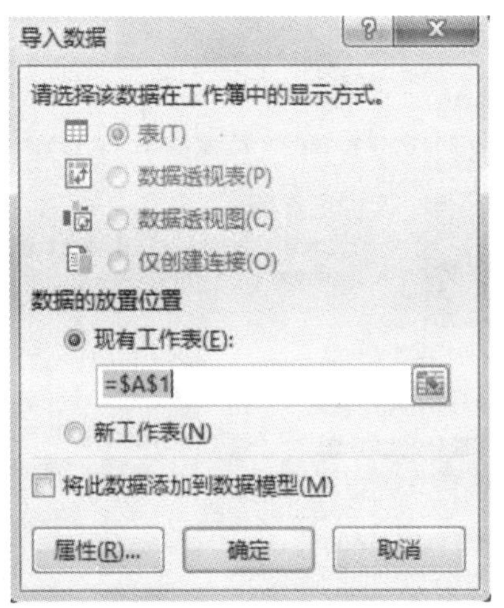

图 5 - 76　导入文本数据所存放位置选择

4. 网络数据的引用

从网页数据中导入 2021 年广西科技大学人才招聘信息。

【操作步骤】

1)打开工作簿“数据引用”工作簿中的“广西科大人才招聘”工作表，选择“数据”选项→“获取外部数据”区→“自网站”。在打开的对话框中把已经查阅到的广西科技大学 2020—2021 人才招聘网页 URL 复制到地址栏中，滚动窗口右边滚动条找到招聘需求表，单击表格左上角黄色箭头变成蓝色，点击导入，即可导入数据，如图 5 - 77 所示。

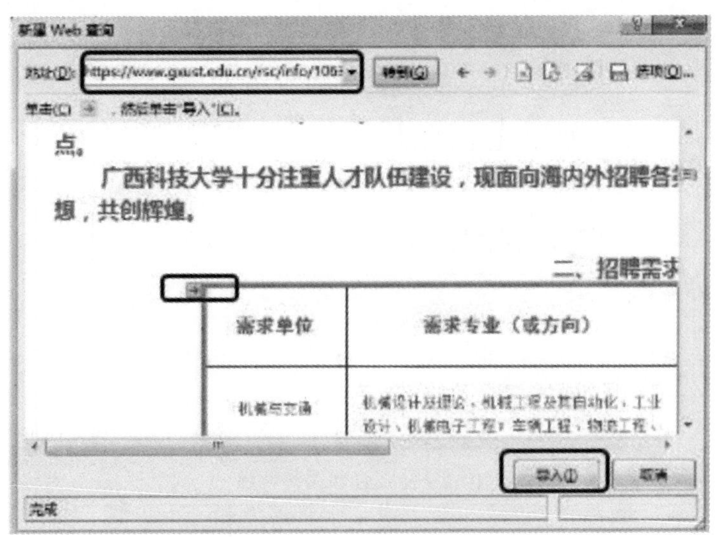

图 5－77　导入网络数据对话框

同步练习

1. 将“记账凭证清单. txt”导入自建工作簿中。

2. 从中国工商银行网站找到实时全球币种汇率并导入自建工作簿中。

5.12　特殊函数的应用和数据模拟分析

5.12.1　实验目的

· 掌握时间、日期函数及贷款函数的使用方法。

· 掌握单变量求解的应用。

5.12.2　实验内容

1. NOW 函数

在工作表中使用 NOW 函数生成当前时间。

【操作步骤】

打开“贷款”工作簿，单击“贷款”工作表制表时间后面的 E12 单元格，单击插入函数按钮，在打开的“插入函数”对话框中，选择“日期与时间”函数类的 NOW 函数，如图 5－78 所示。

2. PMT 函数

在工作表中使用 PMT 函数计算月还款额。在固定利率和等额分期付款前提下，PMT 函数可用于计算每月应偿付的贷款金额。

【操作步骤】

将光标置于 C7 单元格，同上步骤，选择“财务”类里的 PMT 函数。在打开的的函数参数对话框中进行如图 5－79 所示的设置。

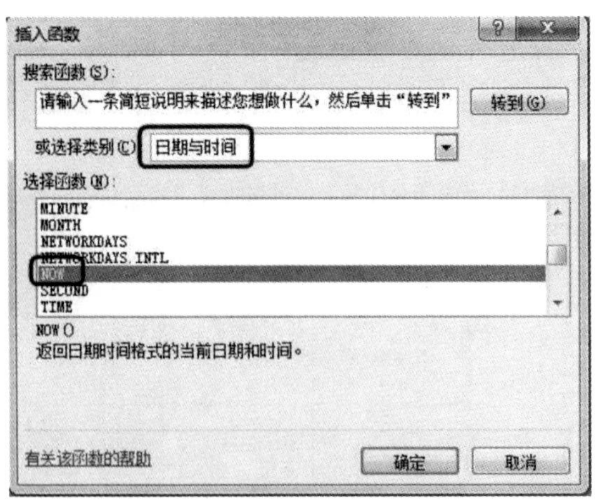

图 5-78　日期函数选择

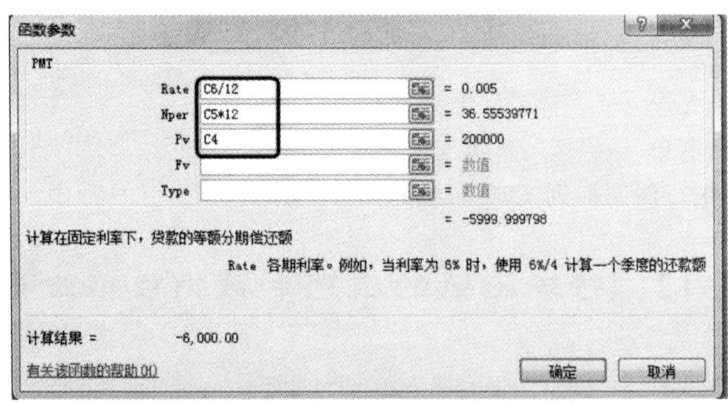

图 5-79　PMT 函数参数设置

3. 单变量求解

使用单变量求解工具，计算月还款 3 000 元时的贷款期限。

【操作步骤】

将光标置于任意单元格，选择“数据”选项卡→“预测”区→“模拟分析”→“单变量求解”，在打开的单变量求解对话框中进行如图 5-80 所示的参数设置。

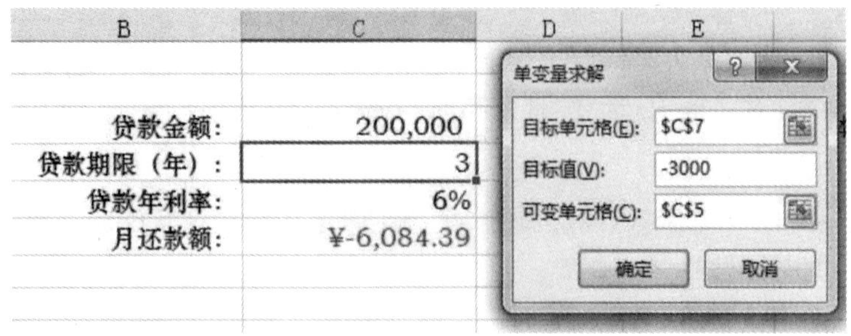

图 5-80　单变量求解参数设置

点击“确定”按钮后等待一段时间(迭代运算需要花费数秒),即可得出对应的贷款期限,如图 5－81 所示。

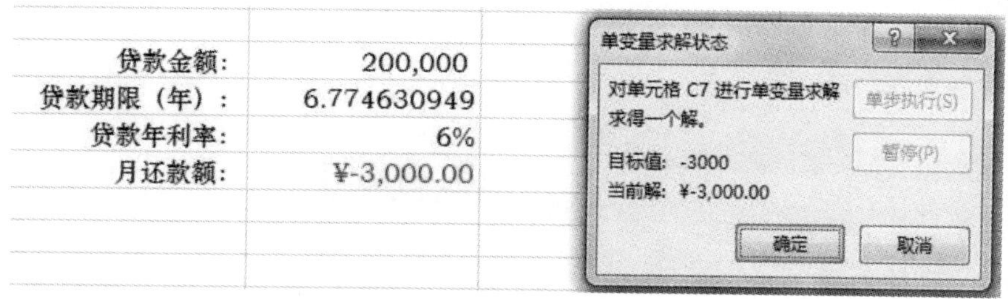

图 5－81　单变量求解贷款期限结果

4. 模拟运算表

使用模拟运算表工具,计算在不同贷款期限(3 年至 10 年)下每月应偿付的贷款金额。

【操作步骤】

1)在空白单元格处选中任意单元格,如 B9,输入 3,然后向下自动序列填充到 10。

2)在 C9 单元格内输入“＝C7”,再选中 B9:C16 单元格,选择“数据”选项卡→“预测”区→“模拟分析”→“模拟运算表”。

3)在打开的“模拟运算表”对话框中,做出如图 5－82 所示的参数设置。点击“确定”即可得出对应贷款期限的月还款额。

	A	B	C	D	E	F
3						
4		贷款金额:	200,000		还款方式:	等额本息还
5		贷款期限（年）:	3		还款总额:	
6		贷款年利率:	6%		利息总额:	
7		月还款额:	¥-6,084.39			
8						
9		3	¥-6,084.39			
10		4				
11		5				
12		6				
13		7				
14		8				
15		9				
16		10				

模拟运算表
输入引用行的单元格(R):
输入引用列的单元格(C): $C$5
确定　取消

图 5－82　模拟运算表参数设置

注意:模拟运算表可以清楚对比不同的单变量求解结果。

同步练习

1. 求出“单变量求解”工作簿中“单变量求解 1”工作表中,若利润达到 10 000 元,销售量需要达到多少。

2. 在“单变量求解 2”工作表中,用函数 DAYS360()计算出投资天数,并且用公式计算出收益。

3. 用单变量求解推算出,若要收益 1 000 元,需要到哪天才能取出。

5.13 数据高级计算

5.13.1 实验目的

- 掌握数组计算。
- 掌握合并计算。

5.13.2 实验内容

1. 数组计算

利用数组计算工作簿“数组计算”中“数组-1”工作表中各种型号车辆的销售金额和总计。

【操作步骤】

1)打开“数组计算”工作簿中的“数组-1”工作表,选中 F5:F17 单元格区域,在其中输入符号“=”后,选中 C5:C17 单元格区域后输入“ * ”,再选中 D5:D17 单元格区域。

2)同时按下 Ctrl+Shift+Enter 键,此时单击 F5:F17 任意单元格都可在公式栏看到相同的内容,如图 5-83 所示。

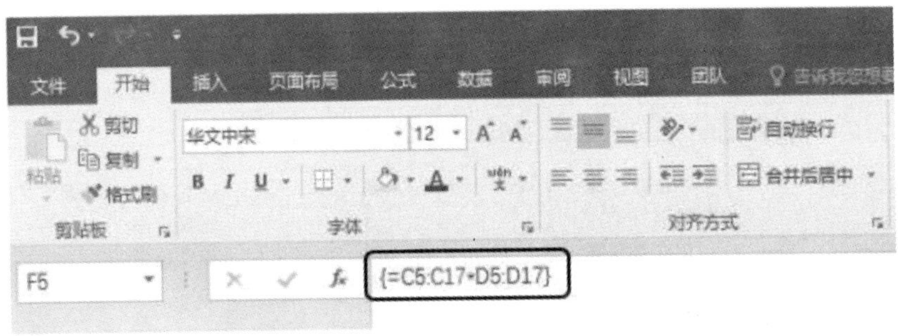

图 5-83 数组计算后生成的数组公式

注意:使用数组计算时必须选中所有放置结果的单元格才能输入公式,不能单独选择一个单元格进行公式生成。

3)单击 F19 单元格,在其中输入“=SUM(”后,选择 C5:C17 单元格区域,再输入“ * ”,再选择 D5:D17 单元格区域。按下 Ctrl+Shift+Enter 键即可得到各种车型销售额总计。在编辑栏中可以得到如图 5-84 所示的数组公式。

图 5-84 函数和数组公式的结合

2. 函数内引用数组计算

用数组计算“数组-2”工作表中各种车型每个月的销售额总计。

【操作步骤】

1)单击 N6 单元格,输入“=SUM(”后选中 C5:L5 单元格区域后单击 F4,这样所选中单元格都会变成绝对引用,然后输入“*”后再选中 C6:L6 单元格区域。

2)同时按下 Ctrl+Shift+Enter 键即可得到一月份各种车型的销售总额。编辑栏里可以看到如图 5-85 所示公式。

图 5-85　数组计算中的绝对引用

3)从 N6 单元格到 N17 单元格选择不带格式填充即可得到全部车型一年中各月的销售总额。

3. 合并计算

将“汽车销售”工作簿中三张工作表的数据进行合并求和,得出每种车型三年来春季每月的销售总额。

【操作步骤】

1)复制任意一个工作表放置到“2020 年度”工作表之后,并命名为“汇总”。

2)改写 A4 单元格的内容为“汇总表”。

3)删除 B7:D14 单元格的内容。

4)单击 B7 单元格,输入“=SUM(”后,单击“2018 年度”工作表标签,按住 Shift 键,再单击“2020 年度”工作表标签。

5)单击 B7 单元格后同时按下 Ctrl+Enter 键结束,即可在“汇总”工作表的 B7 单元格得到第一种车型一月份三年的销售总额,公式栏中公式显示如图所示 5-86 所示。然后将此单元格向右至 D7 单元格填充,向下至 D14 单元格填充即可得到全部车型第一季度各月销售总额。

图 5-86　合并计算后的公式生成

同步练习

1. 用数组计算工作簿“员工业绩统计”中的各员工全年业绩和。

2. 合并计算工作簿“4、5 月工资”中两个月的工资。

5.14 数据透视表的辅助计算

5.14.1 实验目的

- 掌握透视表中的辅助计算。
- 掌握透视表中的计算字段和计算项。

5.14.2 实验内容

1. 透视表的辅助计算

在“品牌汽车销售统计”工作簿中已经建立的透视表基础上利用辅助计算得出各品牌在总销售金额中所占的百分比。

【操作步骤】

1)打开“品牌汽车销售统计”工作簿中的“辅助计算”工作表。在其中已经建立的数据透视表上单击左键，打开“数据透视表字段”对话框。

2)将“金额”字段再次添加到“值”列表。

3)单击 J4:J11 区域任意单元格，选择对应的“数据透视表工具”菜单→“分析”→“活动字段”组→“字段设置”，打开值字段设置对话框。

4)在对话框中的“值显示方式”选项卡里选择“总计的百分比”，如图 5-87 所示。

5)单击“确定”按钮，则在数据透视表中，各种车辆销售金额会以百分比方式显示，如图 5-88 所示。

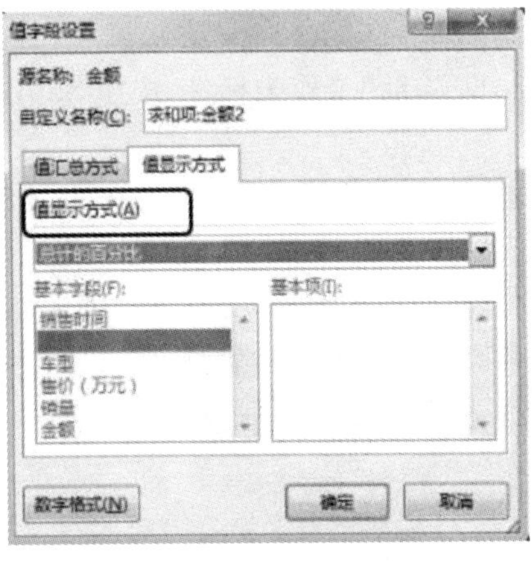

图 5-87 值字段参数设置

行标签	求和项:金额	求和项:金额2
奥迪	8306.3	23.63%
宝马	4486.1	12.76%
奔驰	10666.2	30.35%
本田	1842.84	5.24%
别克	2043.17	5.81%
大众	5280.68	15.02%
丰田	783.96	2.23%
现代	1738	4.94%
总计	35147.25	100.00%

图 5-88 以汇总百分比方式显示值

2. 计算字段

在“品牌汽车增值税汇总”工作簿中的“增值税”工作表的数据透视表中以添加计算字段和

计算项的方式计算各品牌汽车的应缴纳增值税(金额×0.17)。

【操作步骤】

1)打开“品牌汽车增值税汇总”工作簿,单击“增值税”工作表中 I4:I11 任意单元格。

2)选择“数据透视表工具”菜单→“分析”→“计算”组→“字段,项目和集”→“计算字段”。

3)在打开的计算字段对话框中进行如图 5-89 所示设置,单击“添加”按钮后再确定退出,会有如图 5-90 效果显示。

注意:这里公示栏里的金额一定是从字段列表中选择插入的,而不能手动输入。必须先添加插入字段,再确定退出。

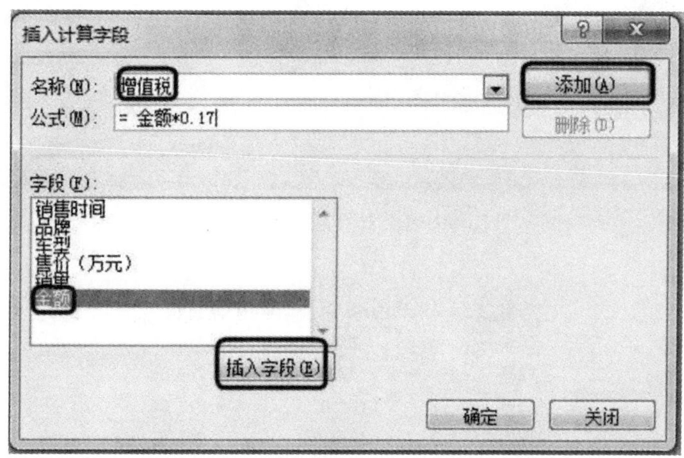

图 5-89　插入计算字段参数设置

行标签	求和项:金额	求和项:增值税
奥迪	8306.3	1,412.07
宝马	4486.1	762.64
奔驰	10666.2	1,813.25
本田	1842.84	313.28
别克	2043.17	347.34
大众	5280.68	897.72
丰田	783.96	133.27
现代	1738	295.46

图 5-90　利用插入计算字段来添加增值税字段效果

3.计算项

以添加计算项的方式在行的方向添加每种车型的增值税。

【操作步骤】

1)将鼠标置于 H4:H11 任意单元格内。

2)选择“数据透视表工具”菜单→“分析”→“计算”组→“字段,项目和集”→“计算项”。

3)在打开的对话框中进行如图 5-91 所示参数设置,然后单击“添加”按钮,再点击“确定”,可以看到如图 5-92 所示效果。

注意：这里公式项的“奥迪”必须从“项”列表里进行选择插入，不能手动输入。

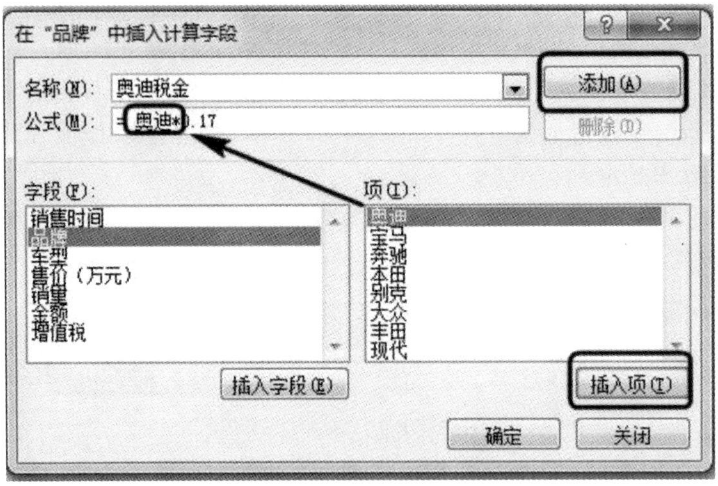

图 5-91　计算项添加对话框

行标签	求和项:金额	求和项:增值税
奥迪	8306.3	1,412.07
宝马	4486.1	762.64
奔驰	10666.2	1,813.25
本田	1842.84	313.28
别克	2043.17	347.34
大众	5280.68	897.72
丰田	783.96	133.27
现代	1738	295.46
奥迪税金	1412.071	240.05

图 5-92　添加计算项效果图

4)重复上面的三步可以依次添加其他品牌的税金行。

同步练习

1.在“汽车销售”工作簿中“2009 年度”工作表中，使用透视表辅助计算，统计出每月中每种车型销售额百分比。

2.在“加班补贴表”工作簿中，使用添加计算字段和计算项的方式分别显示各项加班内容的加班费。

第 6 章　Internet 操作实验

6.1　计算机网络的配置

6.1.1　实验目的

· 认知 IP 地址。
· 了解域名服务器。
· 了解子网掩码。
· 了解网关。
· 了解 TCP/IP 协议。
· 配置计算机 IP 地址。

6.1.2　实验内容

1. 网络概念的认识

(1)IP 地址。

在 Internet 中,通过在网络设备或计算机上配置 IP 地址来标识联网实体。目前网络使用的 IP 地址类型有 IPv4 及 IPv6 两个版本。一个 IP 地址(IPv4)由四个字节组成,共 32 位(bit),分成四组,例如 192.168.50.22。IP 地址由网络号+主机号组成。IPv6 地址的长度为 128 位,由八个 16 位字段组成,相邻字段用冒号分隔,IPv6 地址中的每个字段都必须包含一个十六进制数字,例如 fe80::c160:85f6:62a2:8c2d%18,如图 6－1 所示。计算机可以同时配置 IPv4 及 IPv6 两个版本的 IP 地址,此时自动优先使用 IPv6 地址进行网络通信。

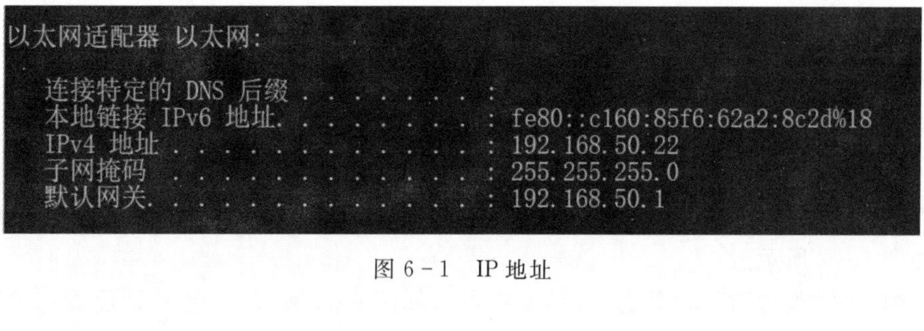

```
以太网适配器 以太网:

   连接特定的 DNS 后缀 . . . . . . . :
   本地链接 IPv6 地址. . . . . . . . : fe80::c160:85f6:62a2:8c2d%18
   IPv4 地址 . . . . . . . . . . . . : 192.168.50.22
   子网掩码  . . . . . . . . . . . . : 255.255.255.0
   默认网关. . . . . . . . . . . . . : 192.168.50.1
```

图 6－1　IP 地址

(2)域名服务器。

域名:域名是用来标识网络上的某台计算机的名称,例如 www.gxust.edu.cn。域名主要是为了方便人类进行记忆而定义,一般会取有含义的英语缩写,以避免 IP 地址难以记忆的弊端,但在网络通信时,网络协议最终是使用 IP 地址进行通信的。

域名解析:由于网络协议通信时实际使用的是 IP 地址,故需要将域名转换成 IP 地址,方可进行网络通信。将域名转换成 IP 地址的过程称为域名解析。

DNS(域名解析服务器):在网络上进行域名解析的服务器,用于接受用户请求解析的主机域名,并返回主机的 IP 地址。简单来说,DNS 服务器的作用是把网站的域名转换成计算机能看懂的 IP 地址。

(3)子网掩码。

IPv4 的 IP 地址由网络号与主机号构成。子网掩码的作用就是将某个 IP 地址划分成网络地址和主机地址两部分,相同网络号的主机可以直接通过网络通信,而无须经网关进行数据转发,而不同网络号的主机须经网关进行数据转发方可通信。按二进制位模式,网络号和子网号对应的都为 1,主机号对应的都为 0。若 IP 地址为 172.19.137.124,子网掩码为 255.255.255.0,则网络号为 172.19.137,主机号为 124。

IPv6 中无子网掩码的概念,即没有网络号与主机号的概念,取而代之的是“前缀长度”和“接口”。前缀长度就可以当作子网掩码来理解,接口 ID 可以当作主机号来理解。

(4)网关。

网关简单来说就是数据在送到其它网络的时候,把数据报文首先发送到的那台转发设备。

(5)IP 地址、子网掩码、默认网关之间的关系。

IP 地址用于标识联网的计算机(设备);子网掩码用于标示子网划分的情况,即联网设备的所属子网;默认网关即是数据包默认选择的出口(通常情况是离计算机最近一个路由器地址)。简单而言,子网掩码用于判断网络中的两个 IP 地址是不是在同一个网段(或称子网),若两个地址处于同一网段,设备之间可以直接通信(不需要将数据包交由默认网关再转发)。若两个 IP 地址处于不同网段,此时一台计算机(设备)访问另一网段的计算机,数据包则需要交由默认网关进行转发。默认网关地址总是与计算机的 IP 地址处于同一网段(同一网段的联网设备可以直接通信)。

(6)TCP/IP 协议。

TCP/IP(Transmission Control Protocol/Internet Protocol,传输控制协议/网际协议)是指能够在多个不同网络间实现信息传输的协议簇,是目前互联网及企业网使用的实际标准协议。个人计算机使用 TCP/IP 协议(IPv4)进行通信,一般需要获得或配置本机 IP 地址、子网掩码、网关及 DNS 服务器 IP 地址。个人计算机使用 TCP/IP 协议(IPv6)进行通信时,一般采用自动获取本机 IP 地址、子网掩码、网关及 DNS 服务器 IP 地址的方式进行配置。

2.配置计算机 IP 地址(Windows 10 环境)

【操作步骤】

1)点击屏幕右下角“网络 Internet 访问”图标,并在弹出的小窗口上点击“网络和 Internet 设置”,如图 6-2 所示。

2)在弹出的“设置”窗口“状态”选项卡中点击如图 6-3 所示的“更改适配器选项”。

3)点击“更改适配器选项”后,将会弹出“网络连接”窗口,如图 6-4 所示。

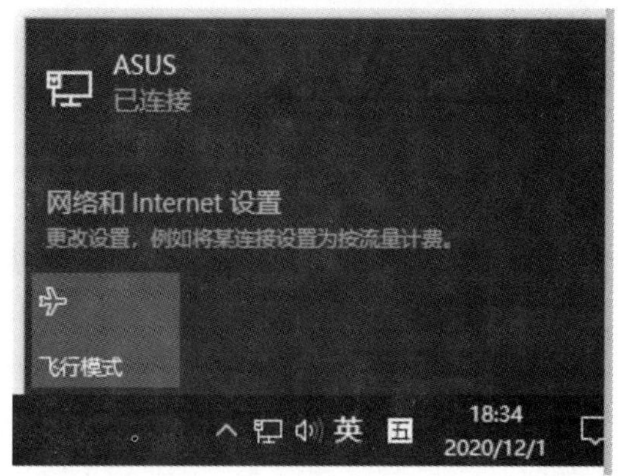

图 6-2　网络连接图标

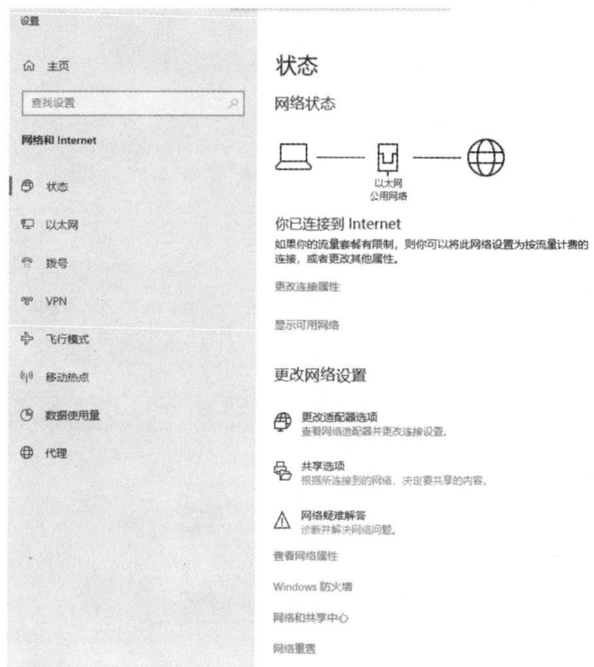

图 6-3　“设置”窗口“状态”选项卡

4)在“网络连接”窗口中的“以太网”图标上单击右键，并在弹出的菜单上点击“属性”菜单项，如图 6-5 所示。

5) 在“以太网属性”中手动配置 IPv4 地址。在图 6-6“以太网属性”窗口中双击“Internet 协议版本 4(TCP/IPv4)”选项，然后在弹出的“Internet 协议版本 4(TCP/IPv4)属性”中按照图 6-6 所示配置各项参数。

6)在“以太网属性”中配置自动获取 IPv6 地址(一般电脑接入 IPv6 网络采用自动获取 IP 地址的方式配置 IP 地址等信息，不进行手工指定)。在图 6-7“以太网属性”中双击“Internet 协议版本 6(TCP/IPv6)”选项，然后在弹出的“Internet 协议版本 6(TCP/IPv6)属性”中点选“自动获取 IPv6 地址(O)”及“自动获得 DNS 服务器地址(B)”。

图 6-4 "网络连接"窗口

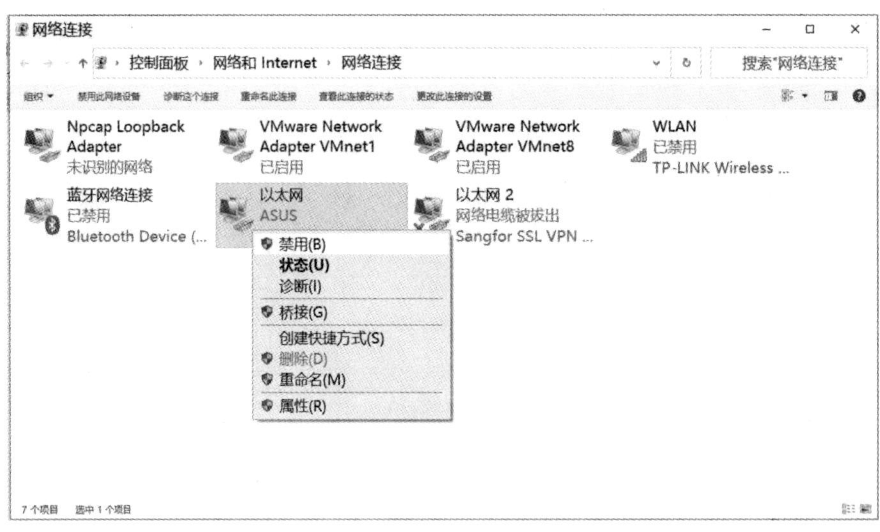

图 6-5 配置"以太网"的"属性"

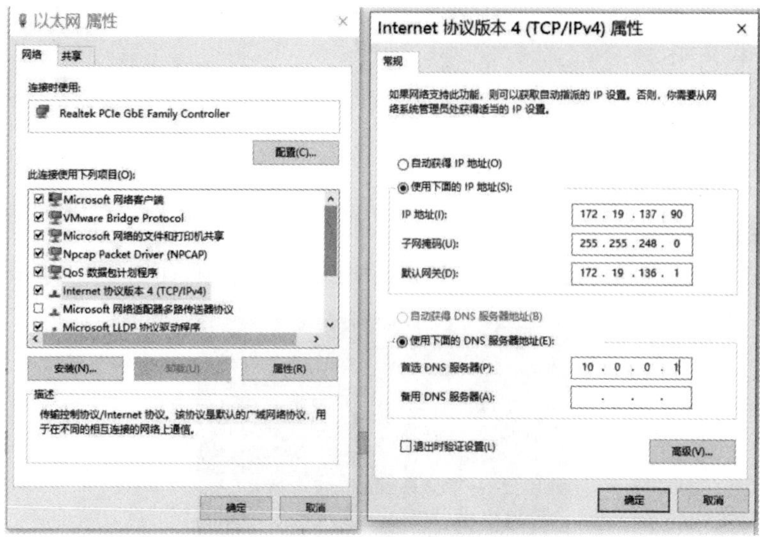

图 6－6　Internet 协议版本 4(TCP/IPv4)属性配置

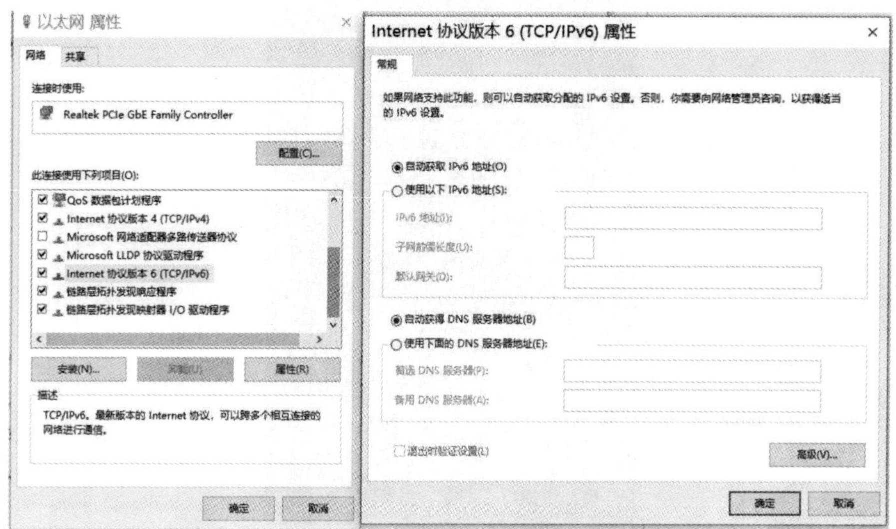

图 6－7　Internet 协议版本 6(TCP/IPv4)属性配置

同步练习

查看自己所用计算机的地址，并尝试手动配置 IP 地址和 DNS 服务器地址。

6.2　网络浏览器的使用

6.2.1　实验目的

- 掌握 Microsoft Edge 浏览器。
- 学会设置浏览器主页。

- 掌握收藏夹功能。
- 查看下载文件。

6.2.2 实验内容

1. Microsoft Edge 浏览器的使用

【操作步骤】

1)从 Windows 的“开始”菜单点击“Microsoft Edge”菜单项,如图 6-8 所示。

图 6-8 “Microsoft Edge”菜单项

2)Microsoft Edge 浏览器的窗口包括地址栏、菜单项等。在 Microsoft Edge 浏览器窗口的菜单栏空白处单击鼠标右键,如图 6-9 所示。

3) 在地址栏中输入网址并回车即可打开对应网站。

2. 设置浏览器主页

【操作步骤】

1)单击浏览器右上角“…”图标→“设置”→“常规”选项卡的“Microsoft Edge 打开方式”选项中选择“特定页”,并在地址框中输入 www. baidu. com,如图 6-10 所示,单击“保存”后,便可以将“百度”首页设置为 Microsoft Edge 首页。

图 6－9　Microsoft Edge 浏览器窗口

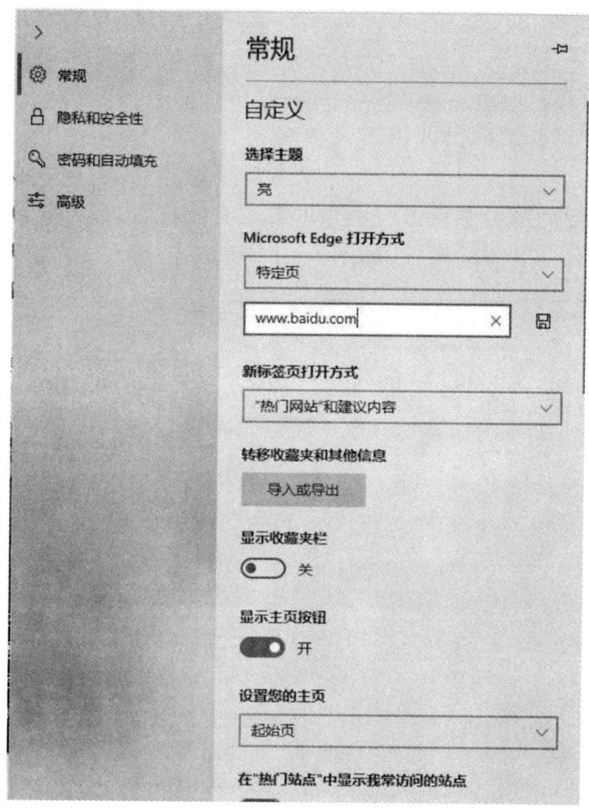

图 6－10　设置浏览器主页

3)配置完主页后,下次打开 Microsoft Edge 浏览器就会自动打开“百度”首页。

3. 收藏夹的使用

我们在浏览 Web 页的过程中,有可能需要将页面的网址收藏,以便下次打开浏览。

(1)将 Web 页面网址添加到收藏夹。

【操作步骤】

在 Microsoft Edge 浏览器地址栏中输入百度网址(https://www.baidu.com),打开百度首页。点击地址栏右边的收藏夹图标,出现收藏夹窗口,设置好网页的名称及保存位置,再点击“添加”按钮即可完成收藏,如图 6-11 所示。

图 6-11　添加网址进收藏夹

(2)打开收藏夹中已收藏的网址。

【操作步骤】

在 Microsoft Edge 浏览器中点击右上角的收藏夹图标,出现已收藏网页名称列表,点击列表中的网页名称即可打开对应的网址,如图 6-12 所示。

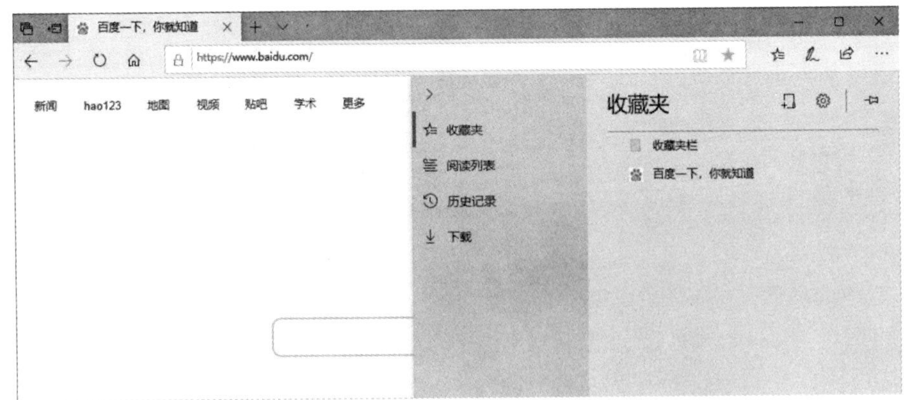

图 6-12　打开收藏的网址

4. 查看下载内容

【操作步骤】

(1)点击浏览器右上角的"设置及其他(Alt+F)"图标,并在弹出的菜单中点击"下载"菜单项,如图 6-13 所示。

图 6-13　选择"下载"菜单项

(2)在"下载"列表中查看已下载的文件,并可点击"打开文件夹"来打开文件所在的文件夹,如图 6-14 所示。

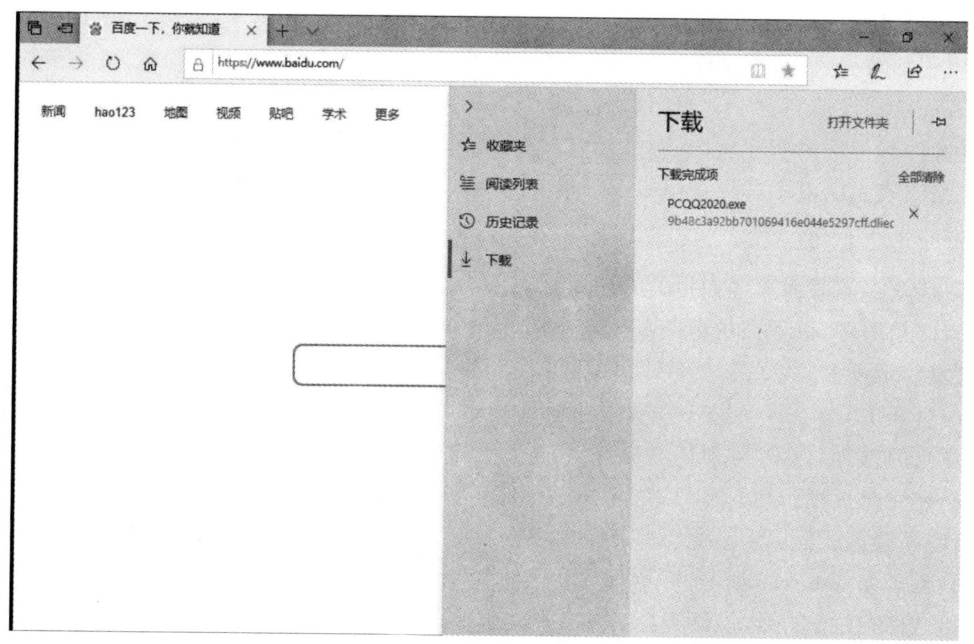

图 6-14　"下载"列表

同步练习

设置百度主页为浏览器的默认主页，并且将“广西科技大学”网址添加到收藏夹。

6.3 收发电子邮件

6.3.1 实验目的

- 了解电子邮件的工作原理。
- 申请电子邮箱。
- 掌握使用浏览器收发电子邮件及进行启用邮箱 POP3 及 SMTP 功能。
- 配置 Foxmail 客户端软件及收发邮件。

6.3.2 实验内容

1. 电子邮件的工作原理

电子邮件是一种基于网络通信的信息传递方式，其工作原理与历史悠久的邮政业务相类似。在传统的邮政服务体系中，用户向所在地邮局申请信箱，邮政系统将用户的邮件投送至收件人所在的邮局相应信箱内，待收件人至邮局收取邮件。在电子邮件业务系统中，用户向电子邮箱服务商注册电子邮箱(相当于传统邮政业务的向邮局申请信箱)，用户通过电子邮箱向收件人发送电子邮件的过程是将邮件传送至自己的电子邮箱服务器的邮件服务器，再由该服务器将电子邮件传送至收件人邮箱所在的邮件服务商服务器，收件方的邮件系统将收到的邮件存储于服务器中，待收件人来收取邮件。

在电子邮件传输过程中，用户将邮件发送至邮件服务器及两个邮件服务器之间传输邮件使用的是 SMTP(简单邮件传输协议)，用户将邮件从服务器收取至本地计算机中使用的是 POP3(邮局协议第 3 版)。

电子邮箱格式由“邮箱账号@域名”的方式来表示，其中“邮箱账号”一般为用户向电子邮箱服务商申请注册时自定义的用户名；“@”为固定格式分隔符，用于界定邮箱账号及域名；“域名”为邮件服务器的所在域，不同邮件服务商拥有各不相同的域。在互联网上以“邮箱账号@域名”格式表示的电子邮箱全局唯一。

2. 申请免费的电子邮箱

目前众多互联网服务商提供有电子邮箱服务，其中部分服务商(如网易、新浪、腾讯等)提供免费邮箱服务，以下以申请网易 126 邮箱为例介绍申请邮箱的方法。

【操作步骤】

1)打开 Microsoft Edge 浏览器，在地址栏上输入 https://mail.126.com，打开网易邮箱服务主页的首页，点击“注册网易邮箱”将进入注册页面，如图 6－15 所示。

2)在注册页面中填写账号名、密码、手机号信息并勾选“同意《服务条款》、《隐私政策》和《儿童隐私政策》”后，点击“立即注册”，如图 6－16 所示。

3)点击如图 6－16 所示的“立即注册”后，页面显示如图 6－17 所示的二维码，此时需要使用手机软件扫描该二维码。

图 6-15 网易邮箱服务主页

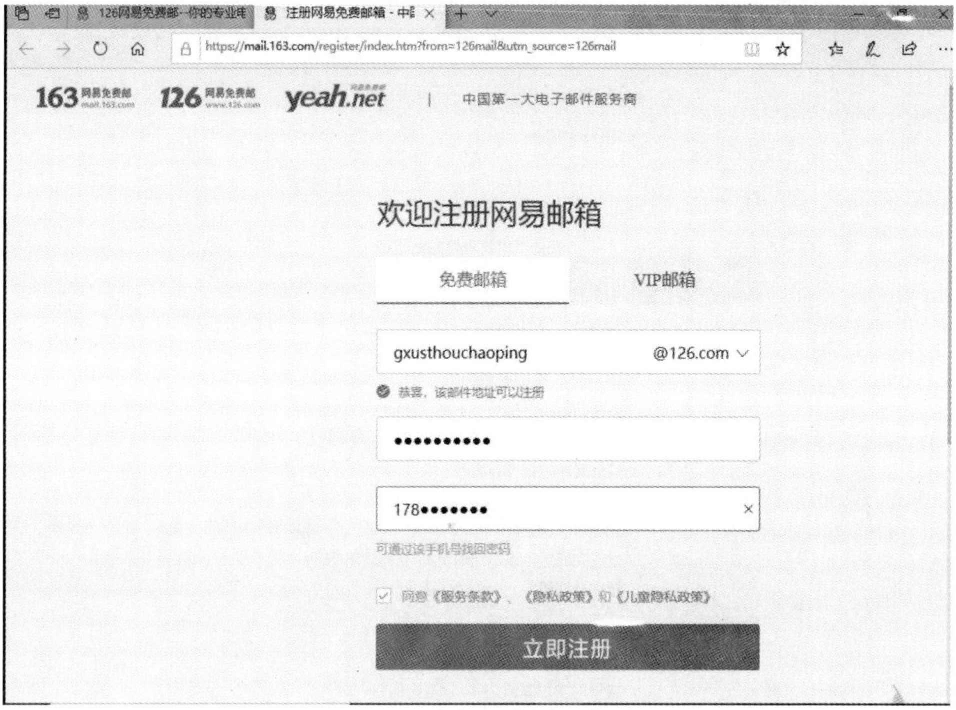

图 6-16 注册邮箱界面

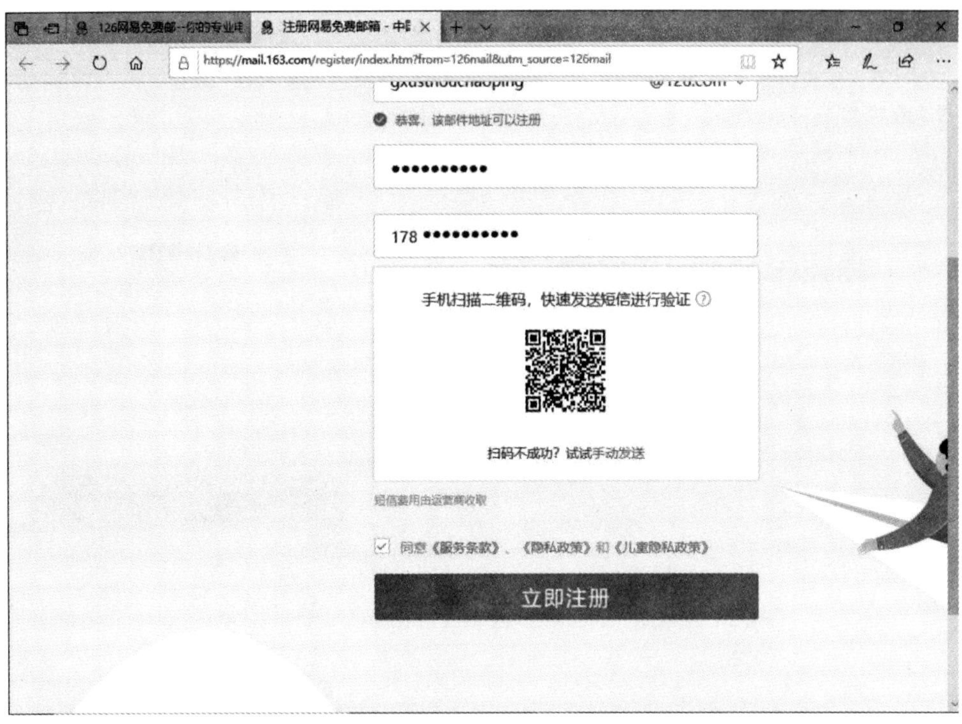

图 6-17　邮箱绑定手机验证二维码

4)使用手机扫描二维码后，手机收到短信验证提示，此时点选“手动发送短信”，如图6-18所示。

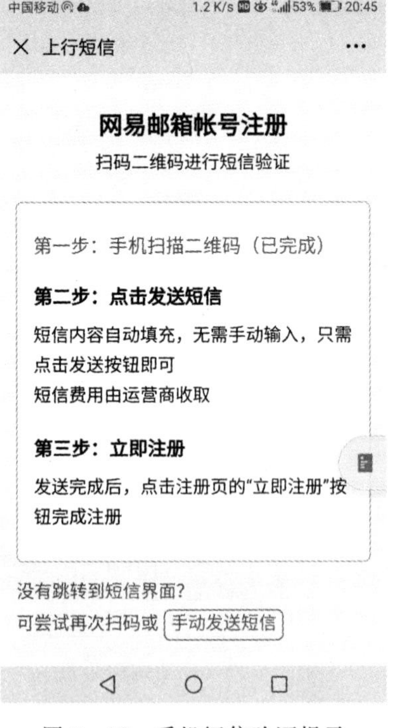

图 6-18　手机短信验证提示

5)点选“手动发送短信”后，进入手机编辑短信界面，此时将该短信发送至网易邮箱运营商进行邮箱绑定手机验证，如图 6－19 所示。

图 6－19　发送短信至网易邮箱运营商进行邮箱绑定手机验证

6)完成手机短信验证后，再次点击如图 6－17 所示的“立即注册”，即获得注册成功的提示，如图 6－20 所示。此时可点击“进入邮箱”按钮进入新注册的邮箱。

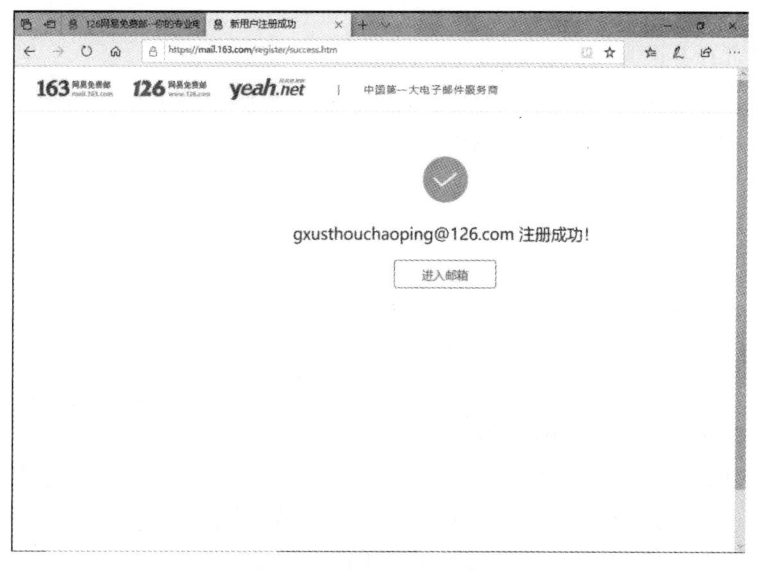

图 6－20　邮箱注册成功界面

3. 掌握使用浏览器收发电子邮件及进行启用邮箱 POP3 及 SMTP 功能

【操作步骤】

1)进入邮箱后，浏览器显示邮箱主界面，可以在该界面中点击“收信”及“写信”分别进行相应操作，如图 6-21 所示。

图 6-21 网易 126 邮箱主界面

2)查收邮件。点击如图 6-21 所示的“收信”可查看邮箱中收到的邮件，在邮件列表中点击邮件主题即可查看该邮件内容，如图 6-22 所示。

3)写邮件。点击如图 6-21 所示的“写信”进入新邮件编辑页面，在该界面中分别填入收件人邮箱、邮件主题、邮件正文及添加附件后，点击“发送”按钮即可将邮件发送到收件人的邮箱，如图 6-23 所示。

4)配置允许使用邮件客户端软件(如 Foxmail、Outlook)收发邮件。在邮箱页面中点击“设置”按钮并在弹出的菜单中点选“POP3/SMTP/IMAP”菜单项，如图 6-24 所示。

5)点击图 6-24 中的“POP3/SMTP/IMAP”菜单项后，进入设置 POP3 及 SMTP 服务功能界面，在该界面中启用 POP3 及 SMTP 服务功能，如图 6-25 所示。

6)在图 6-25 中点击“启用”后，出现如图 6-26 所示界面，根据相应提示使用邮箱绑定的手机扫描二维码并发送短信至网易邮箱服务商，然后点击“我已发送”。

7)点击“我已发送”后，出现如图 6-27 所示界面，请记录 POP3 及 SMTP 登录授权密码，待今后使用客户端软件登录邮箱时使用。启用该功能后邮箱用户可以在电脑上安装 Foxmail 等邮件客户端收发邮件(无需再打开浏览器登录网页邮箱)。

图 6 - 22　查看邮箱邮件列表

图 6 - 23　编写并发送邮件

图 6-24　设置 POP3 及 SMTP 服务功能

图 6-25　启用 POP3 及 SMTP 服务功能

图 6-26　启用 POP3 账号安全验证

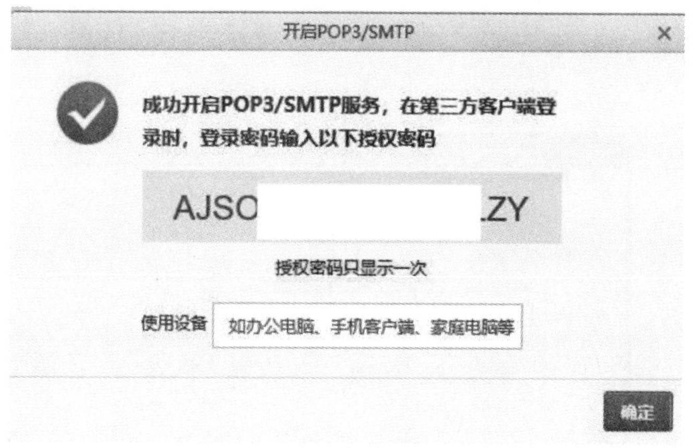

图 6-27　开启邮箱 POP3 及 SMTP 并生成登录授权密码

4. 配置 Foxmail 客户端软件及收发邮件

【操作步骤】

1)在 Microsoft Edge 浏览器中打开 https://www.foxmail.com/(Foxmail 官方网站)，下载并安装 Foxmail 客户端软件至电脑中。

2)双击电脑桌面"Foxmail"快捷方式启动 Foxmail 软件，首次启动时出现如图 6-28 所示的"新建账号"窗口，在此窗口中点选"其它邮箱"。

3)点选"其它邮箱"将出现邮箱账号及密码配置窗口，如图 6-29 所示。在该窗口中点击"手动设置"。

4)在图 6-29 中点击"手动设置"后，出现新建账号信息配置窗口，在此窗口中"接收服务器类型"选取"POP3"，"邮件账号"为此前申请的邮箱账号，"密码"为在图 6-27 中开启邮箱 POP3 及 SMTP 功能时生成的授权密码(该密码为非 web 页面登录邮箱的密码)，"POP 服务器"填写"pop.126.com"，"SMTP 服务器"填写"smtp.126.com"。上述信息填写完毕后点击"创建"按钮，若账号及密码信息正确，Foxmail 将在软件中为用户创建该邮箱账号并进入

Foxmail 软件主界面。

图 6-28 "新建账号"窗口

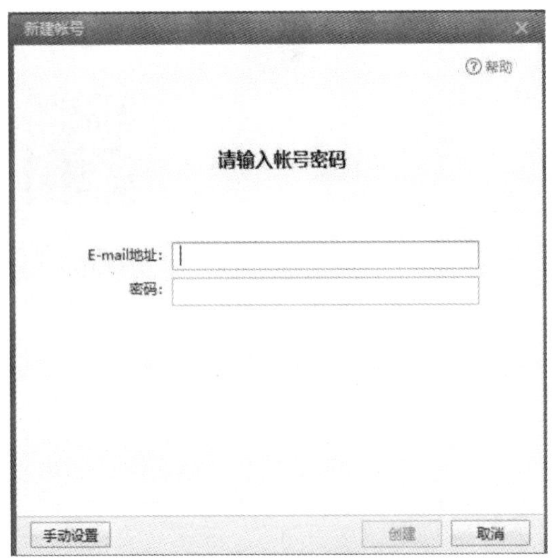

图 6-29 配置账号和密码

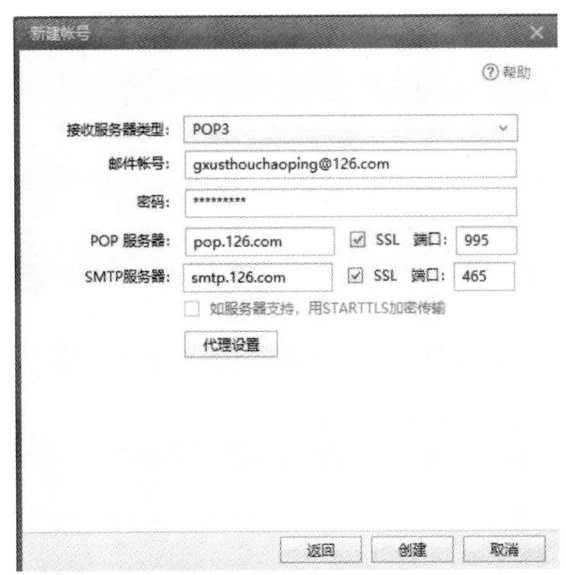

图 6-30 手动配置账号、密码及服务器信息

5)在 Foxmail 软件主界面。点击"收取",Foxmail 会将邮箱的新邮件从服务器上下载至本地电脑 Foxmail 软件的收件箱中,收到的邮件显示于收件箱邮件列表中。点击"写邮件"则会弹出新邮件编辑窗口。

6)点击"写邮件",在出现的"写邮件"窗口中填写收件人邮箱、邮件主题、邮件正文及添加邮件附件后,点击窗口左上角"发送"按钮即可将邮件发送至对方邮箱,如图 6-32 所示。已发送的邮件保存于 Foxmail 软件的"已发送邮件"列表中。

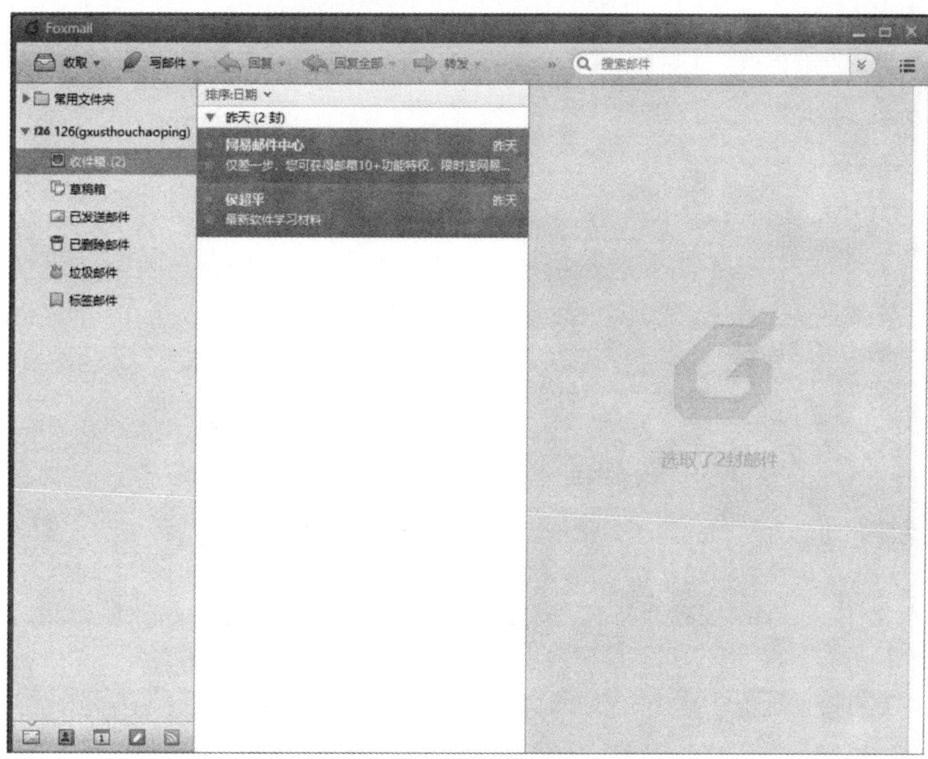

图 6－31　Foxmail 软件主界面

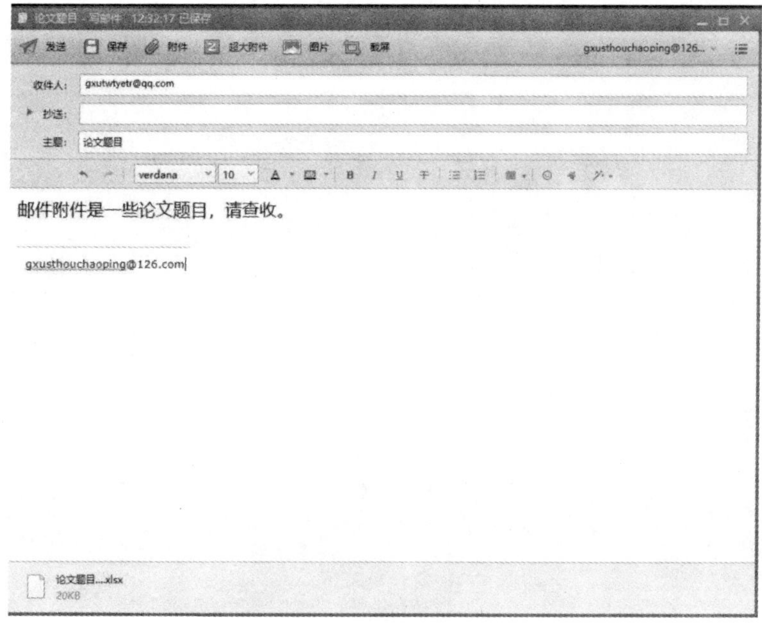

图 6－32　“写邮件”窗口

同步练习

在邮件服务器申请一个邮箱，并且在 Foxmail 客户端完成账号配置。

6.4 下载文件

6.4.1 实验目的

- 下载协议及工具。
- 掌握使用迅雷软件下载文件。

6.4.2 实验内容

1. 下载协议及工具

下载是指将文件从远程服务器传输至本地计算机中，使用的常用的传输协议有 ftp、http、bt、磁力等，下载传输的模式有 C/S、p2p 等。一般 web 浏览器会支持 ftp、http 等 C/S 的传输协议下载文件，bt、eMule 、磁力等 p2p 传输方式的文件下载需要使用专门的下载工具(如迅雷、电驴等)进行下载。下面以目前国内用户常用的下载工具软件“迅雷”为例，讲述下载过程。

2. 下载并安装迅雷软件

【操作步骤】

1)打开 Microsoft Edge 浏览器，在地址栏中输入 https://www.xunlei.com，打开迅雷官方网站，点击“立即下载”，然后将迅雷 11 软件安装包保存至本地计算机中，如图 6-33 所示。

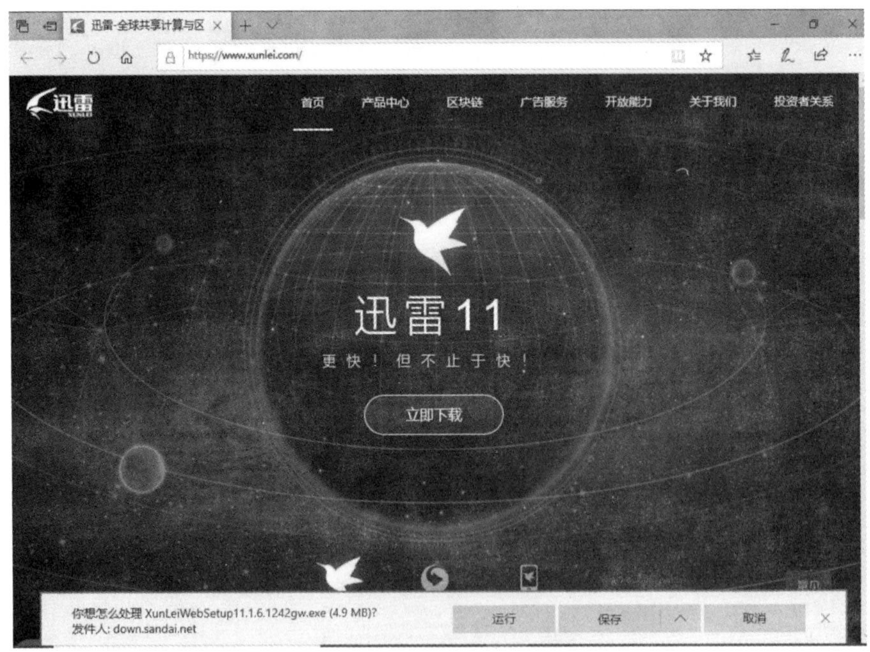

图 6-33 从迅雷官网下载迅雷软件

2）打开迅雷 11 软件安装包保存的文件夹，并运行迅雷 11 软件安装包，将出现图 6－34 界面，根据相应提示进行软件安装。

图 6－34　迅雷 11 软件安装界面

3. 配置及使用迅雷 11 软件下载文件

迅雷软件安装后，将会监视 Windows 系统中的常用 web 浏览器工作情况，若浏览器进行下载文件操作，则迅雷软件会自动启动并接管该下载操作，下载功能由迅雷软件接替原 web 浏览器执行，需要监视的 web 浏览器可在迅雷软件中进行配置。同时，可以在迅雷软件配置监视的下载文件类型，若下载的文件在预设的文件类型列表中，则由迅雷软件接替原 web 浏览器执行，否则由原 web 浏览器继续执行下载任务。

【操作步骤】

1）在迅雷软件主界面的左下角点击“主菜单”，并在弹出的菜单项中点击“设置中心”菜单项，打开设置中心，如图 6－35 所示。

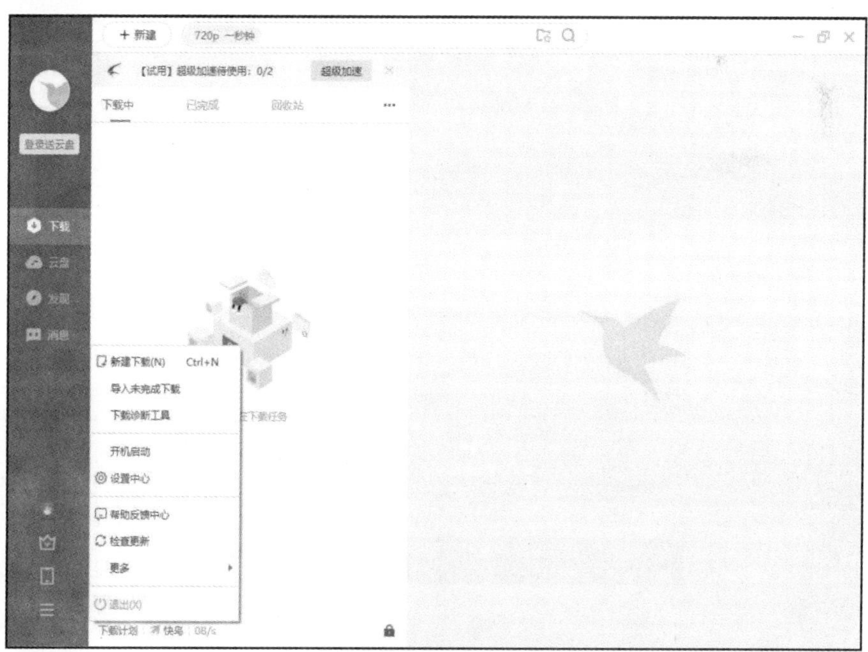

图 6－35　迅雷软件主界面及设置中心

2)配置接管设置及下载设置。根据实际需要配置由迅雷软件接替的内容项,如图 6-36 所示。

图 6-36　配置接管设置及下载设置

3)创建下载任务。当迅雷接管浏览器执行下载任务或手动创建一个下载任务时,将弹出下载任务窗口,如图 6-37 所示。在此窗口中可以更改默认下载目录。

图 6-37　新建下载任务

4)点击“立即下载”,正在下载的任务会出现在“下载中”列表内,如图 6-38 所示。

图 6-38　迅雷正在下载的任务

下载结束后,已下载的任务出现在“已完成”列表内,如图 6-39 所示。

图 6-39　迅雷完成下载的任务

同步练习

使用迅雷下载电影《开国大典》到 D 盘。

第 7 章　数据库技术基础开发与应用

7.1　Access 数据库的基本操作

7.1.1　实验目的

· 熟悉 Access 的工作环境。
· 掌握数据库的创建方法。
· 掌握数据库的打开和保存方法。

7.1.2　实验内容

在 D 盘(或其他盘符下)新建一个文件夹“第 7 章实验”。将本章实验所创建的文件都保存到该文件夹里。

本节实验主要是建立一个空的数据库。

1. *启动* Access 2016

采用下述任意一种方法可以启动 Access 2016 应用程序,启动界面如图 7－1 所示。

【操作步骤】

方法 1:在 Windows 桌面上,单击任务栏上的“开始”按钮,选择“所有程序”→“Microsoft Office”→“Microsoft Office Access 2016 ”程序项。

方法 2:双击桌面上的“Microsoft Access 2016 ”快捷方式图标。

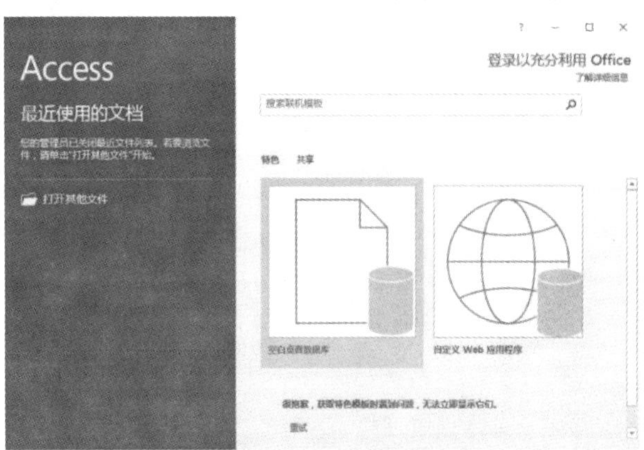

图 7－1　Access 启动界面

2. 创建空数据库

在图 7－1 所示界面里选择“空白桌面数据库”，然后通过下面操作创建一个名为“教学管理.accdb”的空数据库。

【操作步骤】

1）单击图 7－1 所示界面的“空白桌面数据库”图标，在弹出的如图 7－2 所示的“空白桌面数据库”对话框中，选择保存路径为“D:\第 7 章实验”，默认保存类型为“＊.accdb”，输入文件名为“教学管理”。

2）单击图 7－2 所示界面的“创建”按钮，完成空数据库“教学管理”的创建，界面如图 7－3 所示。

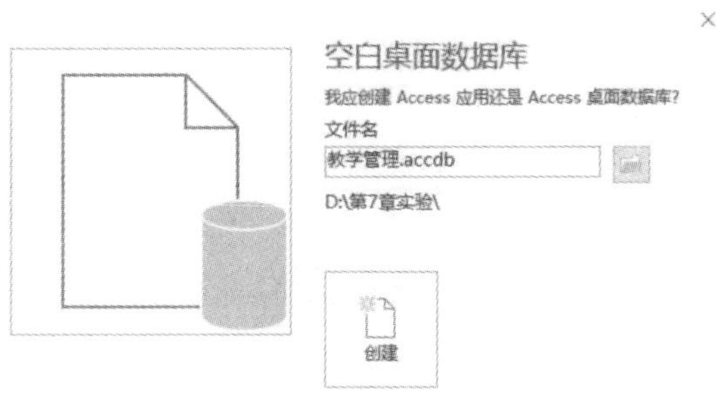

图 7－2　“空白桌面数据库”对话框

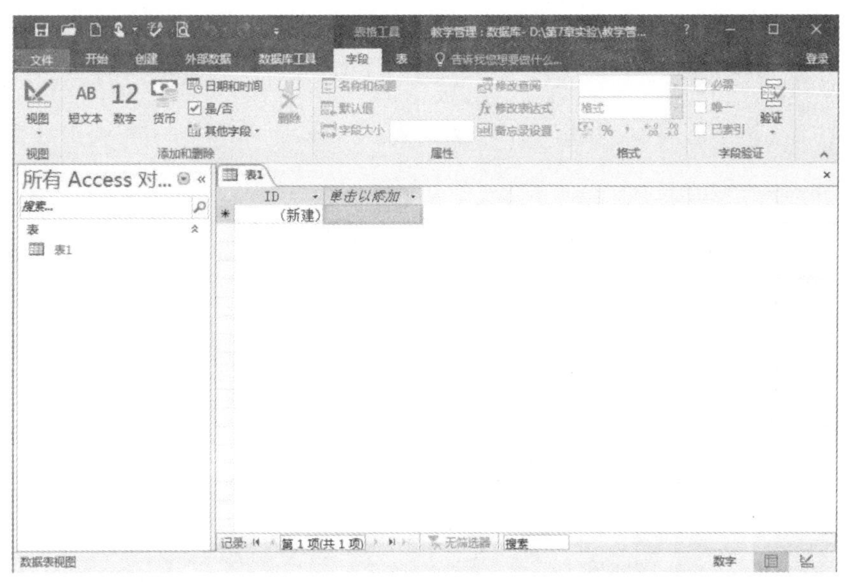

图 7－3　创建的空数据库“教学管理.accdb”

3. 关闭打开的数据库

在图 7－3 所示界面中，单击选项卡“文件”→“关闭”，此时将关闭数据库“教学管理”，但不会退出 Access。关闭打开的数据库后的界面如图 7－4 所示。

而下面两种方法在关闭打开的数据库的同时会退出 Access。

方法一：单击数据库窗口右上角的“关闭”按钮。

方法二:单击选项卡“文件”→“退出”。

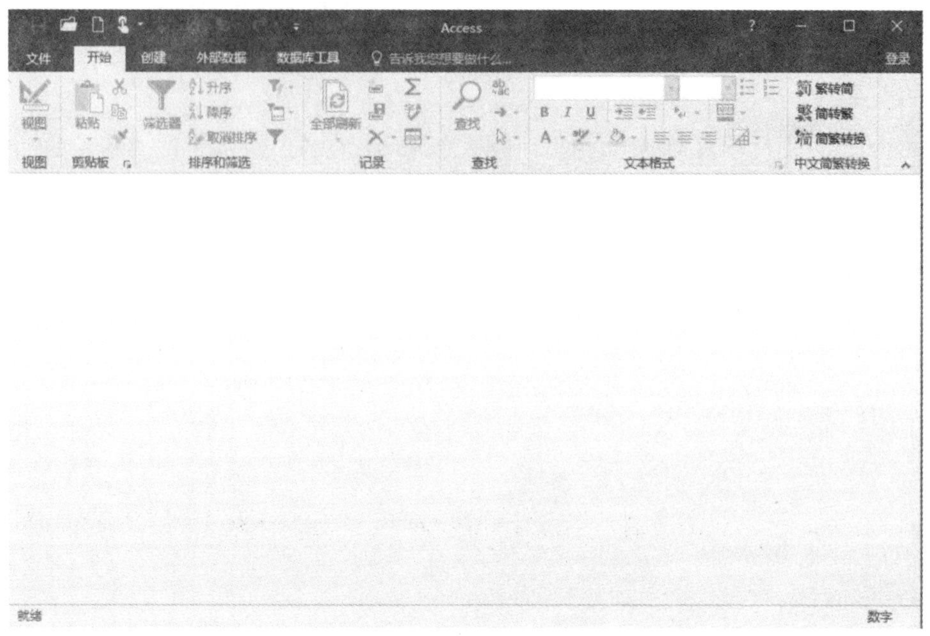

图 7-4　关闭数据库后的界面

4. 打开已经创建的数据库

【操作步骤】

1)在图 7-4 所示的界面,单击“文件”→“打开”,在如图 7-5 所示界面中选择下方的“浏览”按钮。

图 7-5　“打开”列表

2)在图 7－6 所示界面中，选择要打开的“教学管理”数据库，单击“打开”按钮打开数据库“教学管理”，此时界面如图 7－3 所示。

注意：在图 7－6 所示界面中，单击“打开”按钮右侧的下三角▼，可以选择打开方式：打开、以只读方式打开、以独占方式打开、以独占只读方式打开。

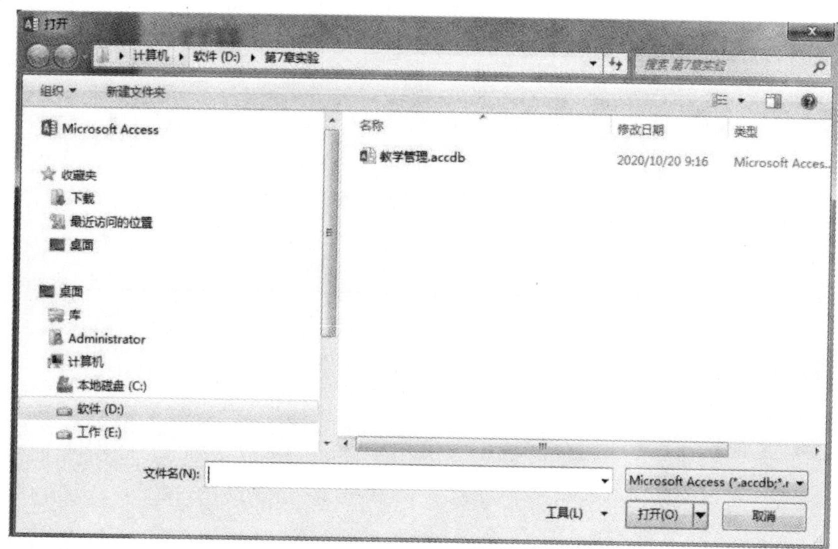

图 7－6　打开对话框

同步练习

新建一个空的数据库“学生管理. accdb”，关闭后再重新打开该数据库。

7.2　创建数据表

7.2.1　实验目的

- 掌握使用“设计视图”创建数据表的方法。
- 掌握使用“数据表视图”创建数据表的方法。
- 掌握使用导入文件方式创建数据表的方法。
- 掌握主键的设置方法。

7.2.2　实验内容

7.1 节创建的“教学管理. accdb”数据库是空数据库，本实验将为该数据库添加四张数据表：教师表、学生表、课程表、成绩表。

1. 使用“设计视图”创建表

按照下列步骤给“教学管理. accdb”数据库添加第一张表：教师表。教师表的结构见表 7－1 。

表 7－1　教师表结构

字段名	类型	字段大小	格式
教师编号	短文本	4	
姓名	短文本	4	
性别	短文本	1	
年龄	数字	整型	
参加工作时间	日期/时间		短日期
职称	短文本	3	
系别	短文本	10	
联系电话	短文本	11	

【操作步骤】

1)打开“教学管理.accdb”数据库。

2)单击“创建”选项卡，在“表格”功能区中单击“表设计”按钮，此时界面将如图 7－7 所示。

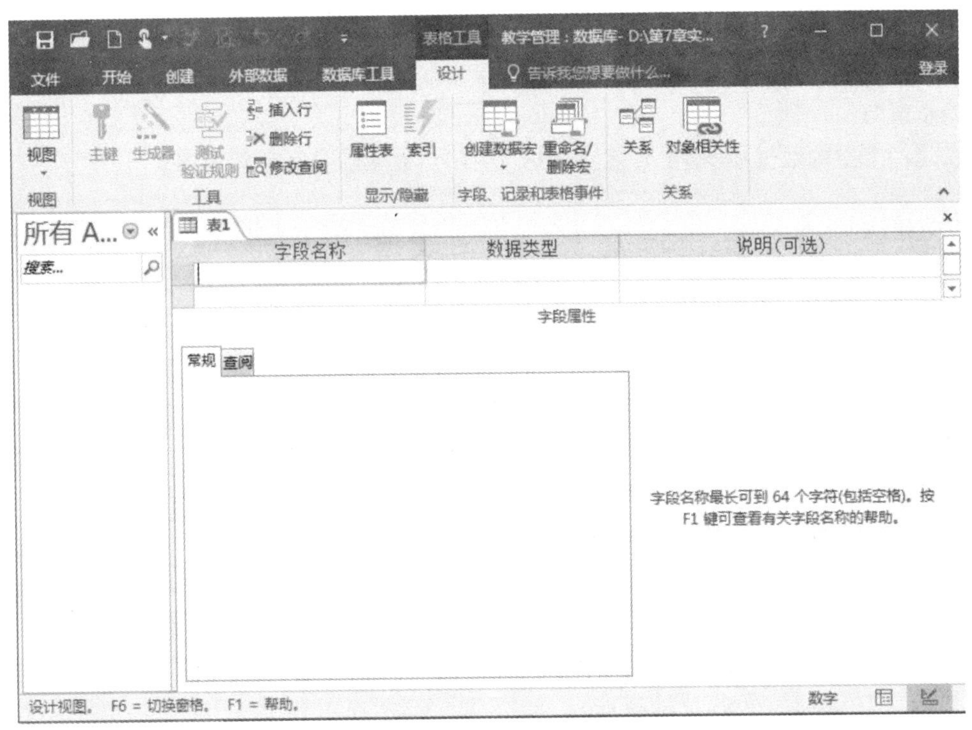

图 7－7　“设计视图”界面

3)将表 7－1 的内容对应输入到图 7－7 的“表 1”中。在图 7－7 的“字段名称”列输入对应的字段名，在“数据类型”列选择对应的类型名，在“字段属性”窗格中设置字段大小和格式，完成后的界面如图 7－8 所示。

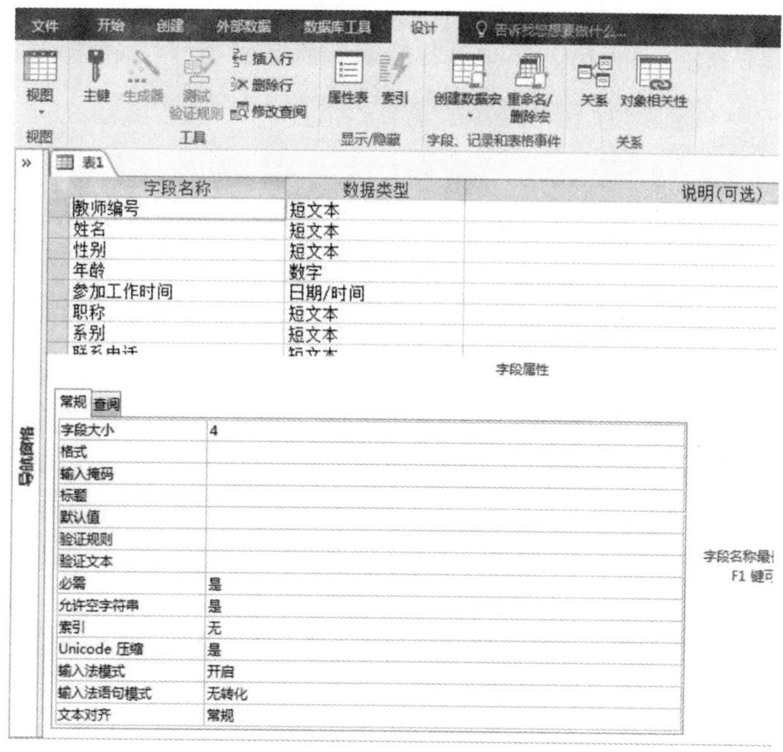

图 7－8　“表 1”录入完成界面

4)在图 7－8 中选择“教师编号”字段，单击“表格工具”→“设计”→“工具”→“主键”按钮，将“教师编号”字段设置为本表的主键。此时在“教师编号”字段的左侧将出现主键的标识符号，即钥匙图标，如图 7－9 所示。

设置主键的另一种方法是：鼠标右键单击“教师编号”字段，在弹出的快捷菜单中选择“主键(K)”子菜单，完成主键设置。

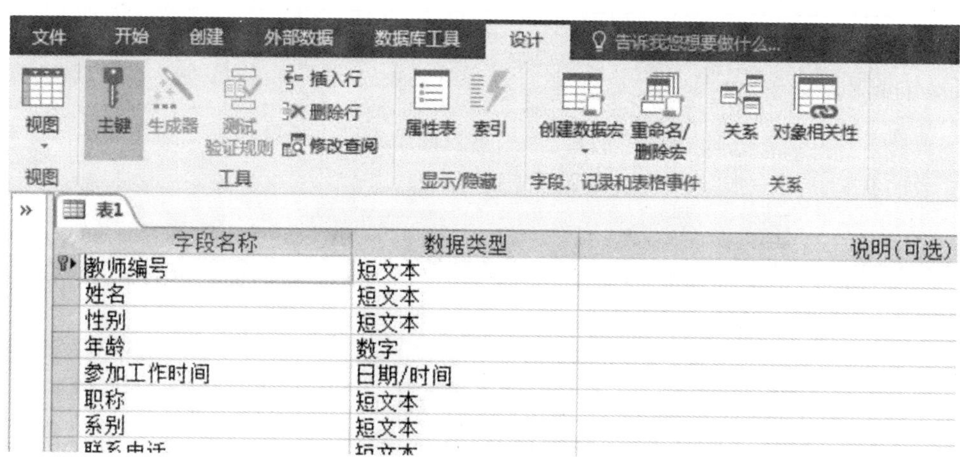

图 7－9　“教师编号”设置为主键后的界面

5)单击保存按钮,弹出"另存为"对话框,在表名称框中输入本表的名字"教师",单击"确定"按钮完成保存操作。此时图 7-9 中的表名"表 1"将变为"教师",如图 7-10 所示。

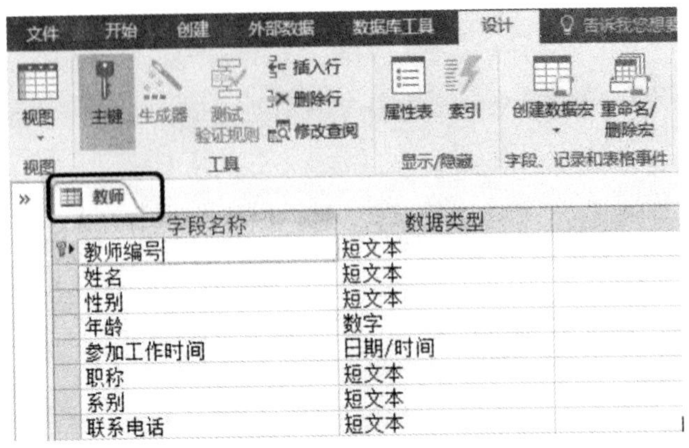

图 7-10　保存"教师"表后的界面

2. 使用"数据表视图"创建表

给"教学管理.accdb"数据库添加第二张表:学生表。学生表的结构见表 7-2。

表 7-2　学生表结构

字段名	类型	字段大小	格式
学生编号	短文本	10	
姓名	短文本	4	
性别	短文本	1	
年龄	数字	整型	
入校时间	日期/时间		短日期
住址	长文本		

【操作步骤】

1)在图 7-10 所示界面,单击"创建"选项卡,在"表格"功能区单击"表"按钮,此时将在"教师"表的右侧新增一张"表 1"表,如图 7-11 所示。

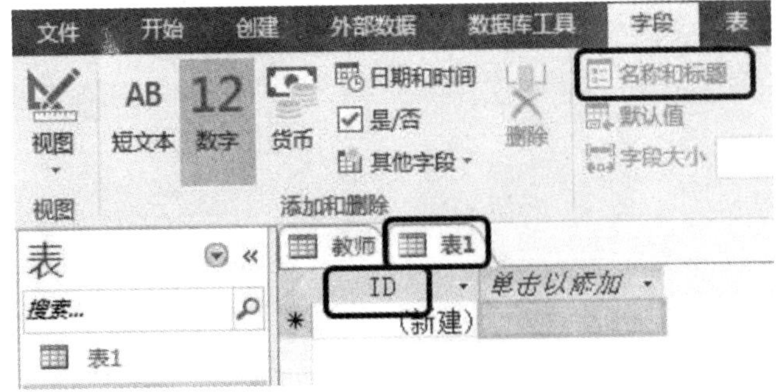

图 7-11　"数据表视图"创建表的初始界面

2)选中“ID”字段,单击“字段”选项卡的“属性”功能区的“名称和标题”按钮,弹出的对话框如图 7－12 所示,在“名称”后面的文本框中输入表 7－2 的第一个字段名称“学生编号”。单击“确定”按钮。此时“ID”字段的名称将变为“学生编号”,如图 7－13 所示。

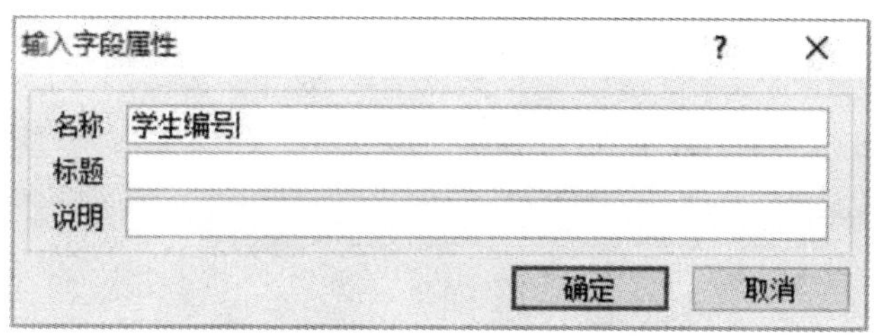

图 7－12　“输入字段属性”对话框

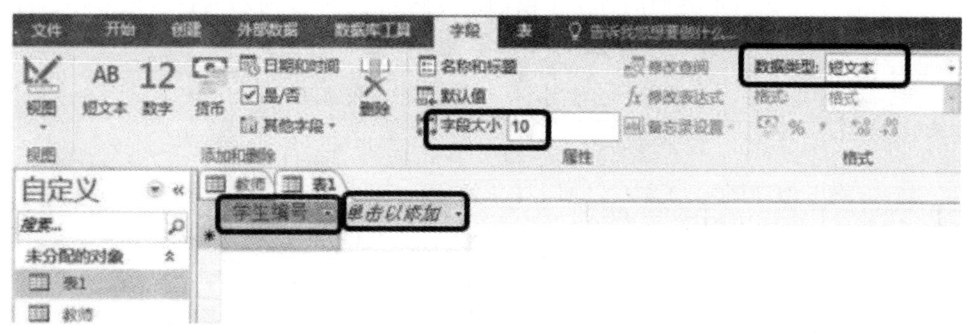

图 7－13　学生表的“学生编号”字段的格式和属性设置界面

3)选择“学生编号”字段,在如图 7－13 所示的界面单击“数据类型”右侧的下三角按钮,在弹出的列表中选择该字段的数据类型。在“属性”功能区的“字段大小”文本框中设置长度为 10。表 7－2 的第一个字段设置完成,下面将继续添加其他字段。

4)在“学生编号”字段的右侧“单击以添加”位置单击,在弹出的下拉菜单中选择表 7－2 的第二个字段的类型“短文本”,如图 7－14 所示,此时界面将如图 7－15 所示。将图 7－15 界面的“字段 1”改为表 7－2的第二个字段名“姓名”,此时界面将如图 7－16 所示。设置“姓名”字段的大小为 4。此时表 7－2 的第二个字段添加完成。

5)继续添加表 7－2 的其他字段。设置各个字段的格式和属性。学生表创建完成。保存“表 1”,命名为“学生”。此时数据库“教学管理. accdb”已经添加了两个表,如图 7－17 所示。

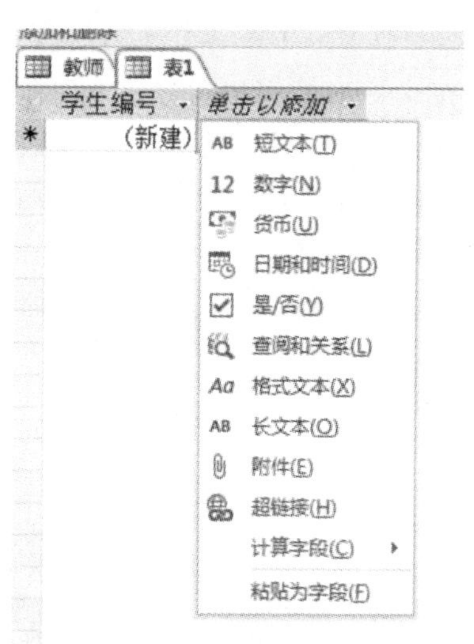

图 7－14　继续添加字段界面

图 7-15　选择字段类型之后的界面

图 7-16　更改字段名称后的界面

图 7-17　学生表创建完成的界面

6)在图 7-17 所示界面的各个字段的下方输入表 7-3 所示的各条记录,然后保存。

表 7-3　学生表内容

学生编号	姓名	性别	年龄	入校时间	住址
2014041101	张成	男	20	2014-9-9	广西柳州
2014041102	王军	男	20	2014-9-9	湖北武汉
2014041103	宋阳	女	19	2014-9-9	湖南郴州
2014041104	刘洋	男	20	2014-9-9	上海
2014041105	许林	女	21	2014-9-9	浙江杭州

3.通过导入文本文件来创建表

在 Access 中可以通过导入用存储在其他位置的信息来创建表。例如,可以导入 Excel 工作表、ODBC 数据库、其他 Access 数据库、文本文件、XML 文件及其他类型文件。

下面将通过导入文本文件的方式来给“教学管理.accdb”数据库添加第三张表:课程表。

【操作步骤】

1)首先建立一个文本文件,录入课程表的内容。单击“开始”菜单→“所有程序”→“附件”→“记事本”启动记事本,按图 7-18 所示格式输入数据,各项数据之间通过按 Tab 键分隔,最后以“课程.txt”为名保存。

课程.txt - 记事本

文件(F)　编辑(E)　格式(O)　查看(V)　帮助(H)

```
课程编号	课程名称	课程类别	学分
101	计算机导论	必修	3
102	高等数学	必修	4
103	大学物理	必修	4
104	大学英语	必修	3
105	音乐欣赏	选修	2
106	食品营养学	选修	2
```

图 7-18　课程表内容

2)单击“外部数据”选项卡,在“导入并链接”功能区单击“文本文件”按钮,如图 7-19 所示。

图 7-19　导入文件界面

3)在打开的“获取外部数据-文本文件”对话框中,单击浏览按钮,在打开的“打开”对话框中,选中导入数据源文件“课程.txt”,单击打开按钮,返回到“获取外部数据-文本文件”对话框,如图 7-20 所示,单击“确定”按钮。

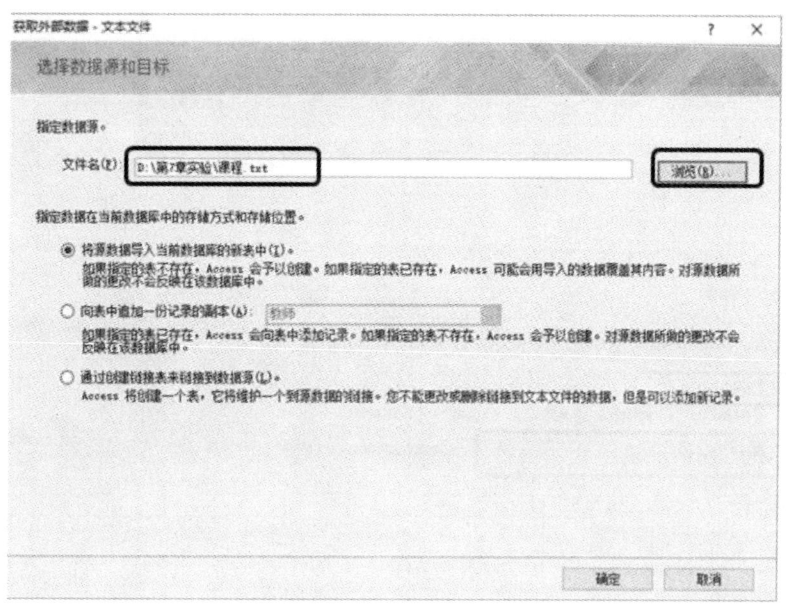

图 7-20　获取外部数据对话框

4)在打开的“导入文本向导”对话框中,如图 7-21 所示,直接单击“下一步”按钮。在如图 7-22 所示界面,选择字段分隔符,及选中“第一行包含列标题”复选框,然后单击“下一步”按钮。

5)在图 7-23 所示界面,设置“课程编号”字段的数据类型、索引,单击“下一步”按钮。

6)在图 7-24 所示界面,选择“我自己选择主键”,此时 Access 自动选定“课程编号”,然后单击“下一步”按钮。

7)在图 7-25 所示界面,在“导入到表”文本框中,输入“课程”,单击“完成”按钮,完成使用导入文本文件方法创建课程表。

此时,课程表中的六条记录也已经导入到课程表中,如图 7-26 所示。

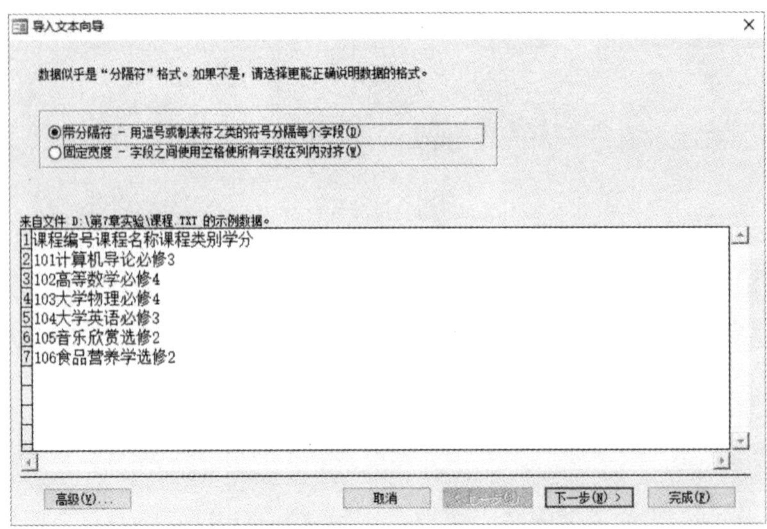

图 7 - 21　导入文本向导对话框

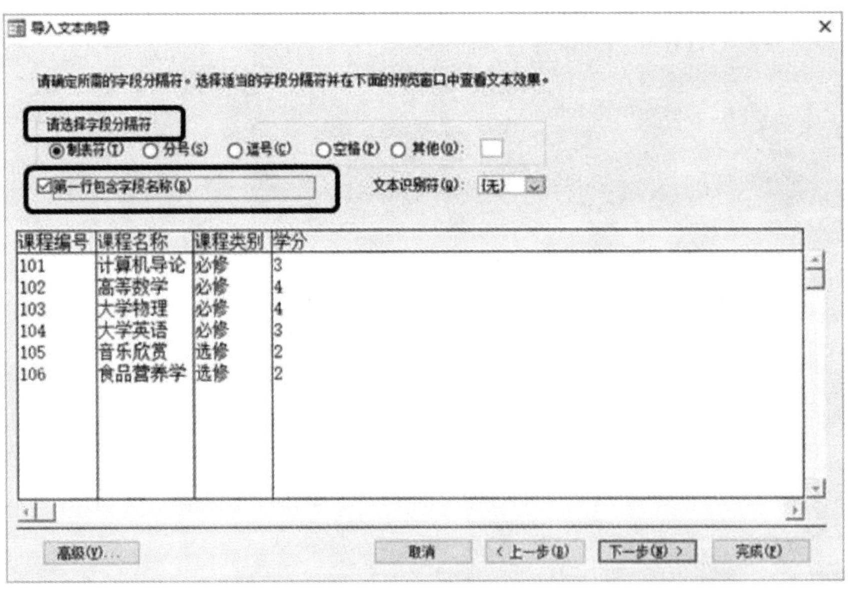

图 7 - 22　选择分隔符

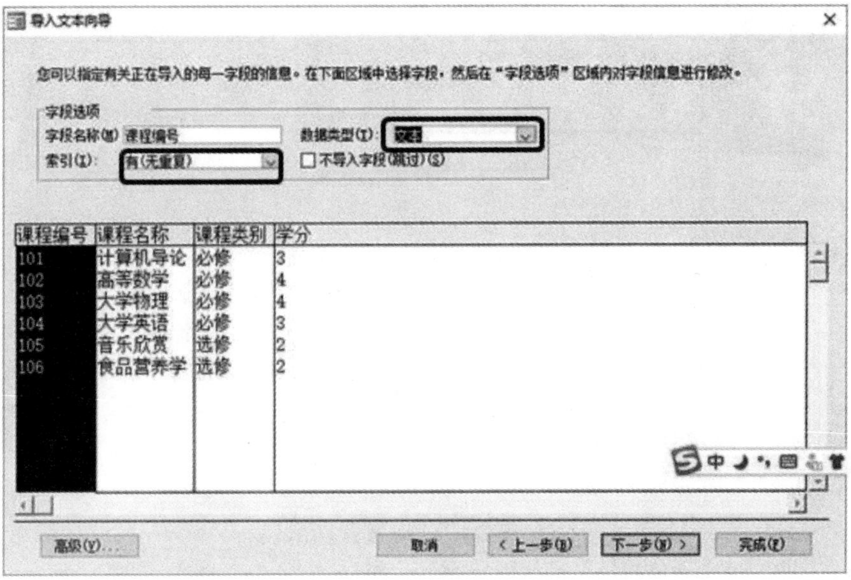

导入文本向导

您可以指定有关正在导入的每一字段的信息。在下面区域中选择字段，然后在“字段选项”区域内对字段信息进行修改。

字段选项
字段名称(M)：课程编号　数据类型(T)：文本
索引(I)：有(无重复)　☐不导入字段(跳过)(S)

课程编号	课程名称	课程类别	学分
101	计算机导论	必修	3
102	高等数学	必修	4
103	大学物理	必修	4
104	大学英语	必修	3
105	音乐欣赏	选修	2
106	食品营养学	选修	2

高级(V)...　取消　< 上一步(B)　下一步(N) >　完成(F)

图 7－23　设置字段

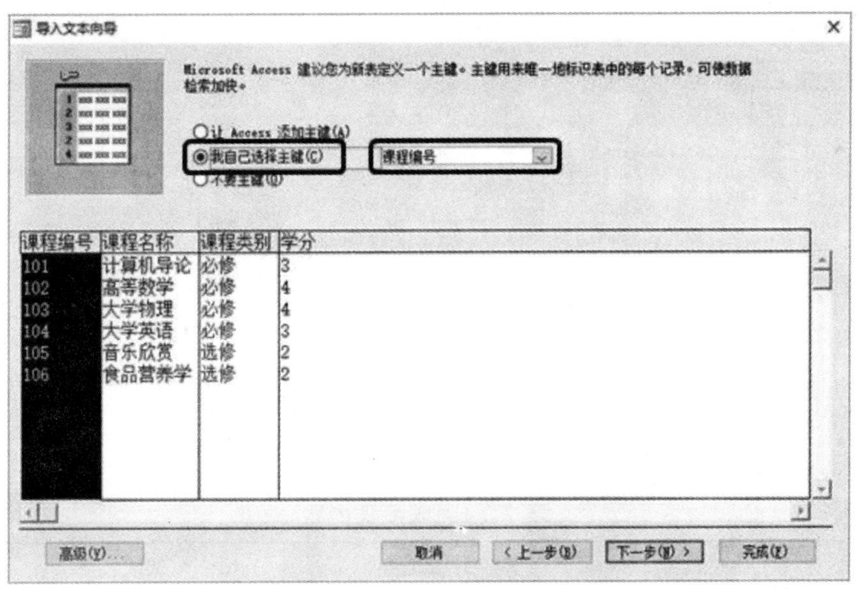

图 7－24　设置主键

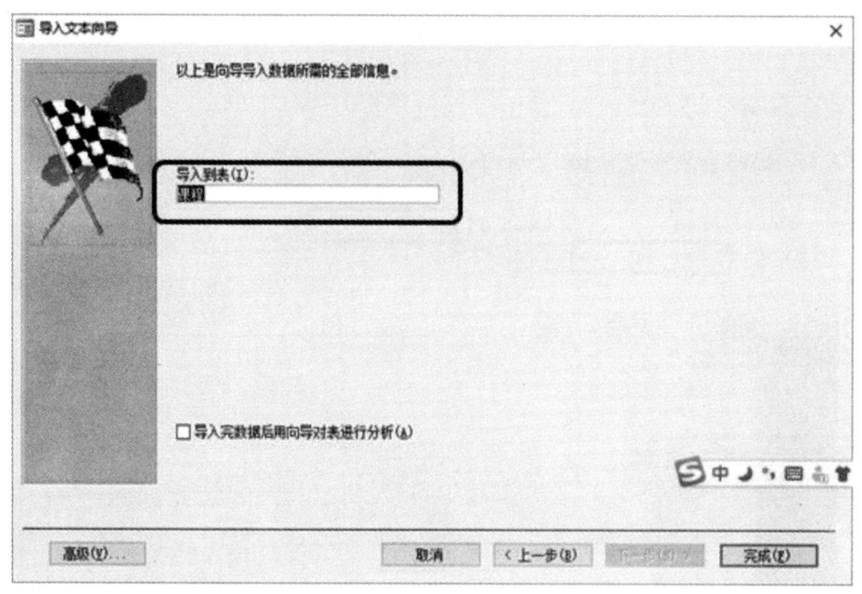

图 7-25　设置表名

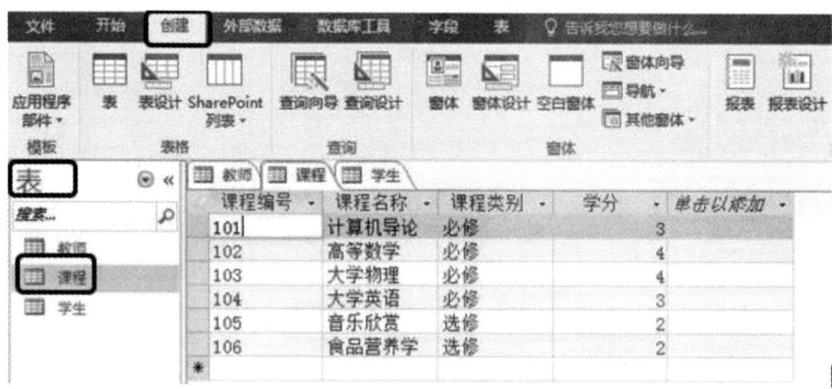

图 7-26　查看"课程表"记录

4.通过导入 Excel 文件来创建表

下面将通过导入 Excel 文件的方式来给"教学管理.accdb"数据库添加第四张表:成绩表。

【操作步骤】

(1)建立 Excel 文件"成绩.xlsx",内容见表 7-4。

表 7-4　成绩表内容

学生编号	课程编号	成绩
2014041101	101	90
2014041101	106	70
2014041102	101	85

续表

学生编号	课程编号	成绩
2014041102	102	70
2014041103	102	80
2014041103	103	80
2014041104	103	76
2014041104	104	80
2014041105	104	79
2014041105	105	85

2)单击“外部数据”选项卡，在“导入并链接”功能区单击“Excel”按钮。在打开的“获取外部数据-Excel 电子表格”对话框中选择文件“成绩.xlsx”，如图 7－27 所示，单击“确定”按钮。

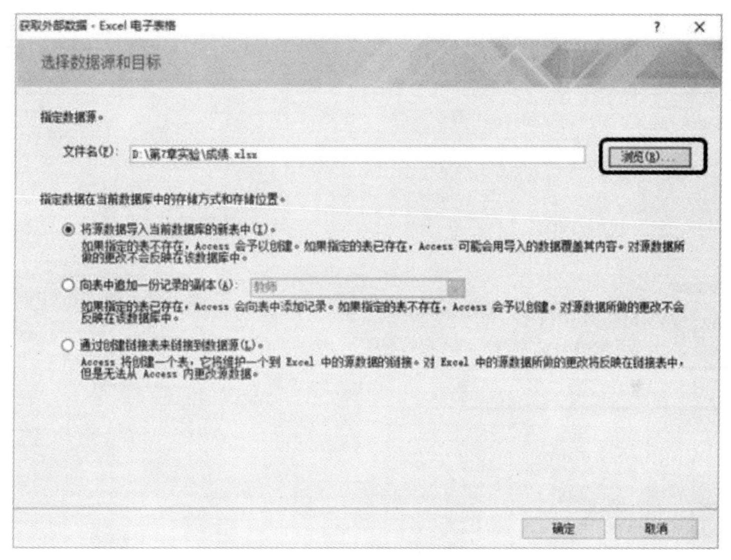

图 7－27　选定数据源

3)在图 7－28 界面选定工作表后直接单击“下一步”按钮；在图 7－29 所示界面勾选“第一行包含列标题”，单击“下一步”按钮。

4)在图 7－30 所示界面设置“学生编号”和“课程编号”的数据类型为“文本”，“成绩”数据类型为“整型”，单击“下一步”按钮。

5)在图 7－31 所示界面选择“不要主键”，单击“下一步”按钮。

6)在图 7－32 所示界面输入表名“成绩”，单击“完成”按钮，完成第四张数据表的创建。

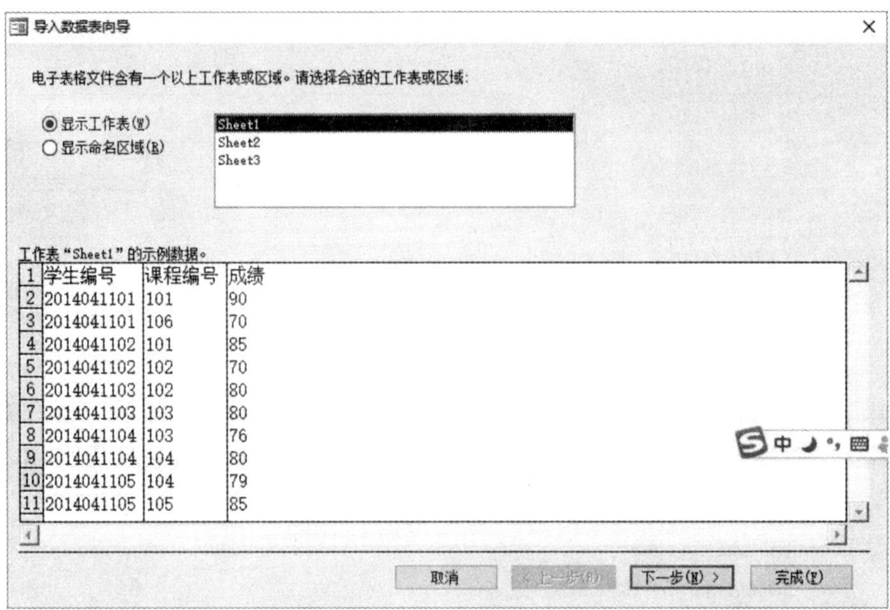

图 7-28　选定工作表

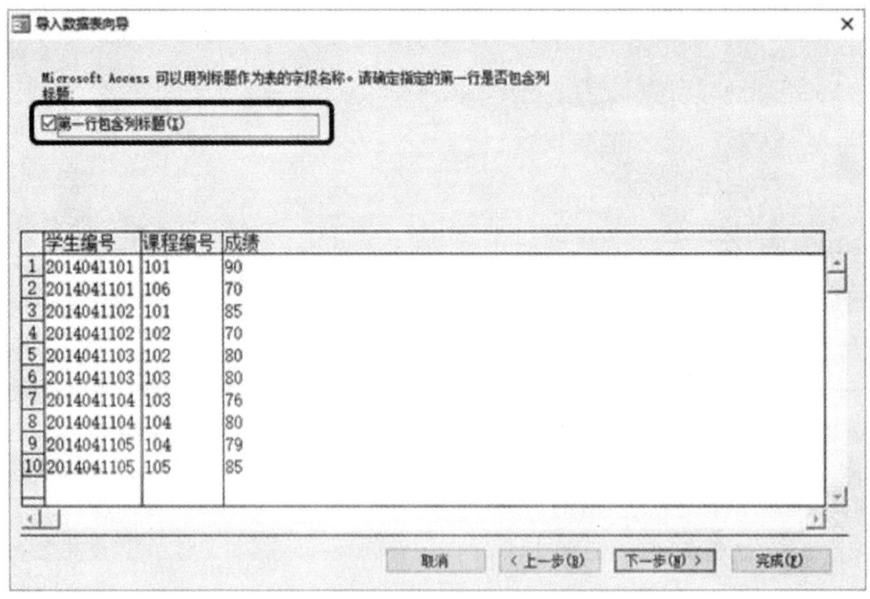

图 7-29　选定第一行包含列标题

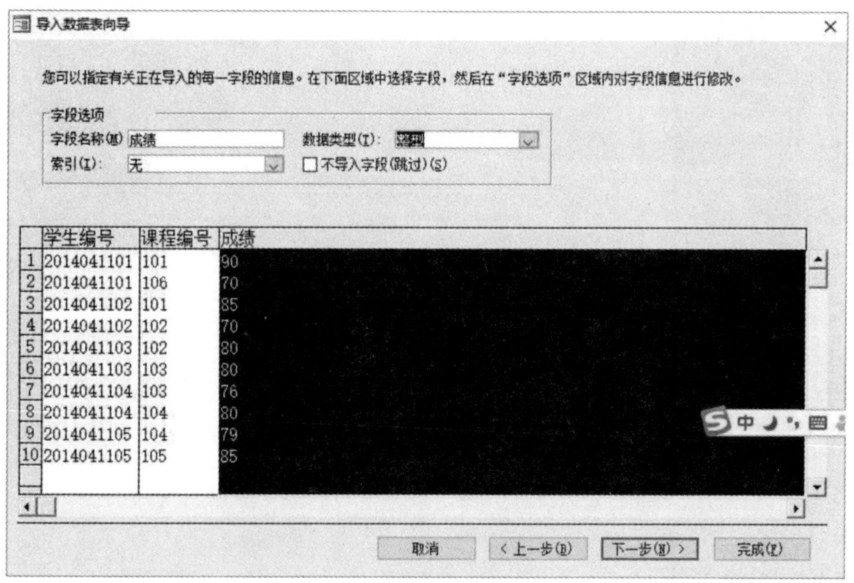

图 7-30　设置字段类型

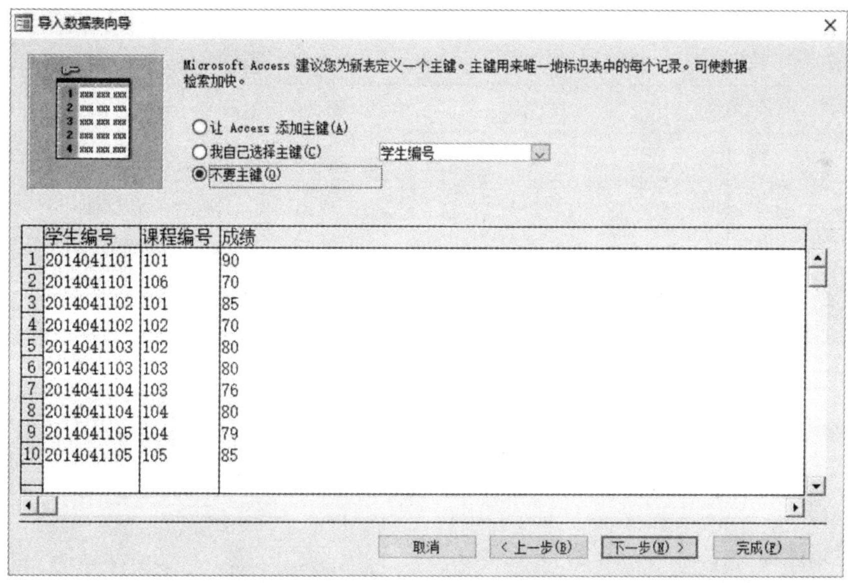

图 7-31　定义主键

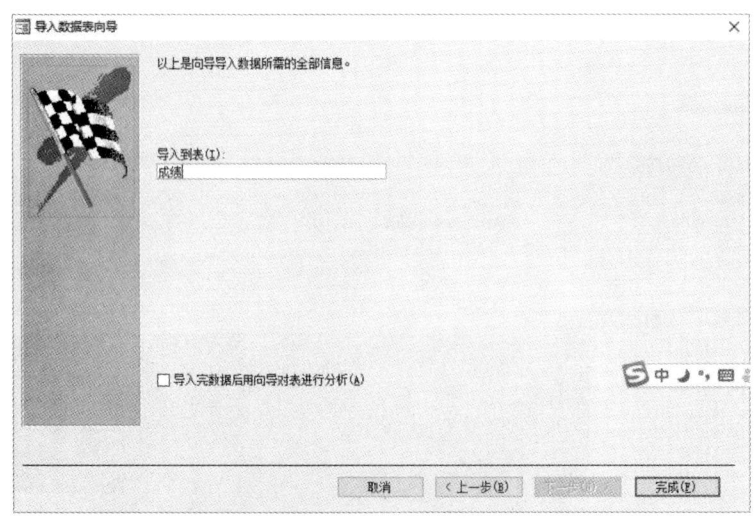

图 7-32　设置表名

同步练习

1. 给数据库“学生管理.accdb”添加一张数据表，结构见表 7-5。

表 7-5　学生表结构

字段名称	数据类型	字段大小	格式
学号	短文本	8	
姓名	短文本	8	
性别	短文本	1	
年龄	数字	整型	
籍贯	短文本		
注册时间	日期/时间		短日期

2. 设置学生表的“学号”字段为主键。

7.3　数据表结构的基本操作

7.3.1　实验目的

· 掌握修改数据表结构的方法。

7.3.2 实验内容

1. 修改“学生”数据表结构

为“学生”数据表增加两个字段“是否团员”“照片”，修改为表 7-6 所示结构。

表 7－6　“学生”表结构

字段名	类型	字段大小	格式
学生编号	短文本	10	
姓名	短文本	4	
性别	短文本	1	
年龄	数字	整型	
入校时间	日期/时间		短日期
是否团员	是/否		是/否
住址	长文本		
照片	OLE 对象		

【操作步骤】

1)打开“教学管理.accdb”数据库。

2)在图 7－33 所示界面，双击“学生”表，此时是以数据表视图方式打开的数据表。单击“视图”按钮，选择“设计视图”，切换到设计视图方式来修改表的结构，如图 7－34 所示。

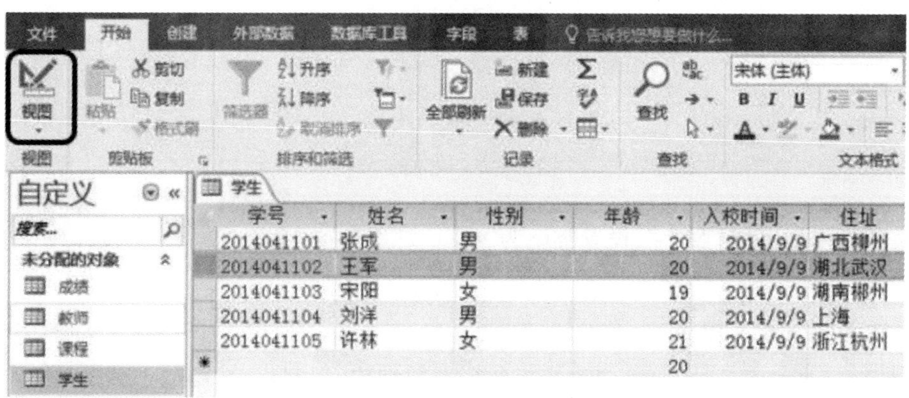

图 7－33　数据表视图打开“学生”表

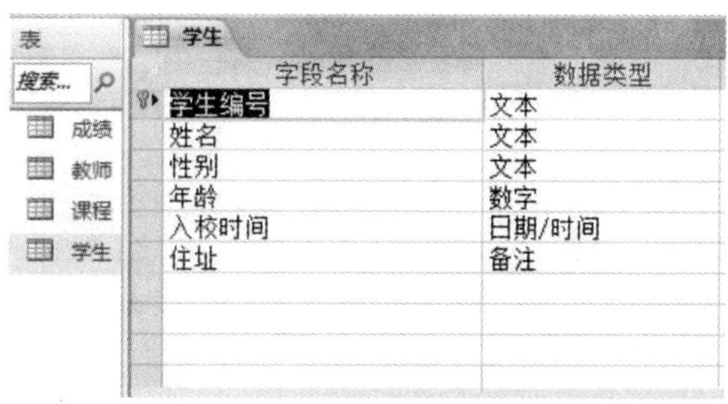

图 7－34　设计视图打开“学生”表

3)选中“学生编号”字段名称，在“标题”属性框中输入“学号”。在“输入掩码”属性框中输入“0000000000”，要求“学生编号”字段值只能输入10位数字。

4）选中“性别”字段，在“字段大小”框中输入1，在“默认值”属性框中输入“男”，在“索引”属性下拉列表框中选择“有(有重复)”。

5）选中“年龄”字段，字段大小为“整型”，在“字段属性”下方的“默认值”属性框中输入20，在“验证文本”属性框中输入文字“请输入14～50之间的数据!”，在“验证规则”属性框中输入“>=14 and <=50”。

6）选中“入校时间”字段，在“字段属性”下方的“格式”列表中选择“短日期”。

7）在“住址”左侧的矩形块区域单击鼠标右键，在弹出的快捷菜单(见图7-35)中选择“插入行”，增加新的字段“是否团员”，设置其数据类型为“是/否”。

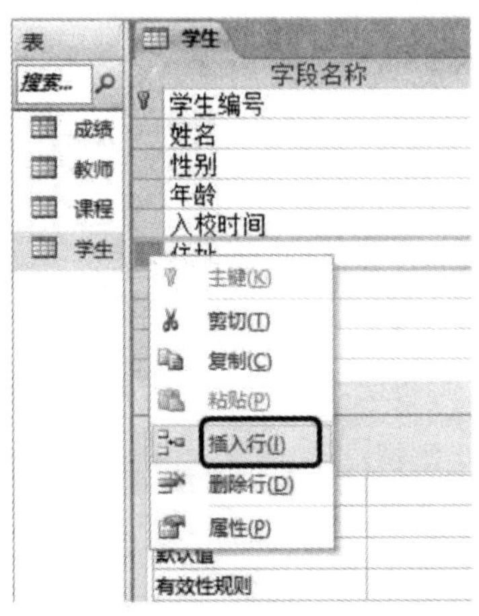

图7-35　增加字段

8）最后面增加字段“照片”，设置类型为“OLE对象”。

9）保存。

2. 修改其他数据表结构

按照表7-8和表7-9所示修改相应数据表的结构，保存修改结果。

表7-8　“成绩”表结构

字段名	数据类型	字段大小
选课ID	自动编号	
学生编号	短文本	10
课程编号	短文本	3
成绩	数字	整型

表7-9　“课程”表结构

字段名	数据类型	字段大小
课程编号	短文本	3
课程名称	短文本	20
课程类别	短文本	2
学分	数字	整型

3. 创建查阅列表字段

使用自行键入所需的值创建查阅列表字段的方法为“教师”表中“职称”字段创建查阅列表，在添加记录时该字段列表将显示“助教”“讲师”“副教授”和“教授”四个值供用户选择。

【操作步骤】

1）选择“教师”表的“设计视图”方式，选择“职称”字段，选择其数据类型为“查阅向导”，打开“查阅向导”对话框，如图 7－36 所示。

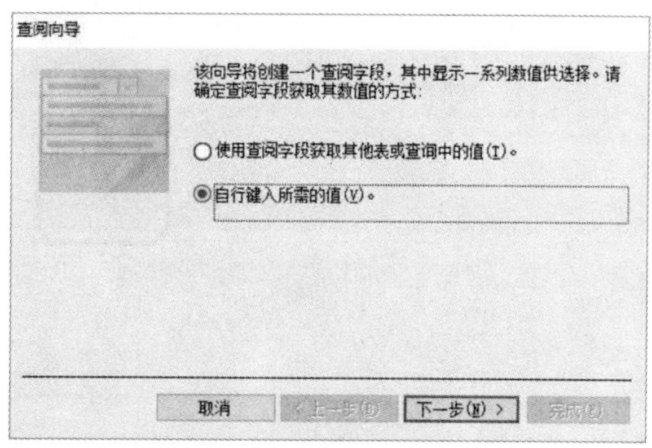

图 7－36　查阅向导

2）在图 7－36 所示界面选择“自行键入所需的值(V)”，单击“下一步”按钮。

3）在图 7－37 所示界面的“第 1 列”下方依次输入：助教、讲师、副教授、教授。单击“下一步”按钮。

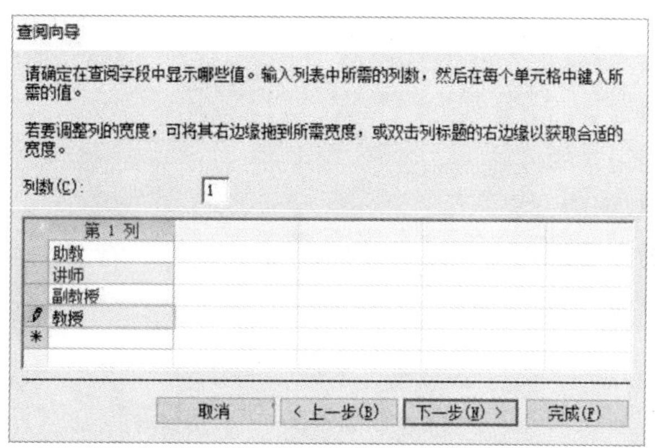

图 7－37　输入值

4）在图 7－38 所示界面为字段设置标签，这里采用默认值，单击“完成”按钮。

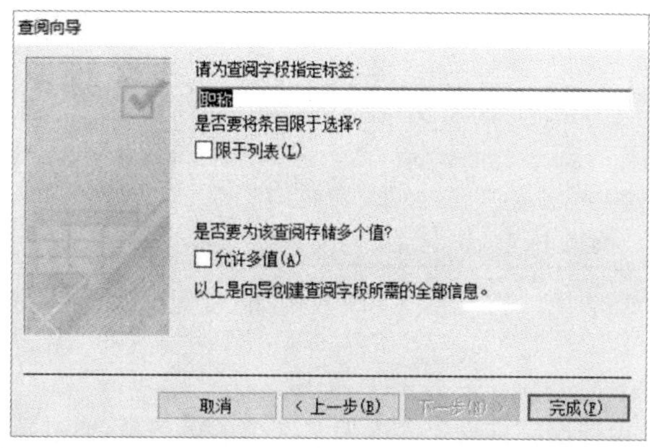

图 7－38　为字段指定标签

5)保存“教师”表。

切换到“教师”表的数据表视图方式，单击“职称”字段，将出现如图 7－39 所示界面。

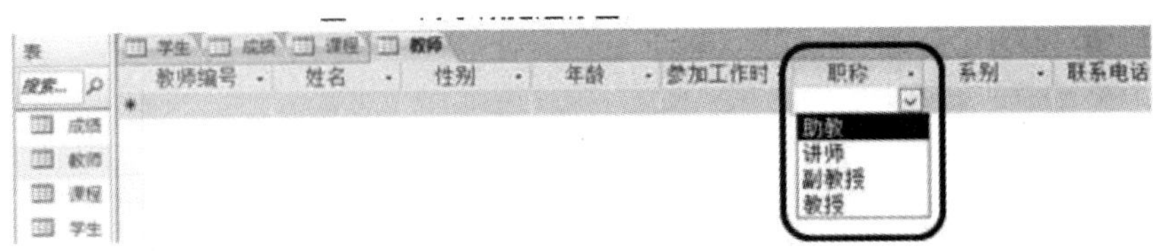

图 7－39 “职称”字段

7.3.3 同步练习

给数据库“学生管理.accdb”的学生表设置其“年龄”字段的有效性规则为年龄大于 18 并且小于 30。

7.4 数据表记录的基本操作

7.4.1 实验目的

- 掌握添加数据表记录的方法。
- 掌握删除数据表记录的方法。
- 掌握查找、替换数据的方法。
- 掌握记录排序的方法。

7.4.2 实验内容

1. 导入外部数据

给教师表导入相应的记录。

【操作步骤】

1)创建文本文件“教师.txt”，内容如图 7－40 所示。

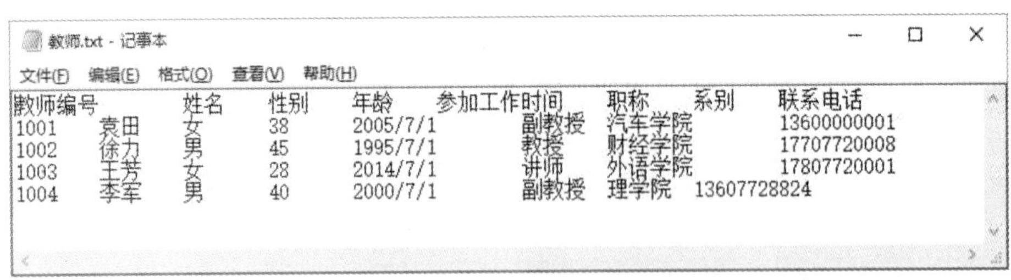

教师编号	姓名	性别	年龄	参加工作时间	职称	系别	联系电话
1001	袁田	女	38	2005/7/1	副教授	汽车学院	13600000001
1002	徐力	男	45	1995/7/1	教授	财经学院	17707720008
1003	王芳	女	28	2014/7/1	讲师	外语学院	17807720001
1004	李军	男	40	2000/7/1	副教授	理学院	13607728824

图 7－40 教师表内容

2)在图 7－41 所示界面，单击“文本文件”按钮。

3)根据对话框的提示依次完成操作。参考 7.2 节的第三项：通过导入文本文件来创建表。操作界面如图 7－42～图 7－46 所示。

图 7 - 41　导入文本文件

获取外部数据 - 文本文件

选择数据源和目标

指定数据源。

文件名(F): D:\第7章实验\教师.txt　浏览(R)...

指定数据在当前数据库中的存储方式和存储位置。

◉ 将源数据导入当前数据库的新表中(I)。
如果指定的表不存在，Access 会予以创建。如果指定的表已存在，Access 可能会用导入的数据覆盖其内容。对源数据所做的更改不会反映在该数据库中。

○ 向表中追加一份记录的副本(A): 成绩
如果指定的表已存在，Access 会向表中添加记录。如果指定的表不存在，Access 会予以创建。对源数据所做的更改不会反映在该数据库中。

○ 通过创建链接表来链接到数据源(L)。
Access 将创建一个表，它将维护一个到源数据的链接。您不能更改或删除链接到文本文件的数据，但是可以添加新记录。

图 7 - 42　选择数据源教师表

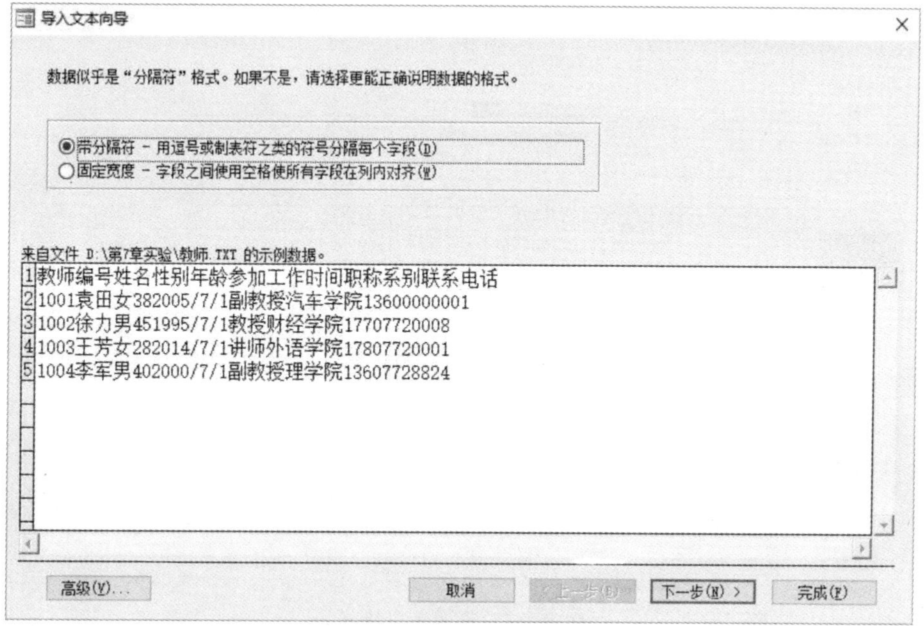

图 7 - 43　文本文件格式选择

导入文本向导
请确定所需的字段分隔符。选择适当的字段分隔符并在下面的预览窗口中查看文本效果。
请选择字段分隔符
制表符(T) 分号(S) 逗号(C) 空格(P) 其他(O):
第一行包含字段名称(R)
文本识别符(Q): {无}
教师编号 姓名 性别 年龄 参加工作时间 职称 系别 联系电话
1001 袁田 女 38 2005/7/1 副教授 汽车学院 13600000001
1002 徐力 男 45 1995/7/1 教授 财经学院 17707720008
1003 王芳 女 28 2014/7/1 讲师 外语学院 17807720001
1004 李军 男 40 2000/7/1 副教授 理学院 13607728824
高级(V)... 取消 < 上一步(B) 下一步(N) > 完成(F)

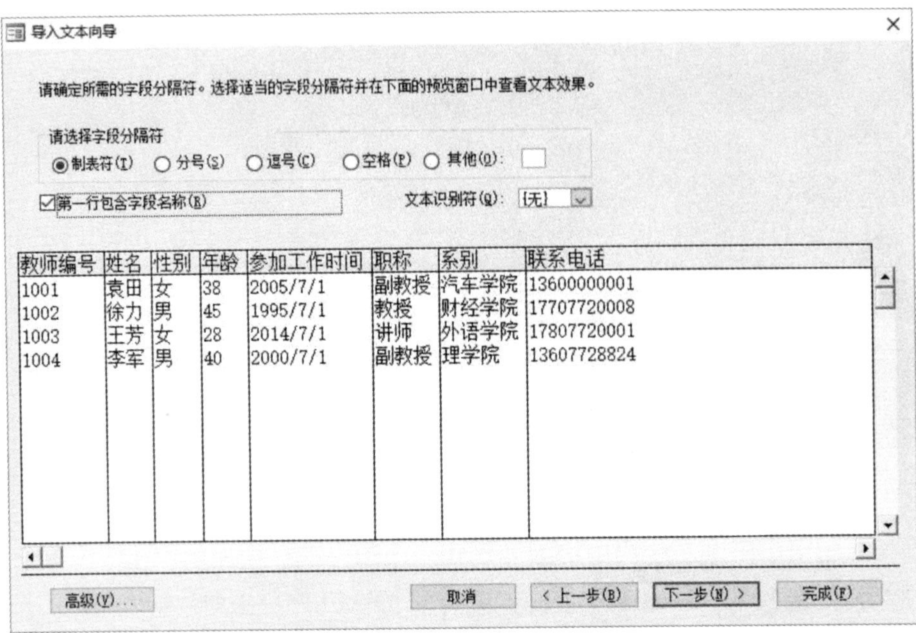

图 7－44　选择字段分隔符

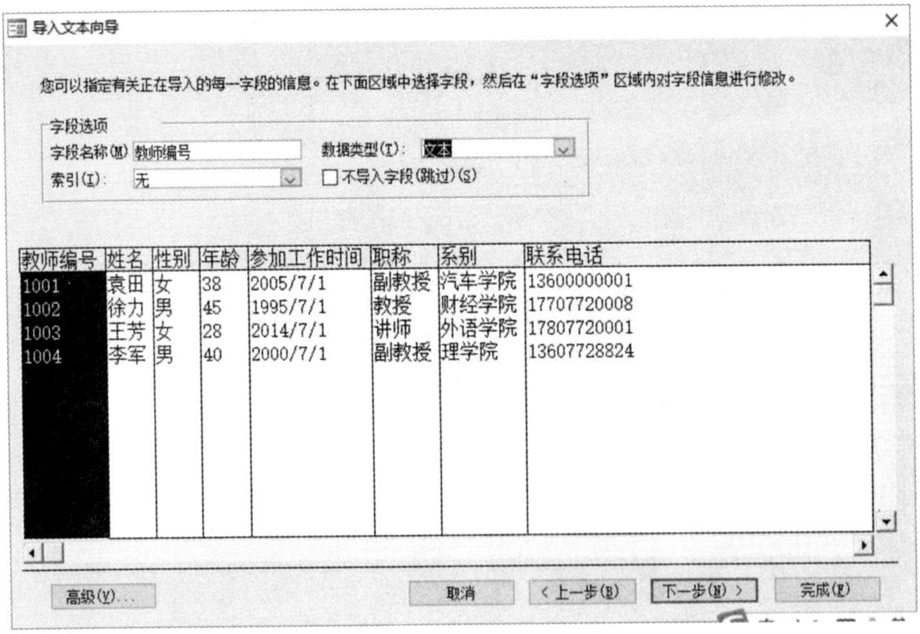

导入文本向导
您可以指定有关正在导入的每一字段的信息。在下面区域中选择字段，然后在“字段选项”区域内对字段信息进行修改。
字段选项
字段名称(M) 教师编号
数据类型(T): 文本
索引(I): 无
不导入字段(跳过)(S)
教师编号 姓名 性别 年龄 参加工作时间 职称 系别 联系电话
1001 袁田 女 38 2005/7/1 副教授 汽车学院 13600000001
1002 徐力 男 45 1995/7/1 教授 财经学院 17707720008
1003 王芳 女 28 2014/7/1 讲师 外语学院 17807720001
1004 李军 男 40 2000/7/1 副教授 理学院 13607728824
高级(V)... 取消 < 上一步(B) 下一步(N) > 完成(F)

图 7－45　设置字段格式

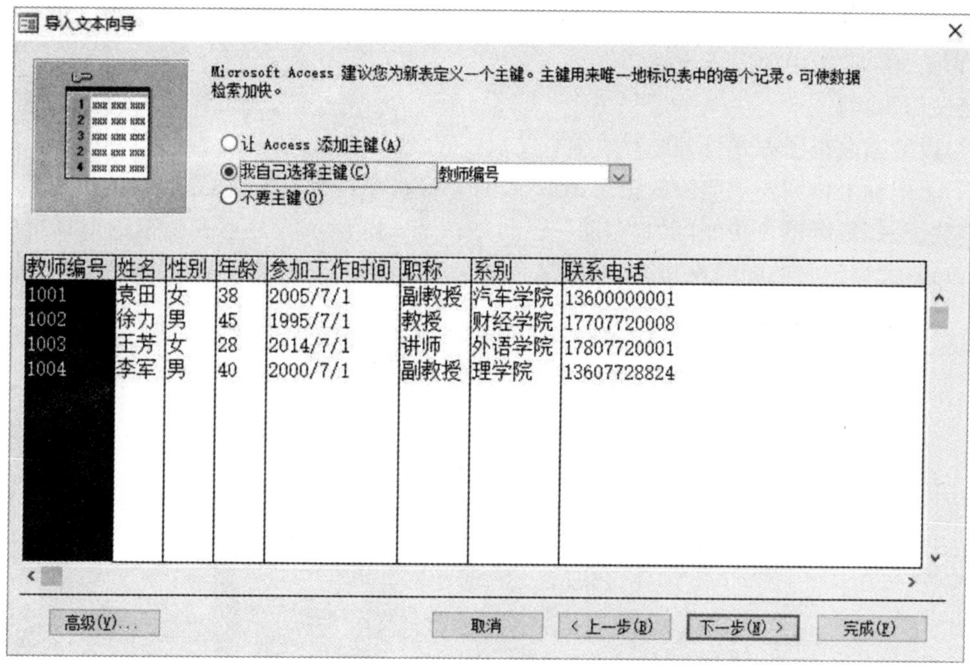

图 7 - 46　设置主键

2. 添加记录

在“学生”表中添加两条新记录。

【操作步骤】

1)在图 7 - 47 所示界面,双击“学生”表,以数据表视图方式打开“学生”表。

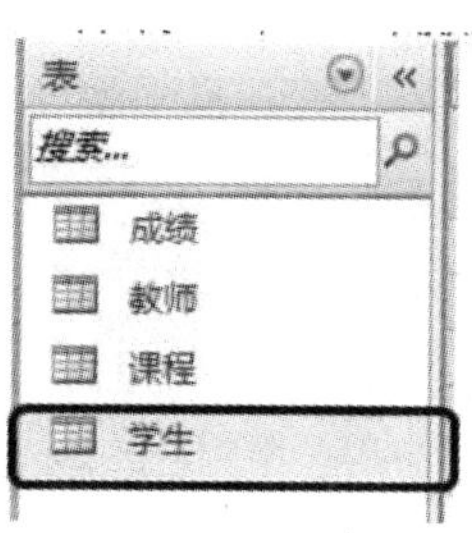

图 7 - 47　表窗格

2)在打开的“学生”表的最后面输入图 7 - 48 所示的两条新记录,完成记录的添加。

学生

学号	姓名	性别	年龄	入校时间	是否团员	住址	照片
2014041101	张成	男	20	2014/9/9	☐	广西柳州	
2014041102	王军	男	20	2014/9/9	☐	湖北武汉	
2014041103	宋阳	女	19	2014/9/9	☐	湖南郴州	
2014041104	刘洋	男	20	2014/9/9	☐	上海	
2014041105	许林	女	21	2014/9/9	☐	浙江杭州	
2014041106	黄磊	男	20	2014/9/9	☐	广西南宁	
2014041107	蒋东	男	20	2014/9/9	☐	广西贵港	
*			20		☐		

图 7 - 48　添加记录

3. 删除记录

删除“学生”表中的一条记录。

【操作步骤】

1）以数据表视图方式打开“学生”表。

2）将鼠标定位到要被删除的记录的最左边的方块，单击鼠标右键，在弹出的快捷菜单中选择“删除记录”或者单击功能区的“删除”按钮，如图 7－49 所示。然后在弹出的对话框中选择“是”按钮，完成记录的删除操作。

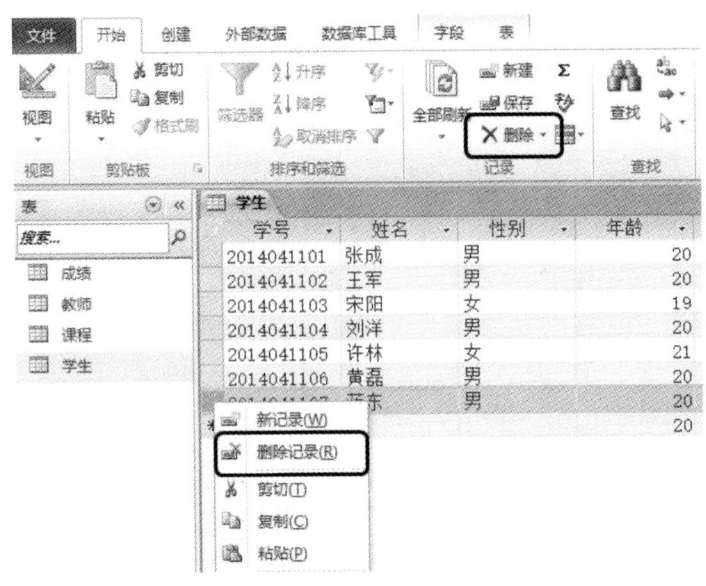

图 7－49　删除记录

4. 查找、替换数据

【操作步骤】

1）以数据表视图方式打开“学生”表。

2）将光标定位到“住址”字段下的任意一个单元格。

3）单击“开始”选项卡→“查找”区→“查找”按钮，在打开的“查找和替换”→“替换”选项卡中设置各个选项，如图 7－50 所示，单击“全部替换”按钮，完成替换操作。

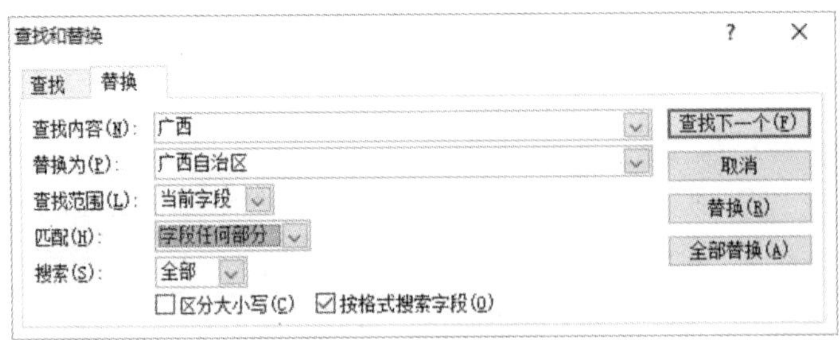

图 7－50　“查找和替换”对话框

5. 记录排序

【操作步骤】

1)以数据表视图方式打开“学生”表。

2)选中“性别”字段。

3)单击图 7 - 51 所示界面的“升序”按钮完成排序。

图 7 - 51　排序

同步练习

给数据库“学生管理. accdb”的“学生”表添加如表 7 - 10 所示的记录。

表 7 - 10　“学生”表添加的记录

学号	姓名	性别	年龄	籍贯	注册时间
20150001	张萌	男	20	广西南宁	2013－9－1
20150002	蔡云	女	23	广西柳州	2013－9－2
20130003	龙军	男	21	湖北宜昌	2013－9－1

7.5　表的关联

7.5.1　实验目的

- 掌握建立表的关联的方法。

7.5.2　实验内容

1. 建立表之间的关联

【操作步骤】

1)打开“教学管理. accdb”数据库。

2)在图 7 - 52 所示界面中单击“关系”按钮。

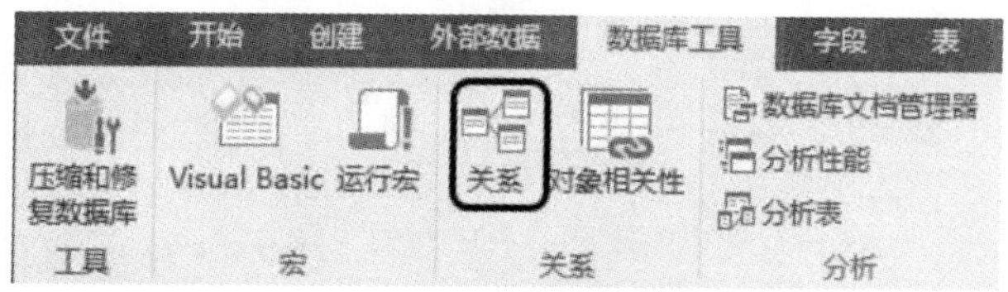

图 7 - 52　单击“关系”按钮

3)在弹出的“显示表对话框”中将需要建立关联的三张表“学生”“成绩”“课程”添加到“关系”,如图 7-53 所示。

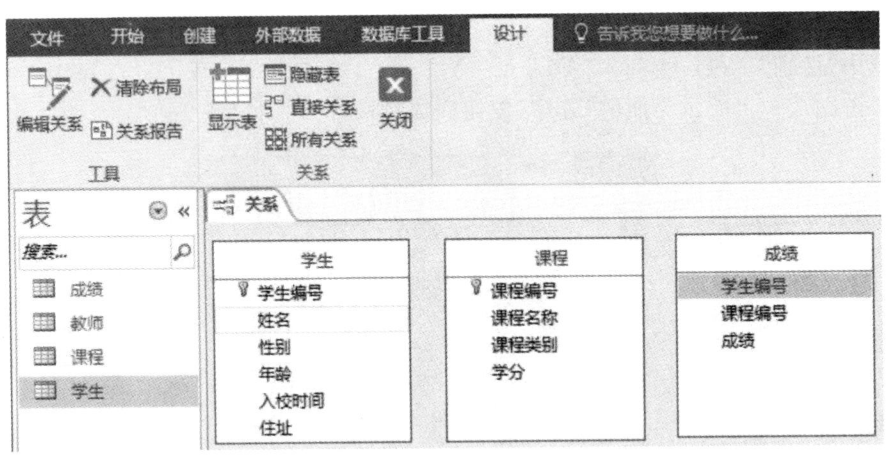

图 7-53　添加表

4)选定“课程”表中的“课程编号”字段,然后按下鼠标左键并拖动到“成绩”表中的“课程编号”字段上,松开鼠标。此时屏幕显示如图 7-54 所示的“编辑关系”对话框。选中“实施参照完整性”复选框,单击“创建”按钮。

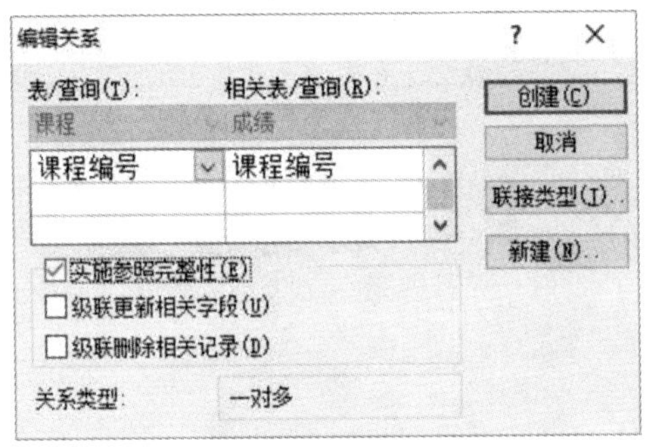

图 7-54　编辑关系

5)用同样的方法建立“学生”表和“成绩”表之间的关联,完成后的效果如图 7-55 所示。

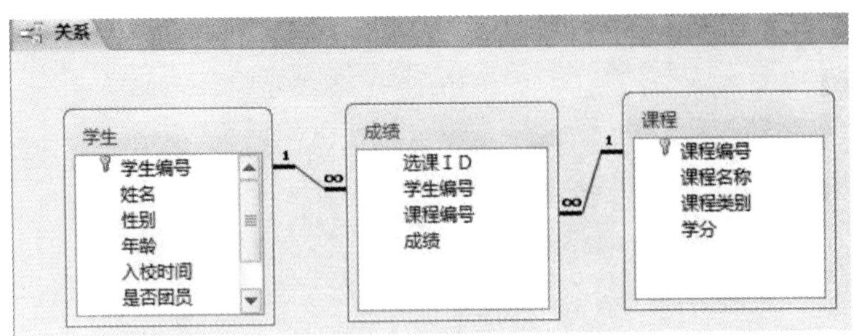

图 7-55　表之间的关联

6)保存。

同步练习

1. 给数据库“学生管理.accdb”的“学生”表添加新表:“社团简介”表、“社团申请”表,表的结构由用户自己设计。

2. 给两张新表添加记录。

3. 建立三张表之间的关联。

7.6　数据查询

7.6.1　实验目的

· 掌握利用向导创建单表选择查询的方法。
· 掌握利用向导创建多表选择查询的方法。
· 掌握利用设计视图创建不带条件的选择查询的方法。
· 掌握利用设计视图创建带条件的选择查询的方法。

7.6.2　实验内容

1. 查询向导建立查询

(1)单表选择查询。

下面的操作步骤是以“学生”表为数据源,查询学生的姓名和年龄。

【操作步骤】

1)打开“教学管理.accdb”数据库。

2)在图7-56所示的界面单击“查询向导”按钮。

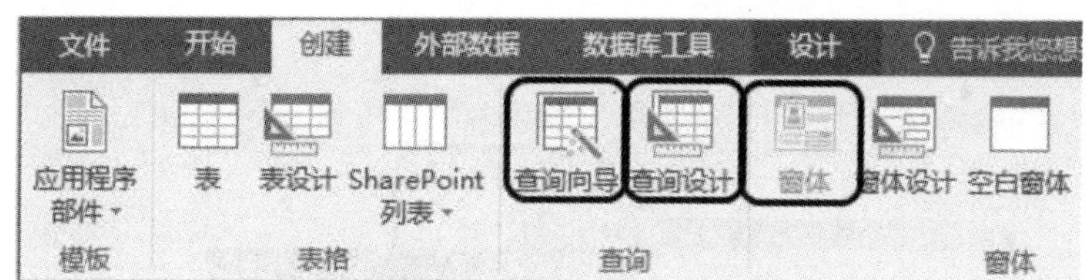

图7-56　“创建”选项卡

3)在弹出的“新建查询”对话框中选择“简单查询向导”。

4)在弹出的图7-57所示的对话框中选择数据源为“学生”表,字段为“姓名”“年龄”。

5)在弹出对话框中选择“明细查询”或者“汇总查询”,这里选择“明细查询”。

6)为查询指定标题为“学生基本情况”。

7)单击“完成”按钮,查询结果如图7-58所示。

(2)多表选择查询。

下面的操作步骤是以三张表(“学生”“课程”“成绩”)为数据源,查询学生的学号、姓名、课程名称、成绩。

【操作步骤】

1)打开“教学管理.accdb”数据库。

2)在图 7-56 所示的界面单击“查询向导”按钮。

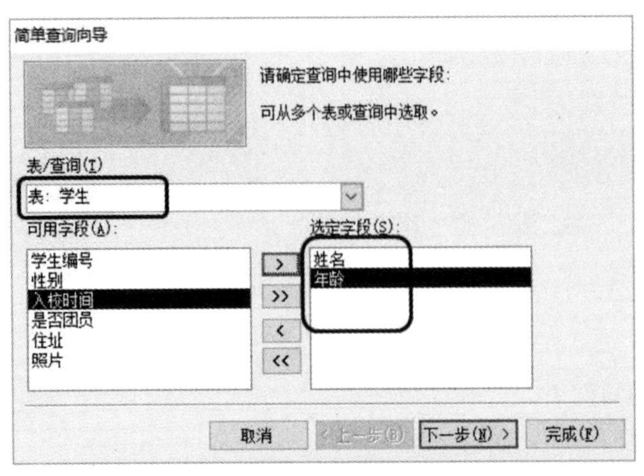

图 7-57　选择数据源及字段

学生基本情况

姓名	年龄
张成	20
王军	20
宋阳	19
刘洋	20
许林	21
黄磊	20
*	20

图 7-58　单表查询结果

3)在弹出的“新建查询”对话框中选择“简单查询向导”。

4)在图 7-59 所示界面将“学生”表的“学生编号”“姓名字段”加入“选定字段”;“课程”表的“课程名称”字段加入“选定字段”;“成绩”表的“成绩”字段加入“选定字段”,如图 7-59 所示。

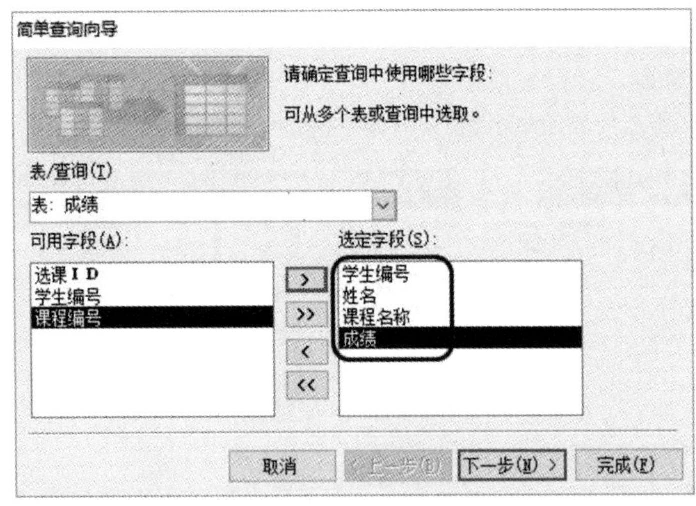

图 7-59　选择多个数据源的多个字段

5)在弹出对话框中选择“明细查询”。

6)为查询指定标题为“学生选课成绩”。

7)单击“完成”按钮,查询结果如图 7-60 所示。

学生选课成绩

学号	姓名	课程名称	成绩
2014041101	张成	计算机导论	90
2014041101	张成	食品营养学	70
2014041102	王军	计算机导论	85
2014041102	王军	高等数学	70
2014041103	宋阳	高等数学	80
2014041103	宋阳	大学物理	80
2014041104	刘洋	大学物理	76
2014041104	刘洋	大学英语	80
2014041105	许林	大学英语	79
2014041105	许林	音乐欣赏	85
*			

图 7-60　多表查询的结果

2.设计视图建立查询

(1)不带条件的选择查询。

在“教学管理.accdb”数据库中，查询学生的选课成绩。

【操作步骤】

1)打开“教学管理.accdb”数据库。

2)在图 7-56 所示的界面单击“查询设计”按钮。

3)在弹出的“显示表”对话框中选择三张表(“学生”“课程”“成绩”)进行添加。

4)在图 7-61 所示界面的三张表中分别双击相应的字段名将其添加到下面的单元格中。

5)单击“保存”按钮，在弹出的“另存为”对话框中输入查询名称:学生选课成绩查询。

6)在图 7-62 所示界面单击“运行”按钮或者将该查询以数据表视图方式打开，可以看到查询结果，如图 7-60 所示。

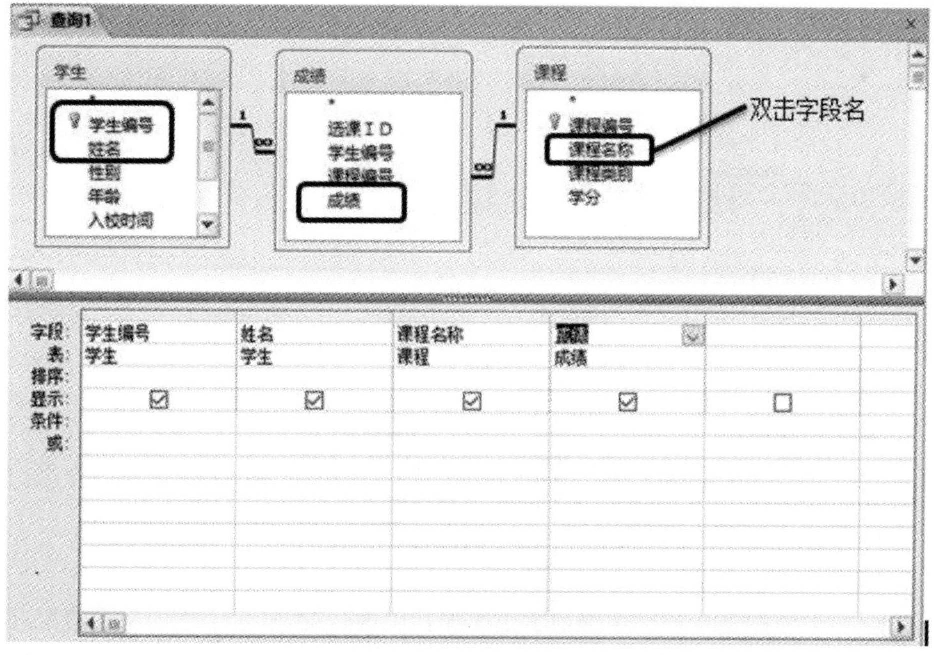

图 7-61　查询界面添加字段

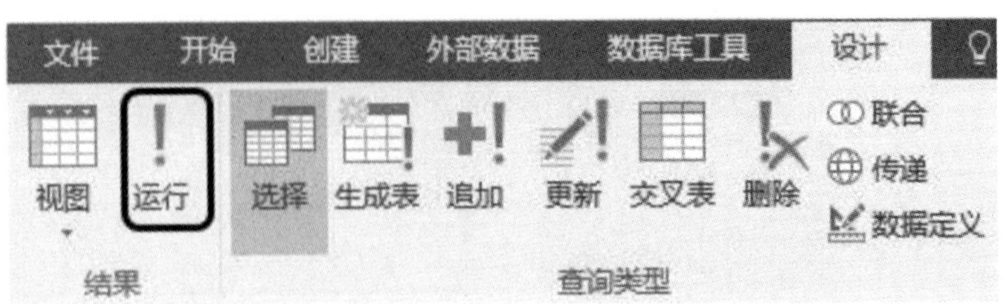

图 7-62 运行按钮

(2)带条件的选择查询。

在“教学管理.accdb”数据库中查询职称为“副教授”的老师，显示其姓名、性别、职称、系别。

【操作步骤】

1)打开“教学管理.accdb”数据库。

2)在图 7-56 所示的界面单击“查询设计”按钮。

3)在弹出的“显示表”对话框中选择表“教师”，进行添加。

4)双击教师表的姓名、性别、职称、系别字段，将这四个字段添加到下面单元格中。

5)在图 7-63 所示界面，在“职称”字段下方的“条件”行中输入：副教授。系统自动给其添加双引号。

6)单击“保存”按钮，在弹出的“另存为”对话框中输入查询名称：副教授汇总。

7)单击“运行”按钮或者将该查询以数据表视图方式打开，可以看到查询结果。

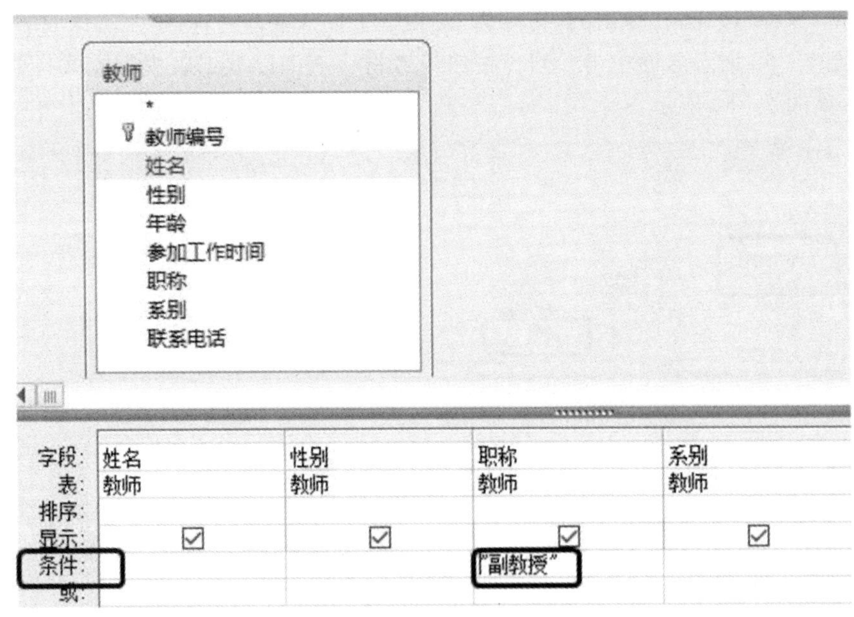

图 7-63 设置查询条件

同步练习

在数据库“学生管理.accdb”中查询学生参加社团的情况，显示学生的基本情况及社团的基本情况。

7.7　窗　　体

7.7.1　实验目的

· 掌握创建窗口的方法。

7.7.2　实验内容

1. 简单的窗口

下面的操作步骤是以“学生”表为数据源，创建其窗口。

【操作步骤】

1)打开“教学管理. accdb”数据库。

2) 单击选择作为数据源的“学生”数据表，然后在图 7－56 所示的界面单击“窗口”按钮，即可生成对应的窗口。

3)保存。

2. 利用窗口向导创建窗口

下面的操作步骤是以“教师”表为数据源，创建其窗口。

【操作步骤】

1)打开“教学管理. accdb”数据库。

2)单击“创建”选项卡→“窗口向导”按钮。

3)在图 7－64 所示界面选择“教师”表，将其所有字段添加到“选定字段”，单击“下一步”按钮。

4)选择窗口使用的布局，这里选择“纵栏表”，单击“下一步”按钮。

5)指定窗口标题，单击“完成”按钮。

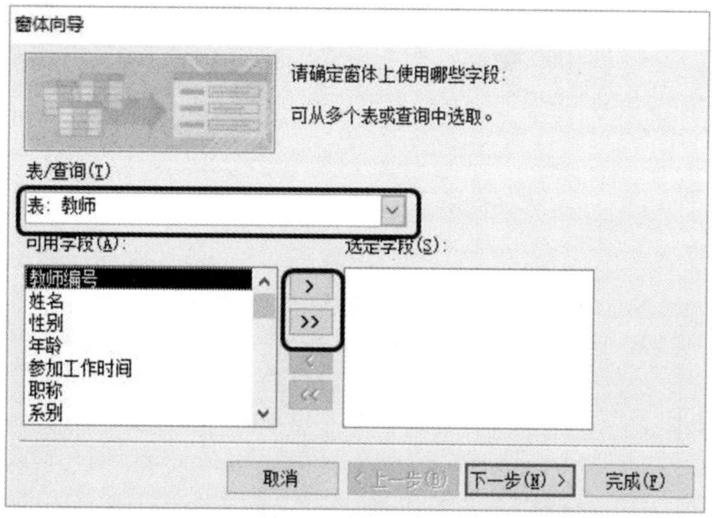

图 7－64　选定字段

3.创建主/子窗口

下面的操作步骤是以“学生”表、“成绩”表为数据源,创建主/子窗口。

【操作步骤】

1)打开“教学管理.accdb”数据库。

2)单击“创建”选项卡的“窗口向导”按钮。

3)在打开的“窗口向导”对话框中选择“学生”表,将其所有字段添加到“选定字段”,再选择“成绩”表,将其所有字段添加到“选定字段”,单击“下一步”按钮。

4)在图7-65所示界面,选择查看数据的方式“通过学生”;选择带有子窗口的窗口,单击“下一步”按钮。

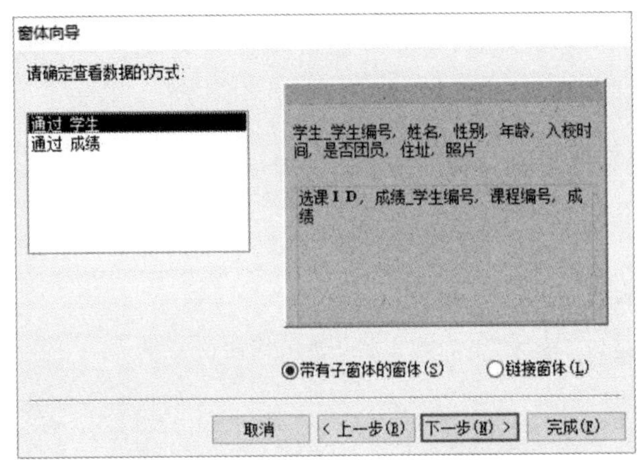

图7-65 确定查看数据的方式

5)选择子窗口使用的布局是“数据表”,单击“下一步”按钮。

6)输入窗口标题“学生”,子窗口标题“成绩”,单击“完成”按钮,创建的窗口如图7-66所示。

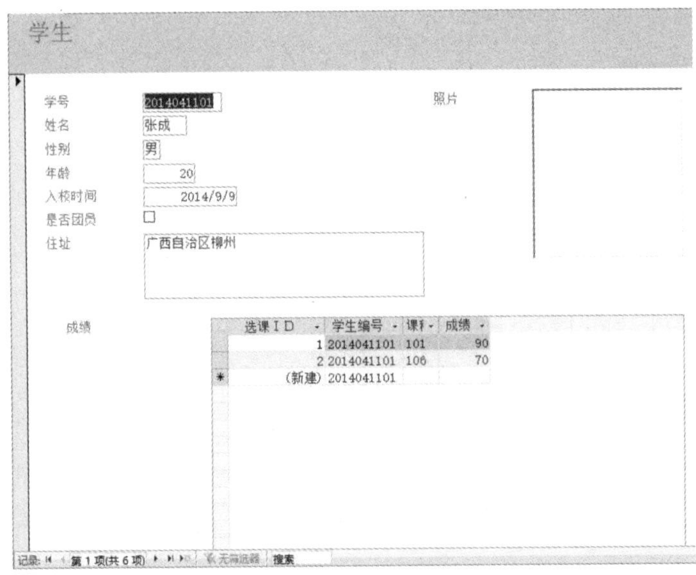

图7-66 主/子窗口

同步练习

给数据库“学生管理.accdb”的“学生”表创建窗口。

7.8　报　　表

7.8.1　实验目的

· 掌握创建报表的方法。

7.8.2　实验内容

1. 简单的报表

下面的操作步骤是以“学生”表为数据源创建报表。

【操作步骤】

1)打开“教学管理.accdb”数据库。

2)单击选择作为数据源的表“学生”,然后单击“创建”选项卡的“报表”按钮,即可生成对应的报表,如图 7-67 所示。

3)保存。

学生　2016年9月1日　15:12:10

学号	姓名	性别	年龄	入校时间	是否团员	住址	照片
2014041106	黄磊	男	20	2014/9/9	□	广西自治区南宁	
2014041104	刘洋	男	20	2014/9/9	□	上海	
2014041102	王军	男	20	2014/9/9	□	湖北武汉	
2014041101	张成	男	20	2014/9/9	□	广西自治区柳州	
2014041105	许林	女	21	2014/9/9	□	浙江杭州	
2014041103	宋阳	女	19	2014/9/9	□	湖南郴州	

6

共 1 页,第 1 页

图 7-67　学生报表

2. 利用报表向导创建报表

下面的操作步骤是以“教师”表为数据源创建报表。

【操作步骤】

1)打开“教学管理.accdb”数据库。

2)单击“创建”选项卡的“报表向导”按钮。

3)在“报表向导”对话框中选择表“教师”,将其全部字段添加到“可选字段”,单击“下一步”

按钮。

4)在图 7－68 所示的界面添加分组级别，双击左侧窗格中的用于分组的字段即可，单击“下一步”按钮。

5)选择排序字段，这里选择“年龄”字段，单击“下一步”按钮。

6)在图 7－69 所示的界面确定报表的布局方式，单击“下一步”按钮。

7)输入报表的标题“教师情况”，单击“完成”按钮。

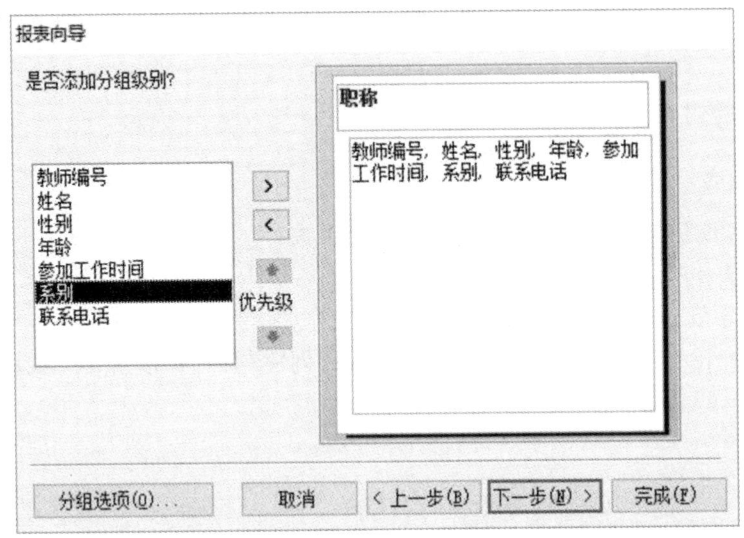

图 7－68　添加分组级别

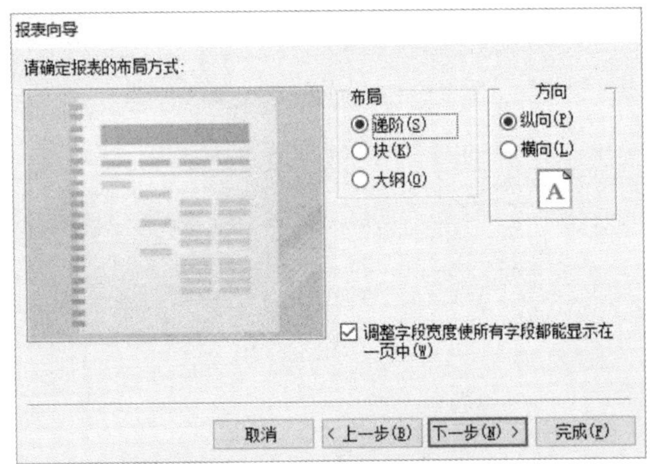

图 7－69　报表的布局方式

3. 利用报表设计创建报表

下面的操作步骤是以“成绩”表为数据源创建报表。

【操作步骤】

1)打开“教学管理.accdb”数据库。

2)单击“创建”选项卡的“报表设计”按钮,打开报表设计视图,如图 7-70 所示。

3)单击“设计”选项卡 “属性表”按钮,打开报表“属性表”窗口,在“数据”选项卡中,单击“记录源”属性右侧的下拉按钮,从弹出的下拉列表中选择“成绩”,如图 7-71 所示。

4)单击“设计”选项卡的“添加现有字段”按钮,在打开的字段列表窗格中,显示所有字段,如图 7-72 所示,将需要的字段拖到主体节中。

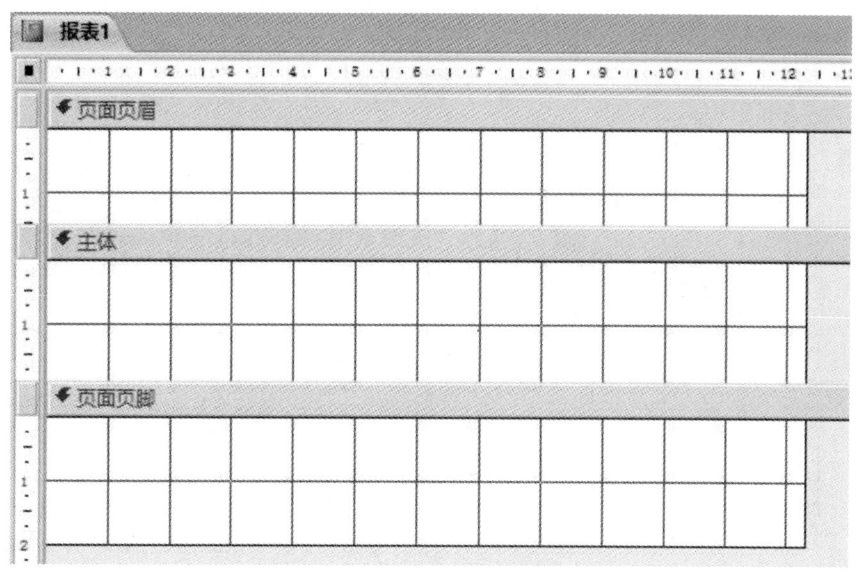

图 7-70　报表设计视图模式

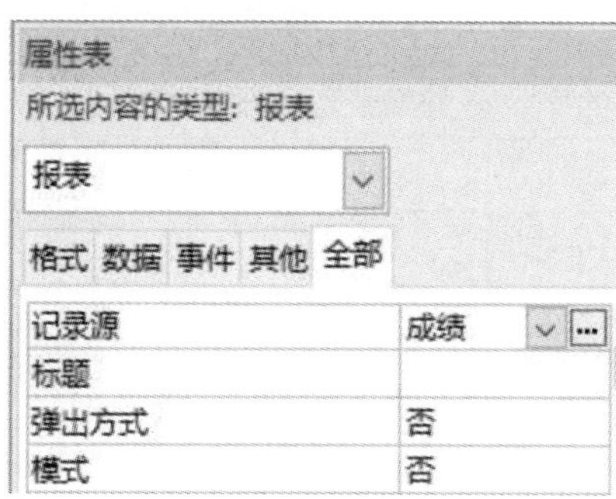

图 7-71　属性表

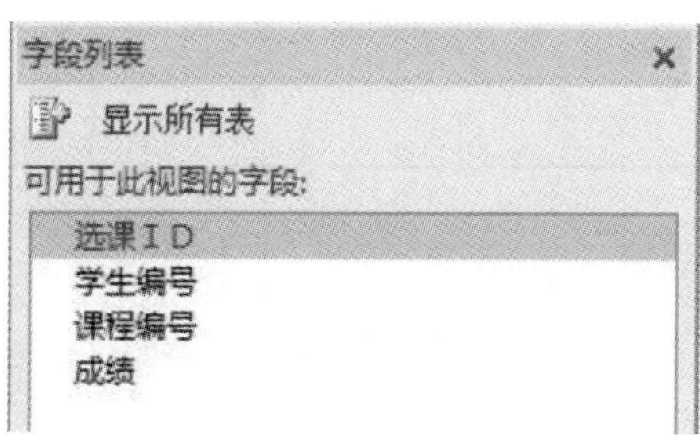

图 7-72　字段列表

5)保存。

同步练习

给数据库“学生管理.accdb”的“学生”表创建报表。

7.9 数据库综合练习

综合练习一

第 1 题 新建一个“学生管理.accdb”数据库。

1)建立一个名为“成绩表”的表,数据结构见表 7-11,数据内容见表 7-12。

表 7-11 “成绩表”结构

字段名称	数据类型	字段大小	是否主键
序号	短文本		是
学号	短文本	5	
课程号	短文本	6	
平时成绩	数字	整型	
期末考试	数字	整型	
总评分	数字	整型	

表 7-12 “成绩表”数据

序号	学号	课程号	平时成绩	期末考试
1	1001	01	87	88
2	1001	02	98	97
3	1001	03	97	78
4	1002	01	68	56
5	1002	02	76	87
6	1002	03	87	98
7	1003	01	65	87
8	1003	02	56	54
9	1003	03	77	55

2)在“课程表”表中插入子数据表“成绩表”,并全部展开。

“课程表”的数据结构见表 7-13,数据内容见表 7-14。

表 7－13　“课程表”结构

字段名称	数据类型	是否主键
编号	短文本	
课程名	短文本	

表 7－14　“课程表”数据

编号	课程名
001	语文
002	数学
003	英语

3)设置“学生表”表的数据格式为“凸起”，“学生表”的数据结构见表 7－15，数据内容见表 7－16。

表 7－15　“学生表”结构

字段名称	数据类型	字段大小	是否主键
学号	短文本		是
姓名	短文本	5	
性别	短文本	6	
年龄	数字	整型	
语文成绩	数字	整型	
数学成绩	数字	整型	
英语成绩	数字	整型	

表 7－16　“学生表”数据

学号	姓名	性别	年龄
1001	吴敏	男	16
1002	曹茵单	女	17
1003	江毅军	男	16

4)建立“成绩表”“课程表”“学生表”三者的关系。

第 2 题　简单操作。

1)建立一个名为“查大于 85”的查询，查询平时成绩大于 85 的记录，数据来源为“成绩表”“学生表”“课程表”表，显示“学号、姓名、课程名、平时成绩、年龄”字段。

2)建立一个名为“查总评分”的查询，数据来源为“成绩表”“学生表”“课程表”表，显示“学号、姓名、课程名、总评分”字段。说明：总评分＝平时成绩的 30％＋期末考试的 70％。

第 3 题　综合应用。

1)利用窗口向导建立一个名为“学生表”的窗口，显示“学生表”表中“姓名、性别、年龄”字段，布局为“纵栏表”，样式为“标准”，设置窗口宽度为“7.5 厘米”，背景颜色为“65535”。

2)建立名为“关闭窗口”的宏，功能为关闭名为“学生表”的窗口。“关闭窗口”的字体粗细为“加粗”，单击按钮时运行宏“关闭窗口”。

第 4 题　利用报表向导建立一个名为“成绩表”的报表。

显示“查大于 85”查询中“学号、姓名、课程名、平时成绩”字段，按“课程名”字段进行分组，布局为“递阶”，样式为“组织”。

综合练习二

第 1 题　新建一个“student.accdb”数据库。

1)建立一个名为“学生成绩表”的表，并对“学生成绩表”表中按“语文”字段进行“降序”排序。“学生成绩表”的数据结构见表 7－17，数据内容见表 7－18。

表 7－17 “学生成绩表”结构

字段名称	数据类型	字段大小	是否主键
学生编号	短文本	10	是
语文	数字	整型	
数学	数字	整型	
外语	数字	整型	
物理	数字	整型	
化学	数字	整型	

表 7－18 “学生成绩表”数据

学生编号	语文	外语	数学	物理	化学
95313001	80	73	69	77	66
98313002	97	94	93	74	90
95313003	85	71	67	66	80
95313004	88	81	73	77	79
95313005	89	62	77	49	70
95313006	91	68	76	90	85
95313007	86	79	80	87	82
95313008	93	73	78	63	89
95313009	94	84	60	82	70
95313010	55	59	98	56	61

表 7－19 “学生编号表”结构

字段名称	数据类型	是否主键
学生编号	短文本	是
姓名	短文本	

2)建立一个名为“学生编号表”的表,并在其中插入子数据表“学生成绩表”,在“学生成绩表”中再插入子数据表“学生家庭情况表”。“学生编号表”的数据结构见表 7－19,数据内容见表 7－20。

3)建立一个名为“学生家庭情况表”的表,数据结构见表 7－21,数据内容见表 7－22。

表 7－20 “学生编号表”内容

学生编号	姓名
95313001	杨柳齐
98313002	钱财德
95313003	谭半圆
95313004	余国兴
95313005	潘浩
95313006	周旋敏
95313007	成果汝
95313008	司马倩
95313009	冯山谷
95313010	高雅政

表 7－21 “学生家庭情况表”结构

字段名称	数据类型	是否主键
编号	自动编号	是
学生编号	短文本	
姓名	短文本	
性别	短文本	
出生日期	日期	
联系电话	短文本	
家庭住址	长文本	
邮编	短文本	

表 7－22 “学生家庭情况表”数据

姓名	性别	出生日期	联系电话	家庭住址	学生编号	邮编
杨柳齐	男	1995—09—02	63217330	郑州市	95313001	450000
钱财德	男	1995—01—02	64723578	郑州市	98313002	450000

续表

姓名	性别	出生日期	联系电话	家庭住址	学生编号	邮编
谭半圆	女	1996－11－12	65434418	郑州市	95313003	450000
余国兴	男	1996－07－02	64501462	郑州市	95313004	450000
潘浩	男	1994－12－17	64302029	郑州市	95313005	450000
周旋敏	女	1995－05－25	65483167	郑州市	95313006	450000
成果汝	女	1994－11－10	65056010	郑州市	95313007	450000
司马倩	女	1995－08－30	63064329	郑州市	95313008	450000
冯山谷	男	1994－10－01	63217531	郑州市	95313009	450000
高雅政	女	1995－06－01	65231257	郑州市	95313010	450000

4)建立“学生编号表”“学生成绩表”“学生家庭情况表”三表关系，并实施参照完整性。

第 2 题　简单操作。

1)建立一个名为“查语文成绩”的查询，数据来源为“学生成绩表”“学生家庭情况表”，显示“学号、姓名、性别、语文”字段。查询运行时，先给出提示“输入最低成绩”，后给出提示“输入最高成绩”。

2)建立一个名为“查总分大于 400”的查询，数据来源为“学生成绩表”“学生家情况表”显示“学号、姓名、性别、语文、外语、数学、物理、化学、总分”字段。说明：总分为各科成绩相加，并查总分大于 400 分。

第 3 题　综合应用。

1)利用窗口向导建立一个名为“学生表”的窗口，显示“学生表”表中“姓名、性别、联系电话、家庭住址”字段，设置窗口宽度为“8.5 厘米”，背景颜色为“65535”，并利用命令控件建立一个名为“关闭学生表”、功能为关闭名为“学生表”的窗口。

2)利用命令控件建立名为“打开学生表”、功能为打开名为“学生表”的窗口。“打开学生表窗口”的字体粗细为“加粗”，保存名为“窗口 1”。

第 4 题　利用报表向导建立一个名为“成绩表”的报表。

利用设计视图建立一个名为“成绩表”的报表，设置标题为“学生成绩表”，字体大小为“22”，在报表页眉处添加 “报表日期”，显示系统当前日期，在报表页脚处添加“页码”。在主体节引入“学生编号、语文、外语、数学、物理、化学、总分”字段，并在下部添加一水平线。

第 8 章　Python 程序设计

8.1　认识 Python——编写简单的 Python 程序

8.1.1　实验目的

- 认识 Python 基本程序环境。
- 了解 Python 编程基本概念。
- 体会程序运行的整个过程。

8.1.2　实验内容

1. 认识 Python

打开 Web 浏览器访问 Python 官网：https://www.python.org/about/，如图 8-1 所示。映入眼帘的这一段英文浓缩了 Python 的优点：强大、快速、开放。

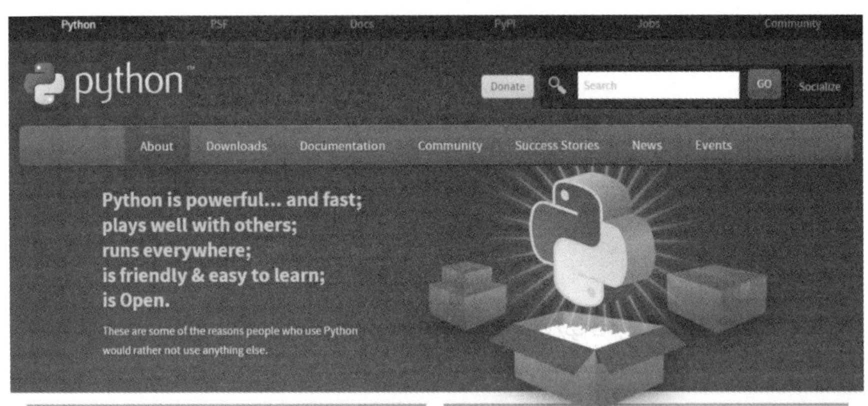

图 8-1　Python 官网首页

Python 由 Guido van Rossum 于 1989 年底发明，第一个公开发行版发行于 1991 年。Python 是一种解释执行的语言，不需要编译，只要写出代码即可运行；Python 是一种面向对象的语言，在 Python 里面一切皆对象；Python 支持广泛的应用程序开发，从简单的文字处理到浏览器再到游戏。

2. 二维码

二维码(2－dimensional bar code)，是用某种特定的几何图形按一定规律在平面(二维方向上)上分布的、黑白相间的、记录数据符号信息的图形。

3. 我的第一个 Python 程序

编写一个 Python 程序，运行输出如图 8－2 所示的二维码，微信扫码可以打开广西科技大学的官网，保存程序文件名为"MyfirstPython. py"。

图 8－2　Python 程序运行结果

【操作步骤】

1)如图 8－3 所示，单击任务栏左侧"开始"菜单→"所有程序"→"P"开头的菜单→单击"IDLE"(Python 集成开发环境)，打开 Python 集成开发环境窗口。

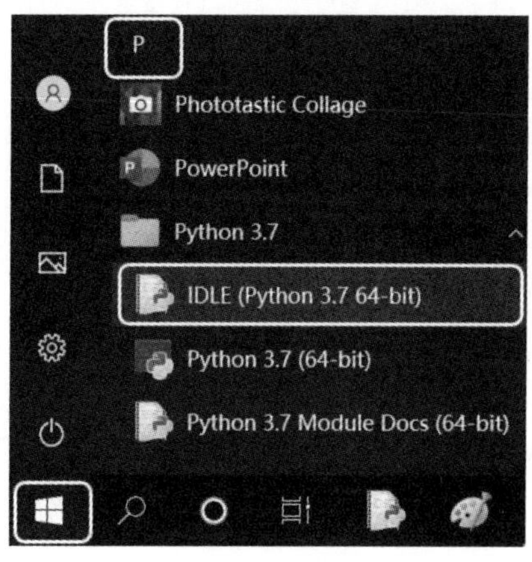

图 8－3　打开 Python 程序菜单

2)如图 8－4 所示，单击 File (文件)菜单→New File(新文件)，新建一个 Python 7 程序文件。

3)如图 8－5 所示，单击 Python 程序文件窗口中的 File (文件)菜单→Save(保存)，打开"另存为"对话框，依次选择文件要保存到的磁盘以及文件夹。

4) 在"文件名"文本框中输入程序文件名"MyfirstPython. py"，单击"保存"按钮。Python 程序后缀默认为 py。

5) 在 Python 程序文件窗口中书写如图 8－6 所示代码。

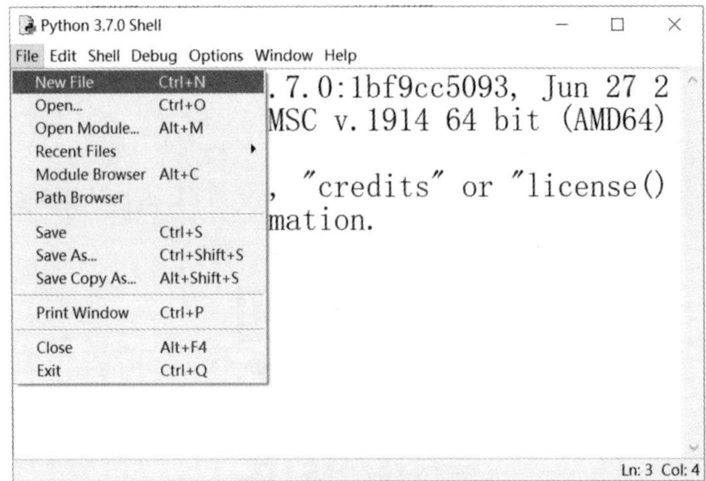

图 8－4 Python 集成开发环境窗口

图 8－5 Python 程序文件窗口

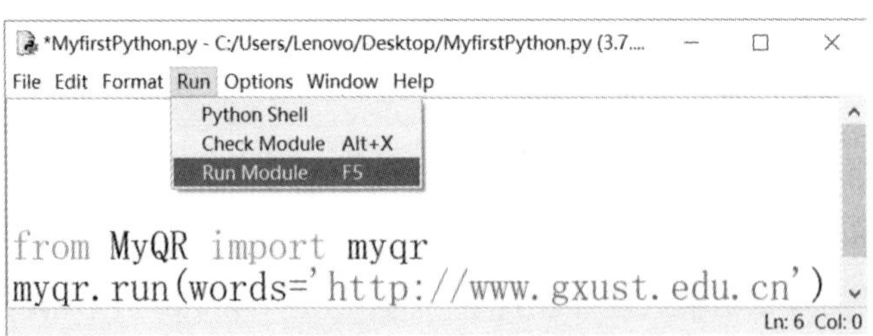

图 8－6 "MyfirstPython.py"程序代码

6）单击 Run（运行）菜单→Run Module 运行程序，结果如图 8－7 所示，"qrcode.png"是程序运行的二维码图片，它默认与当前程序"MyfirstPython.py"保存在同一文件下。DLE 窗口显示运行结果的二维码是二维码显示 16 行,以字节为单位。

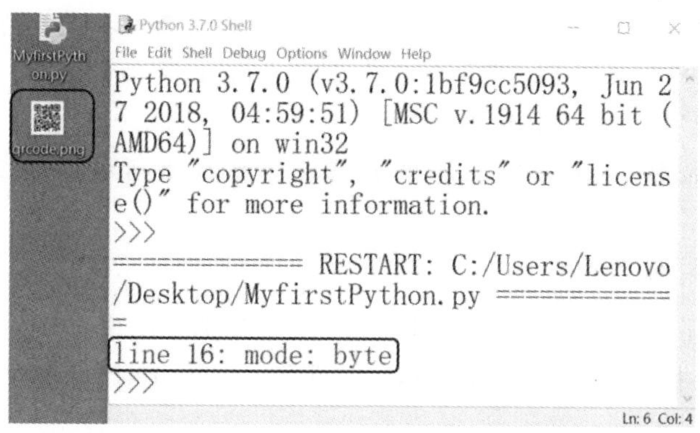

图 8－7　“MyfirstPython. py”程序运行结果

程序解析:

fromMyQR import myqr　#导入使用 Python 第三方库 MyQR 库

在 Python 程序中使用第三方库前必须要先安装,步骤如下:

1)在桌面搜索框输入“cmd”,打开 cmd 命令窗口,如图 8－8 所示。

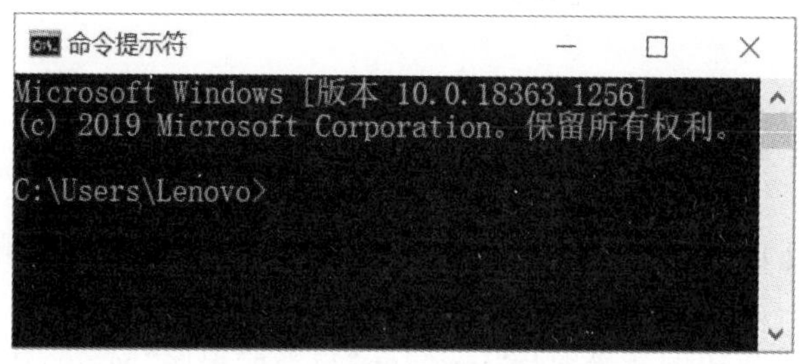

图 8－8　命令提示符窗口

2)如图 8－9 所示,输入命令“pip install MyQR”(MyQR 为库名),单击 Enter 键,在网络正常连接情况下进行第三方库 MyQR 的在线下载安装。

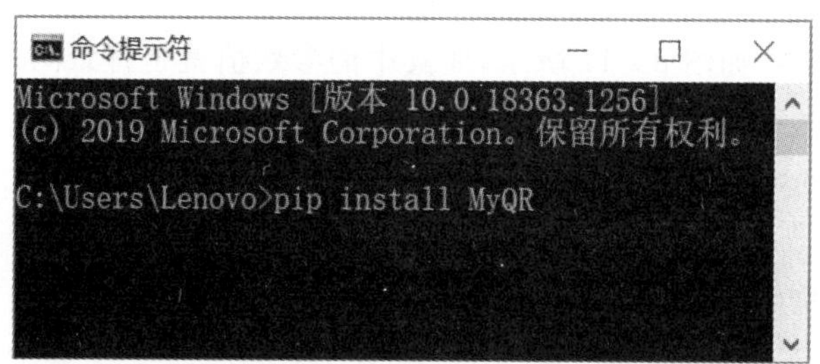

图 8－9　MyQR 库安装窗口

安装第三方库 MyQR 后,编写的 Python 程序最后一行代码如下:

myqr. run(words='http://www. gxust. edu. cn')

该行代码表示通过使用 MyQR 库的 run 方法，设置 words 的值为广西科技大学的官网网址。这样当我们读取程序运行的二维码结果，就可以打开广西科技大学的官网网址。

备注：Python 之所以强大，就是因为它既有 Python 内置函数和标准库，又有第三方库。这些库可用于文件读写、网络抓取和解析、数据连接、数据清洗转换、数据计算和统计分析、图像和视频处理、音频处理、数据挖掘/机器学习/深度学习、数据可视化、交互学习和集成开发等各种功能。

4. 二维码 Python 编程进阶（一）

编写一个 Python 程序，运行输出如图 8－10 所示添加了图像背景的二维码，微信扫该二维码可以打开广西科技大学的官网，保存程序文件名为“MyfirstPython－1. py”。

图 8－10　添加图像背景的二维码

【操作步骤】

1)单击 File（文件）菜单→New File(新文件)，新建一个 Python 程序文件，保存程序文件名为“MyfirstPython－1. py”。

2)将需要加载成二维码的背景图片“img. jpg”与当前程序“MyfirstPython－1. py”保存在同一文件下。

3)在 Python 程序文件窗口书写如图 8－11 所示代码。运行结果如图 8－12 所示，“img_qrcode. png”是程序运行的二维码图片，IDLE 窗口显示运行结果的二维码是二维码显示 16 行，以字节为单位。

4)因为当前程序结果的二维码需要添加图形背景，所以在前面的程序代码基础上增加了 run 方法的 picture 参数，如图 8－11 所示，而其中的参数值就是背景图像名称。

图 8－11　“MyfirstPython－1. py”程序代码

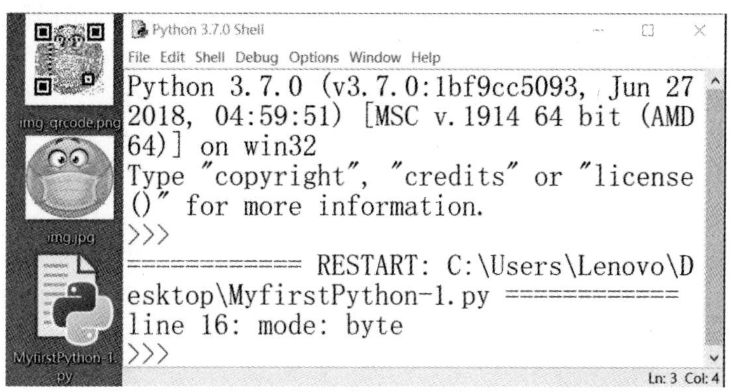

图 8－12　“MyfirstPython－1. py”程序运行结果

5. 二维码 Python 编程进阶(二)

编写一个 Python 程序，运行输出如图 8－13 所示添加了图像背景的彩色二维码，微信扫该二维码可以打开广西科技大学的官网，保存程序文件名为“MyfirstPython－2. py”。

图 8－13　添加图像背景的彩色二维码

【操作步骤】

1)单击 File (文件)菜单→New File(新文件)，新建一个 Python 程序文件，保存程序文件名为“MyfirstPython － 2. py”。将需要加载成二维码的背景图片“img. jpg”与当前程序“MyfirstPython－2. py”保存在同一文件下。

2)在 Python 程序文件窗口书写如图 8－14 所示代码。

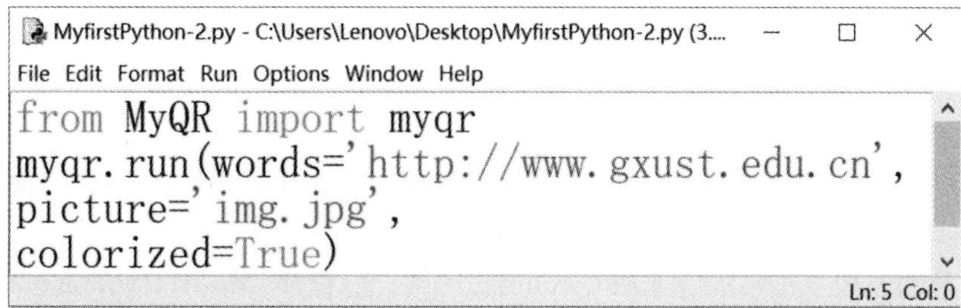

图 8－14　“MyfirstPython－2. py”程序代码

3) 运行结果如图 8-15 所示,“img_qrcode.png”是程序运行的二维码图片,IDLE 窗口显示运行结果的二维码是二维码显示 16 行,以字节为单位。

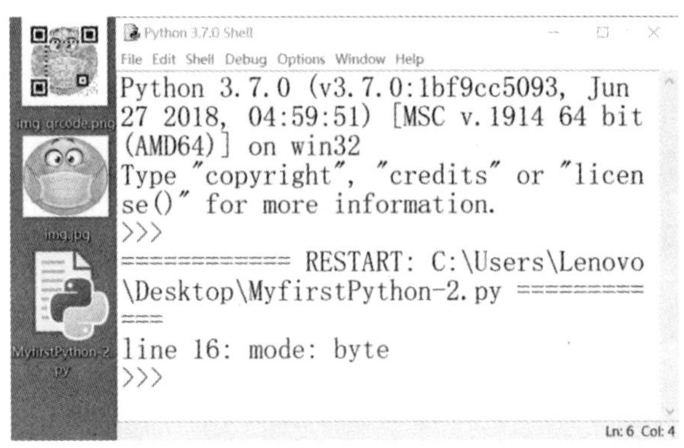

图 8-15 “MyfirstPython-2.py”程序运行结果

4)因为当前程序结果的二维码需要添加彩色图像背景,所以在图 8-11 程序代码的基础上增加了 run 方法的 colorized 参数,如图 8-14 所示,而其中的参数值为“True”。Python 程序设计中,对于判断条件成立,为“真”,即“True”;对于判断条件不成立,为“假”,即“False”。colorized 参数值为“True”表示是有颜色显示。

6.二维码 Python 编程进阶(三)

编写一个 Python 程序,运行输出如图 8-16 所示的动画二维码,微信扫该二维码可以打开广西科技大学的官网,保存程序文件名为“MyfirstPython-3.py”。

图 8-16 动画二维码

【操作步骤】

1)单击 File (文件)菜单→New File(新文件),新建一个 Python 程序文件,保存程序文件名为“MyfirstPython-3.py”。

2)将需要加载成二维码的背景图片“img.gif”与当前程序“MyfirstPython-3.py”保存在同一文件下。

3)在 Python 程序文件窗口书写如图 8-17 所示代码。

MyfirstPython-3.py - C:\Users\Lenovo\Desktop\MyfirstPython-3.py (3.7.0)
File Edit Format Run Options Window Help

```
from MyQR import myqr
myqr.run(words='http://www.gxust.edu.cn',
picture='img.gif',
colorized=True)
```

Ln: 5 Col: 0

图 8－17　“MyfirstPython－3. py”程序代码

4)运行结果如图 8－18 所示，“img_qrcode. gif”是程序运行的二维码图片，IDLE 窗口显示运行结果的二维码是二维码显示 16 行，以字节为单位。

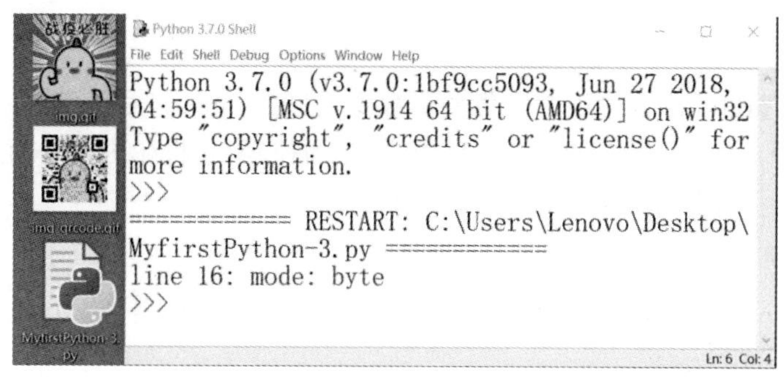

图 8－18　“MyfirstPython－3. py”程序运行结果

5)因为当前程序运行结果的二维码需要添加彩色动画背景，所以在图 8－14 程序代码的基础上改变了 run 方法的 picture 参数值为“gif”后缀类型动画图片。

7. 二维码 Python 编程外篇

以上使用 Python 的第三方库 MyQR 中的 run 方法实现了个性二维码。实际上，还可以通过改变 run 方法的参数(见表 8－1)，调整二维码的输出。

表 8－1　run 方法参数

参数名称	值
words	二维码信息
version	版本(1,2,3,…,40)，默认为 1
level	级别(L,M,Q ,H)，默认为 H
picture	图片，默认为 None
colorized	是否为彩色，默认为 False
contrast	对比度，默认为 1.0
brightness	亮度，默认为 1.0
save_name	输出的文件名，默认为 None，为默认值时，生成的文件名为 qrcode. png

此外，还可以使用 Python 的第三方库 Qrcode 实现更复杂的二维码。

同步练习

结合本章实例，自己尝试输出各种类型的二维码。

8.2 Python 绘图库 Turtle——结构化程序设计

8.2.1 实验目的

- 熟悉 Turtle 库语法元素，了解其绘图坐标体系、画笔控制函数和运动命令函数。
- 初步掌握 Python 程序设计的基本结构。

8.2.2 实验内容

1. 认识 Python 内置库 Turtle

Turtle 库是 Python 语言中绘制图像的函数库，想象一下一只小海龟，在一个横轴为 x、纵轴为 y 的坐标系原点(0,0)位置，根据一组函数指令的控制，它将在这个平面坐标系中移动，从而在它爬行的路径上绘制图形，多么奇妙的画面！

2. 绘制正方形

编写一个 Python 程序，运行输出如图 8-19 所示，保存文件名为“MyPython2-1.py”。

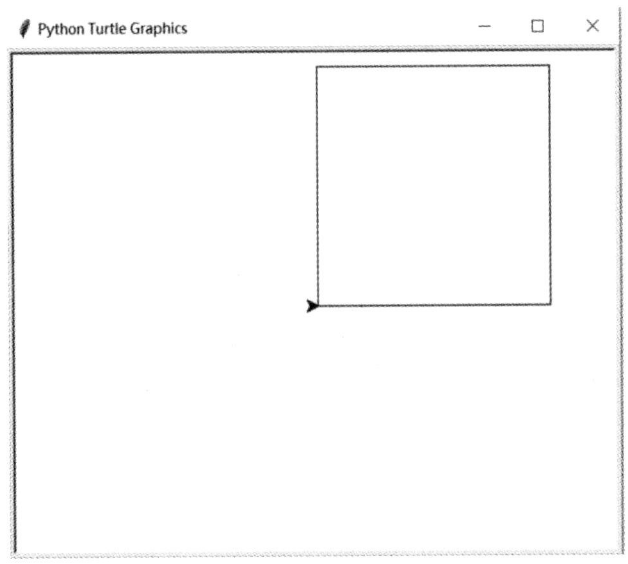

图 8-19　Turtle 库绘制正方形

【操作步骤】

1)单击 File (文件)菜单→New File(新文件)，新建一个 Python 程序文件，保存文件名为“MyPython2-1.py”。

2)在 Python 程序文件窗口书写如图 8-20 所示代码。

3)单击 Run (运行)菜单→Run Module 运行程序，结果如图 8-19 所示，绘制了一个黑色边框(默认颜色)的正方形。

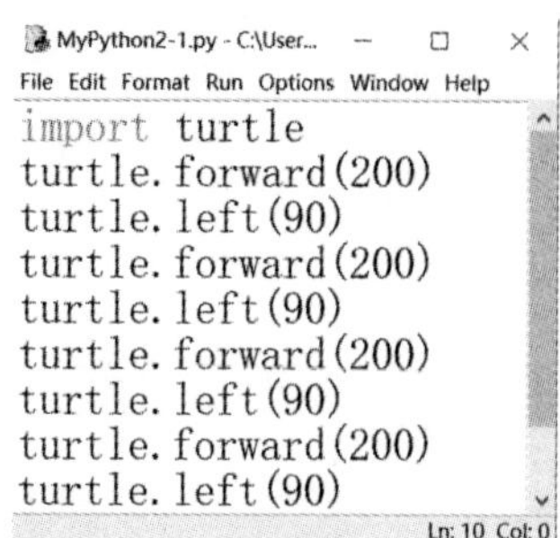

图 8-20　绘制正方形程序

程序解析：

import turtle

与之前的二维码绘制相似，需要首先加载库，才能顺利使用 Turtle 库绘图，所以第一条语句是加载 Turtle 库。

turtle.forward(200)

forward(d)是运动控制函数，可以简写为 fd(d)，表示直行 d 个像素。运行结果中显示有一个箭头向前移动绘制一条直线，长度为 200 像素。

turtle.left(90)

left(angle)是左转函数，angle 表示转的角度值。以上语句表示小海龟旋转 90 度。

接下来的代码是不断重复以上两条语句，因此小海龟继续左转 90 度画直线。

这样反复画四条直线后，就形成了一个正方形。

3. 用循环结构语句绘制正方形

编写一个 Python 程序，运行输出如图 8-21 所示，保存程序文件名为“MyPython2-2.py”。

【操作步骤】

1)单击 File (文件)菜单→New File(新文件)，新建一个 Python 程序文件，保存程序文件名为“MyPython2-2.py”。

2)在 Python 程序文件窗口书写如图 8-22 所示代码。

3)单击 Run (运行)菜单→Run Module 运行程序，结果如图 8-21 所示，绘制了一个黑色边框、绿色背景的正方形。

程序解析：

在这个程序中，我们使用了更多 Turtle 库中的函数，注释如下：

```
turtle.title("正方形")          # title 函数为画图窗口添加标题“正方形”
turtle.shape("turtle")          # shape 函数调入小海龟形状
turtle.begin_fill()             # 开始填充背景颜色
turtle.fillcolor('green')       # 背景颜色填充为绿色
turtle.end_fill()               # 结束填充颜色
```

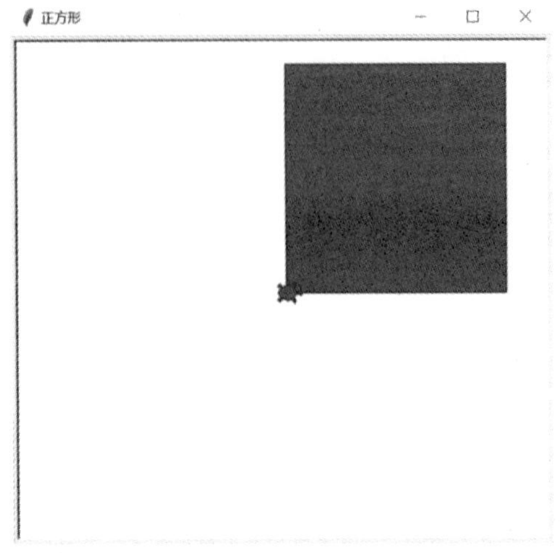

图 8－21　Turtle 库绘制绿色的正方形

图 8－22　绘制正方形程序

```
turtle.fd(200)
turtle.left(90)
```

如图 8－20 所示，其中的代码是不断重复以上两条语句，因此小海龟重复左转 90 度画直线。那这种重复执行的语句，在 Python 语言中我们是可以采用循环结构来控制执行次数的，如下语句中，我们使用了 for 循环和 range( )函数搭配使用实现。

```
for i in range(4):
    turtle.fd(200)
    turtle.left(90)
```

range(4)函数将生成数字序列值分别是 0、1、2、3，for 语句中的 i 值初值为 0，默认每执行一次语句递增 1，因此它分别匹配 range()函数序列值，每获得一个值，执行两条语句。直到 i 值为 4，超过 range()函数序列值，结束循环结构。

更多 Turtle 库中的常用函数如图 8－23 所示。

功能	命令
设置海龟的外形	turtle.shape()
设置痕迹的颜色	turtle.color()
海龟向前移动	turtle.forward()或者turtle.fd()
海龟向后移动	turtle.backward()或者turtle.bk()
海龟向左转	turtle.left()或者turtle.lt()
海龟向右转	turtle.right()或者turtle.rt()
让海龟离开屏幕（此时海龟爬过的地方不留痕迹）	turtle.up()
让海龟回到屏幕	turtle.down()
设置海龟爬行的速度	turtle.speed()
让海龟画圆	turtle.circle()
开始填充	turtle.begin_fill()
结束填充	turtle.end_fill()

图 8－23　Turtle 库中常用的函数

4. 绘制螺旋线

编写一个 Python 程序，运行输出如图 8－24 所示，保存程序文件名为“MyPython2－3. py”。

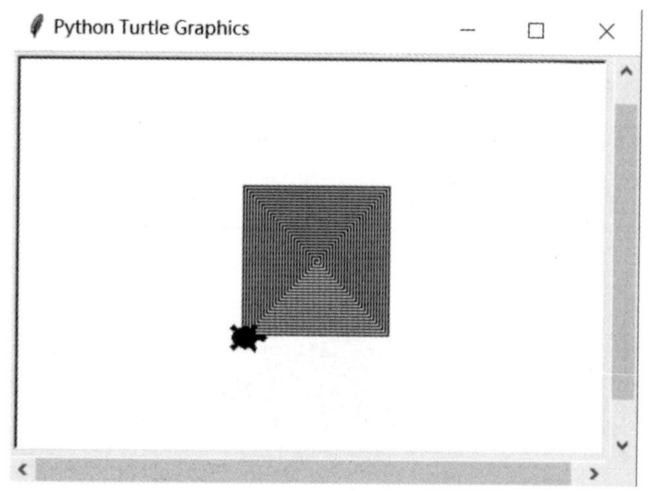

图 8－24　Turtle 库绘制螺旋线

【操作步骤】

1）单击 File（文件）菜单→New File（新文件），新建一个 Python 程序文件，保存程序文件名为“MyPython2－3. py”。

2）在 Python 程序文件窗口书写如图 8－25 所示代码。

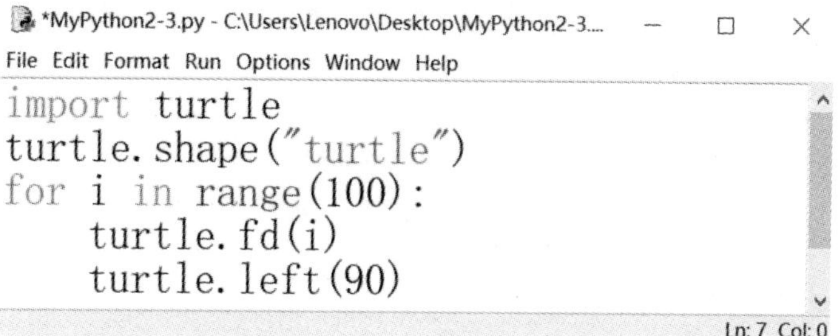

图 8－25　绘制螺旋线程序

3）单击 Run（运行）菜单→Run Module 运行程序，结果如图 8－24 所示，绘制了一个黑色边线的螺旋线。

程序解析：

```
for i inrange(100):
    turtle.fd(i)
    turtle.left(90)
```

对比一下当前代码与图 8－22 的循环结构语句，其中主要的区别首先是 range()函数中的参数值由 4 变成了 100，这个不难理解，循环次数由 4 次变成了 100 次，那么就会绘制 100 条直线。

其次的区别就是fd()函数中的参数由200改变成了i,这又是出于什么原因呢?其实仔细想一想,如果参数是200,那么每次绘制的直线就是一样长度,绘制100条,就是重复绘制100个正方形。所以当我们用i代替200,由于循环增量的变化,每次绘制直线的长度都不一样,这样才能实现螺旋线的绘制。在Python程序中,我们称参数i为变量,因为每一次它都获取了不同的值。

5. 绘制螺旋线进阶(一)

编写一个Python程序,运行输出如图8-26所示,保存文件名为“MyPython2-4.py”。

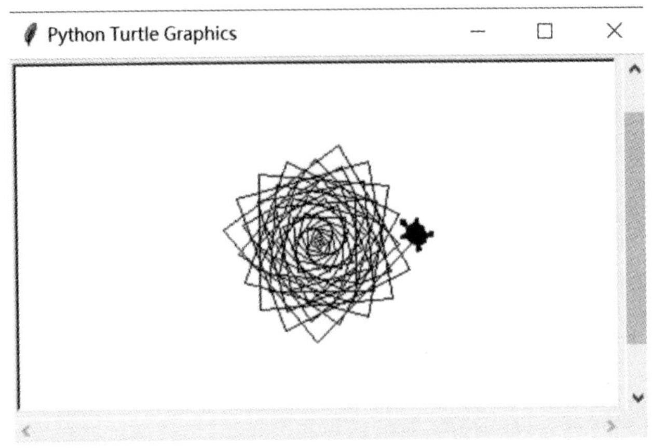

图8-26　Turtle库绘制螺旋线

【操作步骤】

1)单击File(文件)菜单→New File(新文件),新建一个Python程序文件,保存程序文件名为“MyPython2-4.py”。

2)在Python程序文件窗口书写如图8-27所示代码。

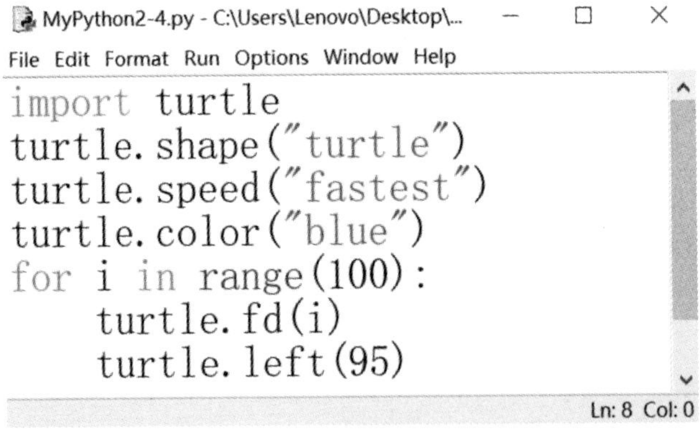


```
import turtle
turtle.shape("turtle")
turtle.speed("fastest")
turtle.color("blue")
for i in range(100):
    turtle.fd(i)
    turtle.left(95)
```

图8-27　绘制螺旋线程序

3)单击Run(运行)菜单→Run Module运行程序,结果如图8-26所示,绘制了蓝色边线的螺旋线。

程序解析：

```
turtle.speed("fastest")          #speed()函数设置小海龟以最快速度画图
turtle.color("blue")             #color()函数设置画笔颜色为蓝色
turtle.left(95)
```

与图 8－25 的 left()函数对比，区别是参数值由 90 度变成了 95 度，因此绘制的螺旋线发生了一定的偏转，类似于一个万花筒的形状，但是颜色还不够多彩，那么接下来我们继续进阶。

6. 绘制螺旋线进阶(二)

编写一个 Python 程序，运行输出如图 8－28 所示，保存文件名为“MyPython2－5. py”。

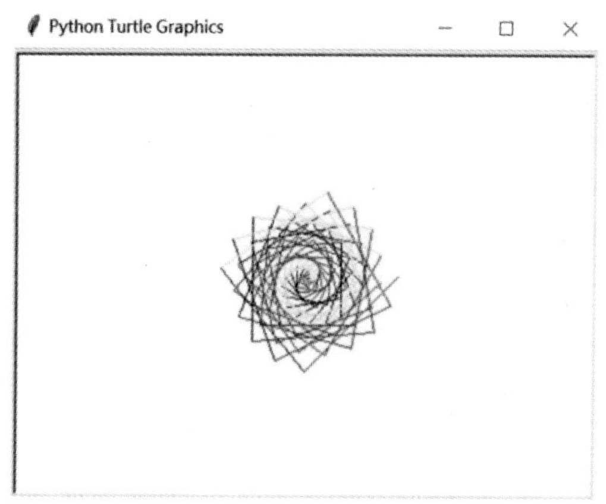

图 8－28　Turtle 库绘制螺旋线

【操作步骤】

1)单击 File (文件)菜单→New File(新文件)，新建一个 Python 程序文件，保存程序文件名为“MyPython2－5. py”。

2)在 Python 程序文件窗口书写如图 8－29 所示代码。

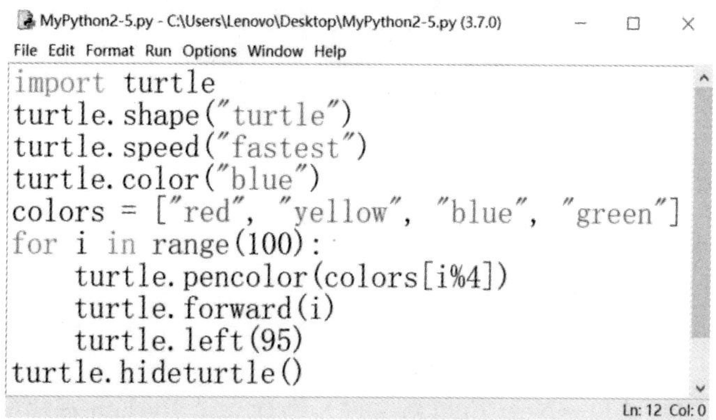


```
import turtle
turtle.shape("turtle")
turtle.speed("fastest")
turtle.color("blue")
colors = ["red", "yellow", "blue", "green"]
for i in range(100):
    turtle.pencolor(colors[i%4])
    turtle.forward(i)
    turtle.left(95)
turtle.hideturtle()
```

图 8－29　绘制螺旋线程序

3)单击 Run (运行)菜单→Run Module 运行程序，结果如图 8－28 所示，绘制了红黄蓝绿四种颜色边线的螺旋线。

程序解析：

turtle. hideturtle()　　　　#小海龟隐藏起来，这样不影响图像效果

当前程序结果类似于一个多彩万花筒形状，关键是颜色变成了四种。这里的核心是colors，一个列表变量。

列表是最常用的 Python 数据类型，它可以作为一个方括号内的逗号分隔值出现，列表的数据项不需要具有相同的类型。

colors = ["red", "yellow", "blue", "green"]

colors 作为颜色担当，汇聚了四种颜色构成颜色列表。

那么接下来我们认识一下列表中的值的表示形式。列表中的值我们称之为列表元素，比如 colors[0]就是第一个列表元素，它的值就是"red"，colors[1]的值就是"yellow"，colors[2]的值就是"blue"，colors[3]的值就是"green"。

turtle. pencolor(colors[i%4])

pencolor()函数功能和 color()函数一样，都是设置画笔颜色的。colors[i%4]是 pencolor()函数的参数，为了能够顺序使用 colors 这个颜色列表中的每一个元素，我们采用了 i%4 作为列表元素的索引值，也就是我们平时理解的序号。这样按序使用四种颜色。

i%4 中的"%"符号，在 Python 中是求余符号，就是取 i 除以 4 的余数。我们数学中的加、减、乘、除，以及这里的求余符号，都是算数运算符号，也经常使用在 Python 的程序设计之中。

7. 绘制奥运五环图

编写一个 Python 程序，运行输出如图 8－30 所示，保存文件名为"MyPython2－6. py"。

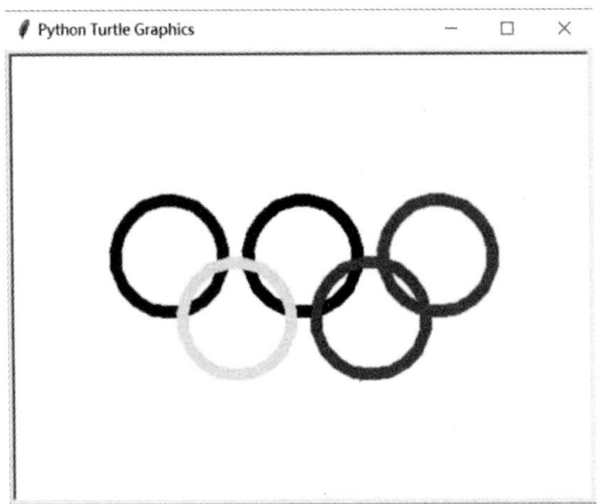

图 8－30　Turtle 库绘制奥运五环图

【操作步骤】

1)单击 File (文件)菜单→New File(新文件)，新建一个 Python 程序文件，保存文件名为"MyPython2－6. py"。

2)在 Python 程序文件窗口书写如图 8－31 所示代码。

3)单击 Run (运行)菜单→Run Module 运行程序，结果如图 8－30 所示，绘制了五种颜色的圆。

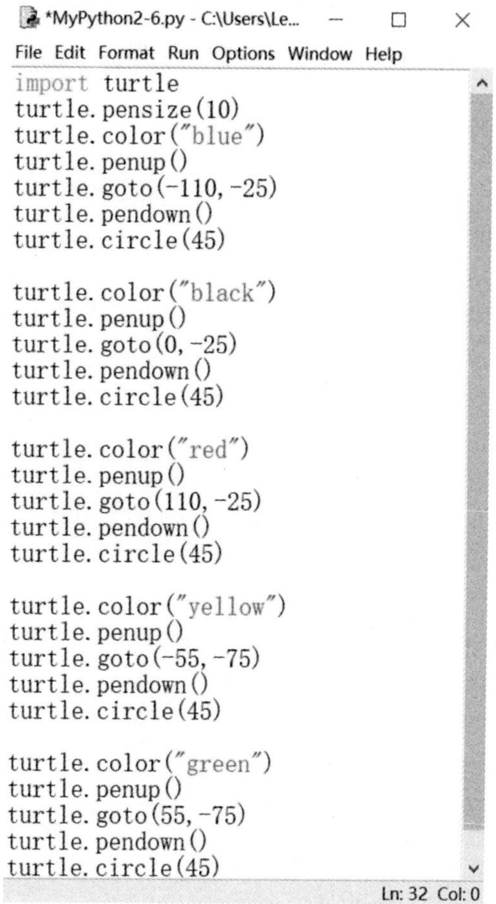

图 8－31　绘制奥运五环图程序

程序解析：

turtle.penup()　　　　#海龟离开屏幕

turtle.goto(－110,－25)　#海龟移动到指定坐标(－110,－25)位置

turtle.pendown()　　　#海龟回到屏幕

turtle.circle(45)　　#海龟画圆,45 像素是半径长度

turtle.circle()函数

定义:turtle.circle(radius, extent=None)

作用:根据半径 radius 绘制 extent 角度的弧形,省略 extent 绘制圆。

参数:

radius :弧形半径

当 radius 值为正数时,圆心在当前位置/小海龟左侧。

当 radius 值为负数时,圆心在当前位置/小海龟右侧。

extent :弧形角度。当无该参数或参数为 None 时,绘制整个圆形。

当 extent 值为正数时,顺小海龟当前方向绘制。

当 extent 值为负数时,逆小海龟当前方向绘制。

7. 自定义函数绘制简单城市剪影图形

编写一个 Python 程序，运行输出如图 8 - 32 所示，保存文件名为“MyPython2 - 7. py”。

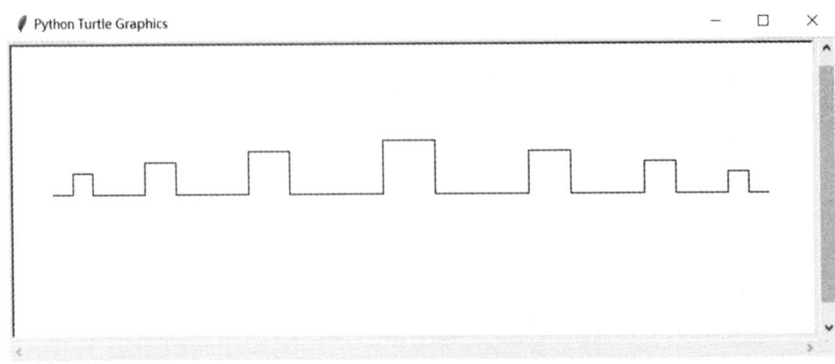

图 8 - 32　Turtle 库绘制城市剪影图形

【操作步骤】

1)单击 File (文件)菜单→New File(新文件)，新建一个 Python 程序文件，保存程序文件名为“MyPython2 - 7. py”。

2)在 Python 程序文件窗口书写如图 8 - 33 所示代码。

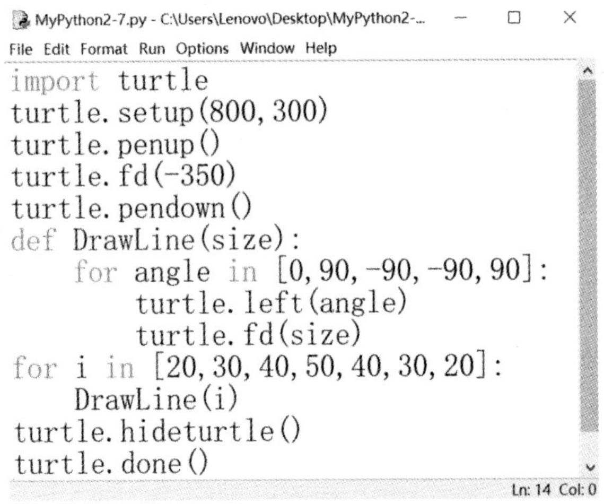


```
import turtle
turtle.setup(800,300)
turtle.penup()
turtle.fd(-350)
turtle.pendown()
def DrawLine(size):
    for angle in [0,90,-90,-90,90]:
        turtle.left(angle)
        turtle.fd(size)
for i in [20,30,40,50,40,30,20]:
    DrawLine(i)
turtle.hideturtle()
turtle.done()
```

图 8 - 33　绘制城市剪影图形程序

3)单击 Run (运行)菜单→Run Module 运行程序，结果如图 8 - 32 所示，绘制了城市剪影图形。

程序解析：

turtle. setup(800,300)　　　　#设置海龟绘图屏幕大小

turtle. setup(width,height,startx,starty)

作用：设置主窗口的大小和位置。

参数：

width：窗口宽度，如果值是整数，表示像素值；如果值是小数，表示窗口宽度与屏幕的比例。

height：窗口高度，如果值是整数，表示像素值；如果值是小数，表示窗口高度与屏幕的比例。

startx：窗口左侧与屏幕左侧的像素距离，如果值是 None，窗口位于屏幕水平中央。

starty：窗口顶部与屏幕顶部的像素距离，如果值是 None，窗口位于屏幕垂直中央。

```
defDrawLine(size)：＃自定义函数名 DrawLine
        for angle in [0,90,－90,－90,90]：＃角度列表值
            turtle. left(angle)
            turtle. fd(size)
for i in [20,30,40,50,40,30,20]：＃角度列表值
        DrawLine(i)      ＃函数调用语句
```

循环结构可以让我们重复利用语句块，那么对于某些语句结构块，我们使用自己定义的函数可以将功能模块化使用。例如我们此处的 DrawLine()函数就是将左转和前进的语句封装成了一个模块，不论绘制多少次，只需要使用 DrawLine(i)来调用它就可以执行图形的绘制。

同步练习

参考本章节实例，使用 Turtle 库编程绘制如图 8－34 所示的太极图。

图 8－34　太极图

8.3　Turtle 库综合练习

综合练习一

第 1 题　使用 Turtle 库的 fd()、seth()、pencolor()函数绘制嵌套五边形，五边形边长从 1 像素开始，第一条边从 0 度方向开始，边长按照 2 个像素递增，每条边使用一种颜色，效果如图 8－35 所示。

第 2 题　使用 Turtle 库编程绘制如图 8－36 所示的太阳花图形。

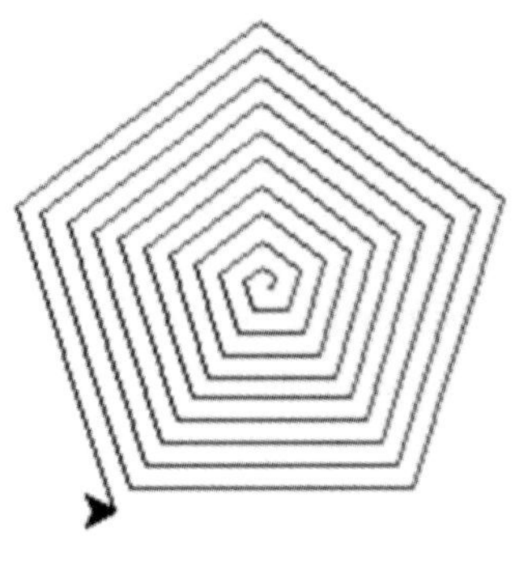

图 8-35 嵌套五边形

图 8-36 太阳花

综合练习二

第 1 题 使用 turtle 库的 fd()、seth()、pencolor()函数绘制彩色嵌套八边形，八边形边长从 1 像素开始，第一条边从 0 度方向开始，边长按照 2 个像素递增，每一圈边使用一种颜色，一共有 3 种颜色，效果如图 8-37 所示。

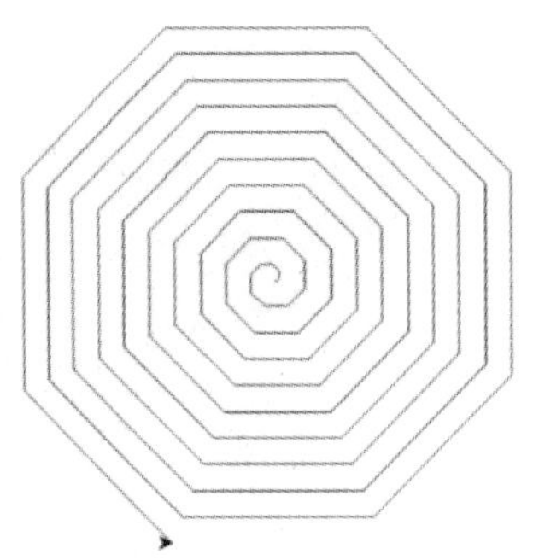

图 8-37 嵌套八边形

第 2 题 使用 Turtle 库编程绘制如图 8-38 所示图形。

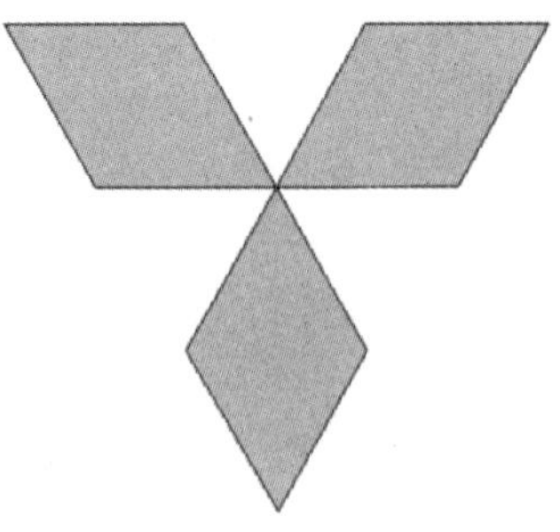

图 8-38 三个菱形的组合

综合练习三

第 1 题　使用 turtle 库绘制六角菱形，效果如图 8－39 所示。

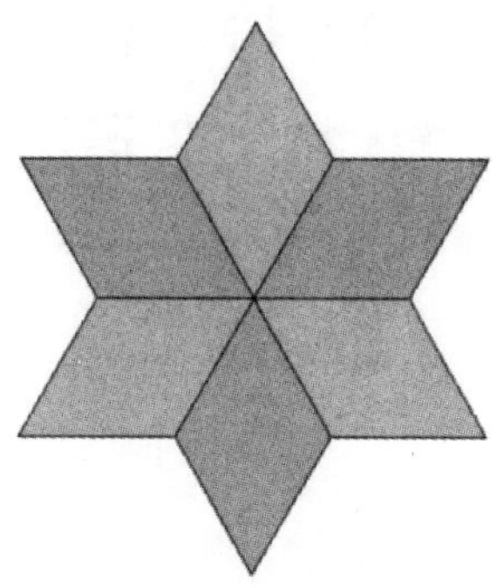

图 8－39　六角菱形

第 2 题　使用 turtle 库编程绘制如图 8－40 所示电子时钟图形。

图 8－40　电子时钟

附录1　全国计算机等级考试一级计算机基础及MS Office应用考试大纲（2021年版）

基本要求

1.掌握算法的基本概念。

2.具有微型计算机的基础知识(包括计算机病毒的防治常识)。

3.了解微型计算机系统的组成和各部分的功能。

4.了解操作系统的基本功能和作用,掌握 Windows 7 的基本操作和应用。

5.了解计算机网络的基本概念和因特网(Internet)的初步知识,掌握 IE 浏览器软件和 Outlook 软件的基本操作和使用。

6.了解文字处理的基本知识,熟练掌握文字处理软件 Word 2016 的基本操作和应用,熟练掌握一种汉字(键盘)输入方法。

7.了解电子表格软件的基本知识,掌握电子表格软件 Excel 2016 的基本操作和应用。

8.了解多媒体演示软件的基本知识,掌握演示文稿制作软件 PowerPoint 2016 的基本操作和应用。

考试内容

一、计算机基础知识

1.计算机的发展、类型及其应用领域。

2.计算机中数据的表示与存储。

3.多媒体技术的概念与应用。

4.计算机病毒的概念、特征、分类与防治。

5.计算机网络的概念、组成和分类,计算机与网络信息安全的概念和计算机病毒的防控。

二、操作系统的功能和使用

1.计算机软、硬件系统的组成及主要技术指标。

2.操作系统的基本概念、功能、组成及分类。

3.Windows 7 操作系统的基本概念和常用术语,文件、文件夹、库等。

4.Windows 7 操作系统的基本操作和应用:

1)桌面外观的设置,基本的网络配置。

2)熟练掌握资源管理器的操作与应用。

3)掌握文件、磁盘、显示属性的查看、设置等操作。

4)中文输入法的安装、删除和选用。

5)掌握对文件、文件夹和关键字的搜索。

6)了解软、硬件的基本系统工具。

5. 了解计算机网络的基本概念和因特网的基础知识,主要包括网络硬件和软件,TCP/IP协议的工作原理,以及网络应用中常见的概念,如域名、IP 地址、DNS 服务等。

6. 能够熟练掌握浏览器、电子邮件的使用和操作。

三、文字处理软件的功能和使用

1. Word 2016 的基本概念,Word 2016 的基本功能、运行环境、启动和退出。

2. 文档的创建、打开、输入、保存、关闭等基本操作。

3. 文本的选定、插入与删除、复制与移动、查找与替换等基本编辑技术,多窗口和多文档的编辑。

4. 字体格式设置、文本效果修饰、段落格式设置、文档页面设置、文档背景设置和文档分栏等基本排版技术。

5. 表格的创建、修改,表格的修饰,表格中数据的输入与编辑,数据的排序和计算。

6. 图形和图片的插入,图形的建立和编辑,文本框、艺术字的使用和编辑。

7. 文档的保护和打印。

四、电子表格软件的功能和使用

1. 电子表格的基本概念和基本功能,Excel 2016 的基本功能、运行环境、启动和退出。

2. 工作簿和工作表的基本概念和基本操作,工作簿和工作表的建立、保存和退出;数据输入和编辑;工作表和单元格的选定、插入、删除、复制、移动;工作表的重命名和工作表窗口的拆分和冻结。

3. 工作表的格式化,包括设置单元格格式、设置列宽和行高、设置条件格式、使用样式、自动套用模式和使用模板等。

4. 单元格绝对地址和相对地址的概念,工作表中公式的输入和复制,常用函数的使用。

5. 图表的建立、编辑、修改和修饰。

6. 数据清单的概念,数据清单的建立,数据清单内容的排序、筛选、分类汇总,数据合并,数据透视表的建立。

7. 工作表的页面设置、打印预览和打印,工作表中链接的建立。

8. 保护和隐藏工作簿和工作表。

五、PowerPoint 的功能和使用

1. PowerPoint 2016 的基本功能、运行环境、启动和退出。

2. 演示文稿的创建、打开、关闭和保存。

3. 演示文稿视图的使用,幻灯片的基本操作(编辑版式、插入、移动、复制和删除)。

4. 幻灯片的基本制作方法(文本、图片、艺术字、形状、表格等插入及格式化)。

5. 演示文稿主题选用与幻灯片背景设置。
6. 演示文稿放映设计(动画设计、放映方式设计、切换效果设计)。
7. 演示文稿的打包和打印。

考试方式

上机考试,考试时长 90 分钟,满分 100 分。

一、题型及分值

单项选择题(计算机基础知识和网络的基本知识)　20 分
Windows 7 操作系统的使用　10 分
Word 2016 操作　25 分
Excel 2016 操作　20 分
PowerPoint 2016 操作　15 分
浏览器(IE)的简单使用和电子邮件收发　10 分

二、考试环境

操作系统:Windows 7。
考试环境:Microsoft Office 2016。

附录 2　全国计算机等级考试二级 MS Office 高级应用与设计考试大纲（2021 年版）

基本要求

1. 正确采集信息并能在文字处理软件 Word、电子表格软件 Excel、演示文稿制作软件 PowerPoint 中熟练应用。

2. 掌握 Word 的操作技能，并熟练应用编制文档。

3. 掌握 Excel 的操作技能，并熟练应用进行数据计算及分析。

4. 掌握 PowerPoint 的操作技能，并熟练应用制作演示文稿。

考试内容

一、Microsoft Office 应用基础

1. Office 应用界面使用和功能设置。

2. Office 各模块之间的信息共享。

二、Word 的功能和使用

1. Word 的基本功能，文档的创建、编辑、保存、打印和保护等基本操作。

2. 设置字体和段落格式、应用文档样式和主题、调整页面布局等排版操作。

3. 文档中表格的制作与编辑。

4. 文档中图形、图像(片)对象的编辑和处理，文本框和文档部件的使用，符号与数学公式的输入与编辑。

5. 文档的分栏、分页和分节操作，文档页眉、页脚的设置，文档内容引用操作。

6. 文档的审阅和修订。

7. 利用邮件合并功能批量制作和处理文档。

8. 多窗口和多文档的编辑，文档视图的使用。

9. 控件和宏功能的简单应用。

10. 分析图文素材，并根据需求提取相关信息引用到 Word 文档中。

三、Excel 的功能和使用

1. Excel 的基本功能，工作簿和工作表的基本操作，工作视图的控制。

2. 工作表数据的输入、编辑和修改。
3. 单元格格式化操作，数据格式的设置。
4. 工作簿和工作表的保护、版本比较与分析。
5. 单元格的引用，公式、函数和数组的使用。
6. 多个工作表的联动操作。
7. 迷你图和图表的创建、编辑与修饰。
8. 数据的排序、筛选、分类汇总、分组显示和合并计算。
9. 数据透视表和数据透视图的使用。
10. 数据的模拟分析、运算与预测。
11. 控件和宏功能的简单应用。
12. 导入外部数据并进行分析，获取和转换数据并进行处理。
13. 使用 Power Pivot 管理数据模型的基本操作。
14. 分析数据素材，并根据需求提取相关信息引用到 Excel 文档中。

四、PowerPoint 的功能和使用

1. PowerPoint 的基本功能和基本操作，幻灯片的组织与管理，演示文稿的视图模式和使用。
2. 演示文稿中幻灯片的主题应用、背景设置、母版制作和使用。
3. 幻灯片中文本、图形、SmartArt、图像（片）、图表、音频、视频、艺术字等对象的编辑和应用。
4. 幻灯片中对象动画、幻灯片切换效果、链接操作等交互设置。
5. 幻灯片放映设置，演示文稿的打包和输出。
6. 演示文稿的审阅和比较。
7. 分析图文素材，并根据需求提取相关信息引用到 PowerPoint 文档中。

考试方式

上机考试，考试时长 120 分钟，满分 100 分。

1. 题型及分值

单项选择题　20 分（含公共基础知识部分[①]　10 分）；

Word 操作　30 分；

Excel 操作　30 分；

PowerPoint 操作　20 分。

2. 考试环境

操作系统：中文版 Windows 7。

考试环境：Microsoft Office 2016。

---

① 公共基础知识部分内容详见高等教育出版社出版的《全国计算机等级考试二级教程——公共基础知识（2021 年版）》。

附录3　全国计算机等级考试一级 MS Office 基础知识题及答案解析

1. 计算机采用的主机电子器件的发展顺序是(　　)。

A. 晶体管、电子管、中小规模集成电路、大规模和超大规模集成电路

B. 电子管、晶体管、中小规模集成电路、大规模和超大规模集成电路

C. 晶体管、电子管、集成电路、芯片

D. 电子管、晶体管、集成电路、芯片

【解析】答案 B。计算机从诞生发展至今所采用的逻辑元件的发展顺序是电子管、晶体管、集成电路、大规模和超大规模集成电路。

2. 世界上第一台电子计算机诞生于(　　)年。

A. 1952　　B. 1946　　C. 1939　　D. 1958

【解析】答案 B。世界上第一台名为 ENIAC 的电子计算机诞生于美国宾夕法尼亚大学。

3. CAM 的含义是(　　)。

A. 计算机辅助设计　B. 计算机辅助教学　C. 计算机辅助制造　D. 计算机辅助测试

【解析】答案 C。计算机辅助制造简称 CAM，计算机辅助教学简称 CAI，计算机辅助设计简称 CAD，计算机辅助检测简称 CAE。

4. 下面四条常用术语的叙述中，有错误的是(　　)。

A. 光标是显示屏上指示位置的标志

B. 汇编语言是一种面向机器的低级程序设计语言，用汇编语言编写的程序计算机能直接执行

C. 总线是计算机系统中各部件之间传输信息的公共通路

D. 读写磁头是既能从磁表面存储器读出信息又能把信息写入磁表面存储器的装置

【解析】答案 B。用汇编语言编制的程序称为汇编语言程序，汇编语言程序不能被机器直接识别和执行，必须由"汇编程序"(或汇编系统)翻译成机器语言程序才能运行。

5. 计算机系统由(　　)组成。

A. 主机和显示器　　B. 微处理器和软件

C. 硬件系统和应用软件　　D. 硬件系统和软件系统

【解析】答案 D。计算机系统是由硬件系统和软件系统两部分组成的。

6. 微型计算机硬件系统中最核心的部位是(　　)。

A. 主板　　B. CPU　　C. 内存储器　　D. I/O 设备

【解析】答案 B。微型计算机硬件系统由主板、中央处理器(CPU)、内存储器和输入/输出(I/O)设备组成，其中中央处理器(CPU)是硬件系统中最核心的部件。

7. 微型计算机的主机包括(　　)。

A. 运算器和控制器　　B. CPU 和内存储器

C. CPU 和 UPS　　D. UPS 和内存储器

【解析】答案 B。微型计算机的主机包括 CPU 和内存储器。UPS 为不间断电源，它可以保障计算机系统在停电之后继续工作一段时间，以使用户能够紧急存盘，避免数据丢失，属于外部设备。运算器和控制器是 CPU 的组成部分。

8. 微型计算机，控制器的基本功能是(　　)。

A. 进行计算运算和逻辑运算　　B. 存储各种控制信息

C. 保持各种控制状态　　D. 控制机器各个部件协调一致地工作

【解析】答案 D。选项 A 为运算器的功能，选项 B 为存储器的功能。控制器中含有状态寄存器，主要用于保持程序运行状态，选项 C 是控制器的功能，但不是控制器的基本功能，控制器的基本功能为控制机器各个部件协调一致地工作，故选项 D 为正确答案。

9. 下列不属于微型计算机的技术指标的一项是(　　)。

A. 字节　　B. 时钟主频　　C. 运算速度　　D. 存取周期

【解析】答案 A。计算机主要技术指标有主频、字长、运算速度、存储容量和存取周期。字节是衡量计算机存储器存储容量的基本单位。

10. RAM 具有的特点是(　　)。

A. 海量存储

B. 存储在其中的信息可以永久保存

C. 一旦断电，存储在其上的信息将全部消失且无法恢复

D. 存储在其中的数据不能改写

【解析】答案 C。随机存储器(RAM)特点是：读写速度快，最大的不足是断电后内容立即永久消失，加电后也不会自动恢复，即具有易失性。

11. 半导体只读存储器(ROM)与半导体随机存取存储器(RAM)的主要区别在于(　　)。

A. ROM 可以永久保存信息，RAM 在断电后信息会丢失

B. ROM 断电后，信息会丢失，RAM 则不会

C. ROM 是内存储器，RAM 是外存储器

D. RAM 是内存储器，ROM 是外存储器

【解析】答案 A。只读存储器(ROM)和随机存储器(RAM)都属于内存储器(内存)。只读存储器(ROM)特点是：只能读出(存储器中)原有的内容，而不能修改，即只能读，不能写。断电以后内容不会丢失，加电后会自动恢复，即具有非易失性。随机存储器(RAM)特点是：读写速度快，最大的不足是断电后，内容立即消失，即易失性。

12. 在微型计算机内存储器中不能用指令修改其存储内容的部分是(　　)。

A. RAM　　B. DRAM　　C. ROM　　D. SRAM

【解析】答案 C。ROM 为只读存储器，一旦写入，不能对其内容进行修改。

13. 微机中访问速度最快的存储器是(　　)。

A. CD-ROM　　B. 硬盘　　C. U 盘　　D. 内存

【解析】答案 D。中央处理器(CPU)直接与内存打交道，即 CPU 可以直接访问内存。而外存储器只能先将数据指令先调入内存然后再由内存调入 CPU，CPU 不能直接访问外存储器。CD-ROM、硬盘和 U 盘都属于外存储器，因此，内存储器比外存储器的访问周期更短。

14. 下列关于硬盘的说法错误的是(　　)。

A. 硬盘中的数据断电后不会丢失

B. 每个计算机主机有且只能有一块硬盘

C. 硬盘可以进行格式化处理

D. CPU 不能够直接访问硬盘中的数据

【解析】答案 B。硬盘的特点是存储容量大、存取速度快。硬盘可以进行格式化处理,格式化后,硬盘上的数据丢失。每台计算机可以安装一块以上的硬盘,扩大存储容量。CPU 只能通过访问硬盘存储在内存中的信息来访问硬盘。断电后,硬盘中存储的数据不会丢失。

15. 下列几种存储器,存取周期最短的是(　　)。

A. 内存储器　　B. 光盘存储器　　C. 硬盘存储器　　D. 软盘存储器

【解析】答案 A。内存是计算机写入和读取数据的中转站,它的速度是最快的。存取周期最短的是内存,其次是硬盘,再次是光盘,最慢的是软盘。

16. 下列关于存储的叙述中,正确的是(　　)。

A. CPU 能直接访问存储在内存中的数据,也能直接访问存储在外存中的数据

B. CPU 不能直接访问存储在内存中的数据,能直接访问存储在外存中的数据

C. CPU 只能直接访问存储在内存中的数据,不能直接访问存储在外存中的数据

D. CPU 既不能直接访问存储在内存中的数据,也不能直接访问存储在外存中的数据

【解析】答案 C。中央处理器(CPU)直接与内存打交道,即 CPU 可以直接访问内存。而外存储器只能先将数据指令先调入内存然后再由内存调入 CPU,CPU 不能直接访问外存储器。

17. 下面设备中,既能向主机输入数据又能接收由主机输出数据的设置是(　　)。

A. CD－ROM　　B. 显示器　　C. 软磁盘存储器　　D. 光笔

【解析】答案 C。CD－ROM 和光笔只能向主机输入数据,显示器只能接收由主机输出数据,软磁盘存储器是可读写的存储器,它既能向主机输入数据又能接收由主机输出的数据。

18. 在微型计算机技术中,通过系统(　　)把 CPU、存储器、输入设备和输出设备连接起来,实现信息交换。

A. 总线　　B. I/O 接口　　C. 电缆　　D. 通道

【解析】答案 A。在计算机的硬件系统中,通过总线将 CPU、存储器、I/O 连接起来进行信息交换。

19.(　　)是系统部件之间传送信息的公共通道,各部件由总线连接并通过它传递数据和控制信号。

A. 总线　　B. I/O 接口　　C. 电缆　　D. 扁缆

【解析】答案 A。总线是系统部件之间传递信息的公共通道,各部件由总线连接并通过它传递数据和控制信号。

20. 下列有关总线和主板的叙述中,错误的是(　　)。

A. 外设可以直接挂在总线上

B. 总线体现在硬件上就是计算机主板

C. 主板上配有插 CPU、内存条、显示卡等的各类扩展槽或接口,而光盘驱动器和硬盘驱动器则通过扁缆与主板相连

D. 在电脑维修中,把 CPU、主板、内存、显卡加上电源所组成的系统叫最小化系统

【解析】答案 A。所有外部设备都通过各自的接口电路连接到计算机的系统总线上，而不能像内存一样直接挂在总线上。这是因为 CPU 只能处理数字的且是并行的信息，而且处理速度比外设快，故需要接口来转换和缓存信息。

21. 计算机系统采用总线结构对存储器和外设进行协调。总线主要由(　　)三部分组成。

A. 数据总线、地址总线和控制总线

B. 输入总线、输出总线和控制总线

C. 外部总线、内部总线和中枢总线

D. 通信总线、接收总线和发送总线

【解析】答案 A。计算机系统总线是由数据总线、地址总线和控制总线部分组成。

22. 下列有关计算机结构的叙述中，错误的是(　　)。

A. 最早的计算机基本上采用直接连接的方式，冯・诺依曼研制的计算机 IAS，基本上就采用了直接连接的结构

B. 直接连接方式连接速度快，而且易于扩展

C. 数据总线的位数，通常与 CPU 的位数相对应

D. 现代计算机普遍采用总线结构

【解析】答案 B。最早的计算机使用直接连接的方式，运算器、存储器、控制器和外部设备等各个部件之间都有单独的连接线路。这种结构可以获得最高的连接速度，但是不易扩展。

23. 通常所说的 I/O 设备是指(　　)。

A. 输入输出设备　　B. 通信设备　　C. 网络设备　　D. 控制设备

【解析】答案 A。I/O 设备就是指输入输出设备。

24. 一般计算机硬件系统的主要组成部件有五大部分，下列选项中不属于这五部分的是(　　)。

A. 输入设备和输出设备　　B. 软件

C. 运算器　　D. 控制器

【解析】答案 B。计算机硬件系统是由运算器、控制器、存储器、输入设备和输出设备五大部分组成的。

25. 下列各组设备中，全部属于输入设备的一组是(　　)。

A. 键盘、磁盘和打印机　　B. 键盘、扫描仪和鼠标

C. 键盘、鼠标和显示器　　D. 硬盘、打印机和键盘

【解析】答案 B。输入设备包括键盘、鼠标、扫描仪、外存储器等；输出设备包括显示器、打印机、绘图仪、音响、外存储器等。外存储器既属于输出设备又属于输入设备。

26. CPU 中有一个程序计数器(又称指令计数器)，它用于存储(　　)。

A. 正在执行的指令的内容　　B. 下一条要执行的指令的内容

C. 正在执行的指令的内存地址　　D. 下一条要执行的指令的内存地址

【解析】答案 D。为了保证程序能够连续地执行下去，CPU 必须具有某些手段来确定下一条指令的地址。而程序计数器正是起到这种作用，所以通常又称为指令计数器。在程序开始执行前，必须将它的起始地址，即程序的一条指令所在的内存单元地址送入 PC，因此程序计数器(PC)的内容即是从内存提取的第一条指令的地址。

27. 下列关于系统软件的四条叙述中，正确的一条是(　　)。

A. 系统软件与具体应用领域无关

B. 系统软件与具体硬件逻辑功能无关

C. 系统软件是在应用软件基础上开发的

D. 系统软件并不是具体提供人机界面

【解析】答案 A。系统软件和应用软件组成了计算机软件系统的两个部分。系统软件主要包括操作系统、语言处理系统、系统性能检测和实用工具软件等。

28. 通常用 MIPS 为单位来衡量计算机的性能，它指的是计算机的(　　)。

A. 传输速率　　B. 存储容量　　C. 字长　　D. 运算速度

【解析】答案 D。MIPS 表示计算机每秒处理的百万级的机器语言指令数，是表示计算机运算速度的单位。

29. 计算机运算部件一次能同时处理的二进制数据的位数称为(　　)。

A. 位　　B. 字节　　C. 字长　　D. 波特

【解析】答案 C。字长是指计算机一次能直接处理的二进制数据的位数，字长越长，计算机的整体性能越强。

30. 在计算机术语中，bit 的中文含义是(　　)。

A. 位　　B. 字节　　C. 字　　D. 字长

【解析】答案 A。计算机中最小的数据单位称为位，英文名是 bit。

31. 计算机的发展趋势是(　　)、微型化、网络化和智能化。

A. 大型化　　B. 小型化　　C. 精巧化　　D. 巨型化

【解析】答案 D。计算机未来的发展趋势是巨型化、微型化、网络化和智能化。

32. 核爆炸和地震灾害之类的仿真模拟，其应用领域是(　　)。

A. 计算机辅助　　B. 科学计算　　C. 数据处理　　D. 实时控制

【解析】答案 A。计算机辅助的重要两个方面就是计算机模拟和仿真。核爆炸和地震灾害的模拟都可以通过计算机来实现，从而帮助科学家进一步认识被模拟对象的特征。

33. 专门为某种用途而设计的计算机，称为(　　)计算机。

A. 专用　　B. 通用　　C. 特殊　　D. 模拟

【解析】答案 A。专用计算机是专门为某种用途而设计的特殊计算机。

34. 下列四条叙述中，正确的一条是(　　)。

A. 假若 CPU 向外输出位 20 地址，则它能直接访问的存储空间可达 1MB

B. PC 机在使用过程中突然断电，SRAM 中存储的信息不会丢失

C. PC 机在使用过程中突然断电，DRAM 中存储的信息不会丢失

D. 外存储器中的信息可以直接被 CPU 处理

【解析】答案 A。RAM 中的数据一旦断电就会消失，外存中信息要通过内存才能被计算机处理。

35. 计算机软件系统包括(　　)。

A. 系统软件和应用软件　　B. 程序及其相关数据

C. 数据库及其管理软件　　D. 编译系统和应用软件

【解析】答案 A。计算机软件系统分为系统软件和应用软件两种，系统软件又分为操作系统、语言处理程序和服务程序。

36. Word 字处理软件属于(　　)。

A. 管理软件　　B. 网络软件　　C. 应用软件　　D. 系统软件

【解析】答案 C。应用软件是指人们为解决某一实际问题，达到某一应用目的而编制的程序。图形处理软件、字处理软件、表格处理软件等属于应用软件。Word 是字处理软件，属于应用软件。

37. 计算机最主要的工作特点是(　　)。

A. 有记忆能力　　B. 高精度与高速度

C. 可靠性与可用性　　D. 存储程序与自动控制

【解析】答案 D。计算机的主要工作特点是将需要进行的各种操作以程序方式存储，并在它的指挥、控制下自动执行其规定的各种操作。

38. 操作系统的功能是(　　)。

A. 将源程序编译成目标程序

B. 负责诊断计算机的故障

C. 控制和管理计算机系统的各种硬件和软件资源的使用

D. 负责外设与主机之间的信息交换

【解析】答案 C。操作系统是控制和管理计算机硬件和软件资源并为用户提供方便的操作环境的程序集合。

39. (　　)是一种符号化的机器语言。

A. C 语言　　B. 汇编语言　　C. 机器语言　　D. 计算机语言

【解析】答案 B。汇编语言是用能反映指令功能的助记符描述的计算机语言，也称符号语言，实际上是一种符号化的机器语言。

40. 计算机硬件能够直接识别和执行的语言是(　　)。

A. C 语言　　B. 汇编语言　　C. 机器语言　　D. 符号语言

【解析】答案 C。机器语言是计算机唯一可直接识别并执行的语言，不需要任何解释。

41. 计算机病毒是指(　　)。

A. 编制有错误的计算机程序　　B. 设计不完善的计算机程序

C. 已被破坏的计算机程序　　D)以危害系统为目的的特殊计算机程序

【解析】答案 D。计算机病毒是指编制或者在计算机程序中插入的破坏计算机功能或者破坏数据，影响计算机使用并且能够自我复制的一组计算机指令或者程序代码。

42. 计算机病毒破坏的主要对象是(　　)。

A. 优盘　　B. 磁盘驱动器　　C. CPU　　D. 程序和数据

【解析】答案 D。计算机病毒主要破坏的对象是计算机的程序和数据。

43. 相对而言，下列类型的文件中，不易感染病毒的是(　　)。

A. *.txt　　B. *.doc　　C. *.com　　D. *.exe

【解析】答案 A。计算机易感染病毒的文件：.com 文件、.exe 文件、.sys 文件、.doc 文件、.dot文件，不易感染病毒的文件：文本文件即.txt 类型的文件。

44. 下列选项中，不属于计算机病毒特征的是(　　)。

A. 破坏性　　B. 潜在性　　C. 传染性　　D. 免疫性

【解析】答案 D。计算机病毒的特征：寄生性、传染性、隐蔽性、破坏性和可激发性。

45. 将高级语言编写的程序翻译成机器语言程序，采用的两种翻译方法是(　　)。

A. 编译和解释　　B. 编译和汇编　　C. 编译和链接　　D. 解释和汇编

【解析】答案 A。计算机不能直接识别并执行高级语言编写的源程序，必须借助另外一个翻译程序对它进行翻译，把它变成目标程序后，机器才能执行，在翻译过程中通常采用两种方式：解释和编译。

46. 以下关于流媒体技术的说法中，错误的是（　　）。

A. 实现流媒体需要合适的缓存　　B. 媒体文件全部下载完成才可以播放

C. 流媒体可用于在线直播等方面　　D. 流媒体格式包括 asf、rm、ra 等

【解析】答案 B。流媒体指的是一种媒体格式，它采用流式传输方式在因特网播放。流式传输时，音/视频文件由流媒体服务器向用户计算机连续、实时地传送。用户无需等整个文件都下载完才观看，即可以“边下载边播放”。

47. 下列有关计算机网络的说法错误的是（　　）。

A. 组成计算机网络的计算机设备是分布在不同地理位置的多台独立的“自治计算机”

B. 共享资源包括硬件资源和软件资源以及数据信息

C. 计算机网络提供资源共享的功能

D. 计算机网络中，每台计算机核心的基本部件，如 CPU、系统总线、网络接口等都要求存在，但不一定独立

【解析】答案 D。计算机网络中的计算机设备是分布在不同地理位置的多台独立的计算机。每台计算机核心的基本部件，如 CPU、系统总线、网络接口等都要求存在并且独立，从而使得每台计算机可以联网使用，也可以脱离网络独立工作。

48. 计算机网络最突出的优点是（　　）。

A. 运算速度快　　B. 存储容量大　　C. 运算容量大　　D. 可以实现资源共享

【解析】答案 D。计算机网络的主要功能是数据通信和共享资源。数据通信是指计算机网络中可以实现计算机与计算机之间的数据传送。共享资源包括共享硬件资源、软件资源和数据资源。

49. 因特网上的服务都是基于某一种协议的，Web 服务是基于（　　）。

A. SMTP 协议　　B. SNMP 协议　　C. HTTP 协议　　D. TELNET 协议

【解析】答案 C。Web 是建立在客户机/服务器模型之上的，以 HTTP 协议为基础。

50. 在 Internet 中完成从域名到 IP 地址或者从 IP 地址到域名转换的是（　　）服务。

A. DNS　　B. FTP　　C. WWW　　D. ADSL

【解析】答案 A。在 Internet 上域名与 IP 地址之间是一一对应的，域名虽然便于人们记忆，但机器之间只能互相认识 IP 地址，它们之间的转换工作称为域名解析。域名解析需要由专门的域名解析服务器来完成，DNS 就是进行域名解析的服务器。

51. 在一间办公室内要实现所有计算机联网，一般应选择（　　）网。

A. GAN　　B. MAN　　C. LAN　　D. WAN

【解析】答案 C。局域网一般位于一个建筑物或一个单位内，局域网在计算机数量配置上没有太多的限制，少的可以只有两台，多的可达几百台。一般来说在企业局域网中，工作站的数量在几十台到两百台左右。

52. 调制解调器的功能是（　　）。

A. 将数字信号转换成模拟信号　　B. 将模拟信号转换成数字信号

C. 将数字信号转换成其他信号　　D. 在数字信号与模拟信号之间进行转换

【解析】答案 D。调制解调器(即 Modem)是计算机与电话线之间进行信号转换的装置,由调制器和解调器两部分组成,调制器是把计算机的数字信号(如文件等)调制成可在电话线上传输的模拟信号(如声音信号)的装置,在接收端,解调器再把模拟信号(声音信号)转换成计算机能接收的数字信号。通过调制解调器和电话线可以实现计算机之间的数据通信。

53. 所有与 Internet 相连接的计算机必须遵守的一个共同协议是(　　)。

A. http　　B. IEEE 802.11　　C. TCP/IP　　D. IPX

【解析】答案 C。TCP/IP 协议叫做传输控制/网际协议,又叫网络通信协议,这个协议是 Internet 国际互联网的基础。TCP/IP 是网络中使用的基本的通信协议。

54. 下列关于使用 FTP 下载文件的说法中错误的是(　　)。

A. FTP 即文件传输协议

B. 使用 FTP 协议在因特网上传输文件,这两台计算必须使用同样的操作系统

C. 可以使用专用的 FTP 客户端下载文件

D. FTP 使用客户/服务器模式工作

【解析】答案 B。FTP(File Transfer Protocal)是文件传输协议的简称。使用 FTP 协议的两台计算机无论是位置相距多远,各自用的是什么操作系统,也无论它们使用的是什么方式接入因特网,它们之间都能进行文件传输。

55. HTML 的正式名称是(　　)。

A. Internet 编程语言　　B. 超文本标记语言

C. 主页制作语言　　D. WWW 编程语言

【解析】答案 B 。HTML 是 Hyper Text Markup Language 的简称,是超文本标记语言,是用于编写和格式化网页的代码。

56. 下列有关 Internet 的叙述中,错误的是(　　)。

A. 万维网就是因特网　　B. 因特网上提供了多种信息

C. 因特网是计算机网络的网络　　D. 因特网是国际计算机互联网

【解析】答案 A。因特网(Internet)是通过路由器将世界不同地区、不同规模的网络相互连接起来的大型网络,是全球计算机的互联网,属于广域网,它信息资源丰富。而万维网是因特网上多媒体信息查询工具,是因特网上发展最快和使用最广的服务。

57. 下列不属于网络拓扑结构形式的是(　　)。

A. 星型　　B. 环型　　C. 总线型　　D. 分支型

【解析】答案 D 。计算机网络的拓扑结构是指网上计算机或设备与传输媒介形成的结点与线的物理构成模式。计算机网络的拓扑结构主要有:总线型结构、星型结构、环型结构、树型结构和混合型结构。

58. 计算机网络按地理范围可分为(　　)。

A. 广域网、城域网和局域网　　B. 因特网、城域网和局域网

C. 广域网、因特网和局域网　　D. 因特网、广域网和对等网

【解析】答案 A。计算机网络有两种常用的分类方法:①按传输技术进行分类可分为广播式网络和点到点式网络。② 按地理范围进行分类可分为局域网(LAN)、城域网(MAN)和广域网(WAN)。

附录 4　全国计算机等级考试二级 MS Office 高级应用基础知识题及答案解析

1. 下列叙述中正确的是(　　)。

A. 有两个指针域的链表一定是二叉树的存储结构

B. 有多个指针域的链表一定是非线性结构

C. 有多个指针域的链表有可能是线性结构

D. 只有一个根结点的数据结构一定是线性结构

【解析】答案 C。一个非空的数据结构如果满足以下两个条件:有且只有一个根节点;每一个节点最多有一个前件,也最多有一个后件,称为线性结构,又称为线性表。双向链表节点有两个指针域,指向前一个节点的指针和指向后一个节点的指针,但它是线性结构,A、B 选项错误。树只有一个根节点,但它是一种简单的非线性结构,D 选项错误。

2. 设栈的存储空间为 S(1:50),初始状态为 top=0。现经过一系列正常的入栈与退栈操作后,top=30,则栈中的元素个数为(　　)。

A. 31　　　　B. 30　　　　C. 20　　　　D. 19

【解析】答案 B。栈是一种特殊的线性表,它所有的插入与删除都限定在表的同一端进行。入栈运算即在栈顶位置插入一个新元素,退栈运算即取出栈顶元素赋予指定变量。栈为空时,栈顶指针 top=0,经过入栈和退栈运算,指针始终指向栈顶元素。初始状态为 top=0,当 top=30 时,元素依次存储在单元 0:29 中,个数为 30。

3. 某二叉树的前序遍历序列为 ABCDE ,中序遍历序列为 CBADE,则后序遍历序列为(　　)。

A. CBADE　　　　B. EDABC　　　　C. CBEDA　　　　D. EDCBA

【解析】答案 C。前序序列为 ABCDE,可知 A 为根节点。中序序列为 CBADE,可知 C 和 B 均为左子树节点,D、E 为右子树节点。由前序序列 BC,中序序列 CB,可知 B 为根节点,C 为 B 的左子树节点。由前序序列 DE,中序序列 DE,可知 D 为根节点,E 为 D 的右子树节点。故后序序列为 CBEDA。

4. 设顺序表的长度为 n。下列算法中,最坏情况下比较次数小于 n 的是(　　)。

A. 寻找最大项　　　　B. 堆排序　　　　C. 快速排序　　　　D. 顺序查找法

【解析】答案 A。在顺序表中查找最大项,最坏情况比较次数为 n-1;顺序查找法最坏情况下比较次数为 n。快速排序在最坏情况下需要进行 n(n-1)/2 次比较、堆排序需要进行 nlog2n 次比较,这两种方法无法确定比较次数是否小于 n。

5. 设栈的顺序存储空间为 S(1:m),初始状态为 top=m+1。现经过一系列正常的入栈与退栈操作后,top=0,则栈中的元素个数为(　　)。

A. 不可能　　B. m+1　　C. 1　　D. m

【解析】答案 A。栈为空时，栈顶指针 top=0，经过入栈和退栈运算，指针始终指向栈顶元素，栈满时，top=m。初始状态为 top=m+1 是不可能的。

6. 某二叉树的后序遍历序列与中序遍历序列相同，均为 ABCDEF ，则按层次输出(同一层从左到右)的序列为(　　)。

A. FEDCBA　　B. CBAFED　　C. DEFCBA　　D. ABCDEF

【解析】答案 A。二叉树的中序遍历序列和后序遍历序列均为 ABCDEF，可知该树只有左子树节点，没有右子树节点，F 为根节点。中序遍历序列与后序遍历序列相同说明该树只有左子树没有右子树，因此该树有 6 层，从顶向下从左向右依次为 FEDCBA。

7. 循环队列的存储空间为 Q(1:200)，初始状态为 front=rear=200。经过一系列正常的入队与退队操作后，front=rear=1，则循环队列中的元素个数为(　　)。

A. 0 或 200　　B. 1　　C. 2　　D. 199

【解析】答案 A。循环队列是队列的一种顺序存储结构，用队尾指针 rear 指向队列中的队尾元素，用排头指针 front 指向排头元素的前一个位置。入队运算时，队尾指针进 1(即 rear+1)，然后在 rear 指针指向的位置插入新元素；退队运算时，排头指针进 1(即 front+1)，然后删除 front 指针指向的位置上的元素。当 front=rear=1 时可知队列空或者队列满，此队列里有 0 个或者 200 个元素。

8. 软件设计一般划分为两个阶段，两个阶段依次是(　　)。

A. 总体设计(概要设计)和详细设计

B. 算法设计和数据设计

C. 界面设计和结构设计

D. 数据设计和接口设计

【解析】答案 A。在系统比较复杂的情况下，软件设计阶段可分解成概要设计阶段和详细设计阶段。编写概要设计说明书、详细设计说明书和测试计划初稿，提高评审率。

9. 结构化程序设计强调(　　)。

A. 程序的易读性　　B. 程序的效率　　C. 程序的规模　　D. 程序的可复用性

【解析】答案 A。由于软件危机的出现，人们开始研究程序设计方法，结构化程序设计的重要原则是顶向下、逐步求精、模块化及限制使用 goto 语句。这样使程序易于阅读，利于维护。

10. 下面不属于系统软件的是(　　)。

A. 杀毒软件　　B. 操作系统　　C. 编译程序　　D. 数据库管理系统

【解析】答案 A。软件按功能可分为应用软件、系统软件和支撑软件。应用软件是为了解决特定领域的应用而开发的软件。系统软件是计算机管理自身资源，提高计算机使用效率并服务于其他程序的软件。杀毒软件属于应用软件。

11. E-R 图中用来表示实体的图形是(　　)。

A. 矩形　　B. 三角形　　C. 菱形　　D. 椭圆形

【解析】答案 A。在 E-R 图中实体集用矩形表示，属性用椭圆表示，联系用菱形表示。

12. 在关系表中，属性值必须是另一个表主键的有效值或空值，这样的属性是(　　)。

A. 外键　　B. 候选键　　C. 主键　　D. 以上三项均不是

【解析】答案 A。二维表中的一行称为元组。候选键(码)是二维表中能唯一标识元组的最小属性集。若一个二维表有多个候选码，则选定其中一个作为主键(码)供用户使用。表 M 中的某属性集是表 N 的候选键或者主键，则称该属性集为表 M 的外键(码)。

13. 设栈的顺序存储空间为 S(1:m)，初始状态为 top=0。现经过一系列正常的入栈与退栈操作后，top=m+1，则栈中的元素个数为(　　)。

A. 不可能　　B. m+1　　C. 0　　D. m

【解析】答案 A。栈为空时，栈顶指针 top=0，经过入栈和退栈运算，指针始终指向栈顶元素，栈满时，top=m。初始状态为 top=m+1 是不可能的。

14. 下列排序法中，最坏情况下时间复杂度最小的是(　　)。

A. 堆排序　　B. 快速排序　　C. 希尔排序　　D. 冒泡排序

【解析】答案 A。堆排序最坏情况时间下的时间复杂度为 O(nlog2n)；希尔排序最坏情况时间下的时间复杂度为 $O(n^{1.5})$；快速排序、冒泡排序最坏情况时间下的时间复杂度为 $O(n^2)$。

15. 某二叉树的前序遍历序列与中序遍历序列相同，均为 ABCDEF ，则按层次输出(同一层从左到右)的序列为(　　)。

A. ABCDEF　　B. BCDEFA　　C. FEDCBA　　D. DEFABC

【解析】答案 A。二叉树的中序遍历序列和前序遍历序列均为 ABCDEF，可知该树只有右子树节点，没有左子树节点，A 为根节点。中序遍历序列与前序遍历序列相同说明该树只有右子树没有左子树，因此该树有 6 层，从顶向下从左向右依次为 ABCDEF。

16. 下列叙述中正确的是(　　)。

A. 对数据进行压缩存储会降低算法的空间复杂度

B. 算法的优化主要通过程序的编制技巧来实现

C. 算法的复杂度与问题的规模无关

D. 数值型算法只需考虑计算结果的可靠性

【解析】答案 A。算法的空间复杂度指执行这个算法所需要的内存空间。在许多实际问题中，为了减少算法所占的存储空间，通常采用压缩存储技术，以便尽量减少不必要的额外空间。由于在编程时要受到计算机系统运行环境的限制，因此，程序的编制通常不可能优于算法的设计。算法执行时所需要的计算机资源越多算法复杂度越高，因此算法的复杂度和问题规模成正比。算法设计时要考虑算法的复杂度，问题规模越大越是如此。

17. 软件需求规格说明的内容应包括(　　)。

A. 软件的主要功能　B. 算法详细设计　C. E-R 模型　D. 软件总体结构

【解析】答案 A。软件需求规格说明应重点描述软件的目标，软件的功能需求、性能需求、外部接口、属性及约束条件等。

18. 软件是(　　)。

A. 程序、数据和文档的集合　　B. 计算机系统

C. 程序　　D. 程序和数据

【解析】答案 A。计算机软件是计算机系统中与硬件相互依存的另一部分，是包括程序、数据及相关文档的完整集合。

19. 关系数据库规范化的目的是为了解决关系数据库中的(　　)。

A. 插入、删除异常及数据冗余问题

B. 查询速度低的问题

C. 数据操作复杂的问题

D. 数据安全性和完整性保障的问题

【解析】答案 A。关系数据库进行规范化的目的:使结构更合理,消除存储异常,使数据冗余尽量小,便于插入、删除和更新。关系模式进行规范化的原则:遵从概念单一化"一事一地"原则,即一个关系模式描述一个实体或实体间的一种联系。规范的实质就是概念的单一化。关系模式进行规范化的方法:将关系模式投影分解成两个或两个以上的关系模式。

20. 按照传统的数据模型分类,数据库系统可分为(　　)。

A. 层次、网状和关系　　B. 大型、中型和小型

C. 西文、中文和兼容　　D. 数据、图形和多媒体

【解析】答案 A。数据模型(逻辑数据模型)是面向数据库系统的模型,着重于在数据库系统一级的实现。较为成熟并先后被人们大量使用的数据模型有层次模型、网状模型、关系模型和面向对象模型。

21. 某带链的队列初始状态为 front=rear=NULL。经过一系列正常的入队与退队操作后,front=rear=10。该队列中的元素个数为(　　)。

A. 1　　B. 0　　C. 1 或 0　　D. 不确定

【解析】答案 A。往队列的队尾插入一个元素为入队,从队列的排头删除一个元素称为退队。初始时 front=rear=0,front 总是指向队头元素的前一位置,入队一次 rear+1,退队一次 front+1。队列队头队尾指针相同时队列为空。而带链的队列,由于每个元素都包含一个指针域指向下一个元素,当带链队列为空时 front=rear=Null,插入第 1 个元素时,rear+1 指向该元素;front+1 也指向该元素;插入第 2 个元素时 rear+1,front 不变;删除 1 个元素时 front+1。即 front=rear 不为空时带链的队列中只有一个元素。

22. 下面叙述中正确的是(　　)。

A. 软件是程序、数据及相关文档的集合

B. 软件中的程序和文档是可执行的

C. 软件中的程序和数据是不可执行的

D. 软件是程序和数据的集合

【解析】答案 A。计算机软件是计算机系统中与硬件相互依存的另一部分,是包括程序、数据及相关文档的完整集合。其中,程序是软件开发人员根据用户需求开发的、用程序设计语言描述的、适合计算机执行的指令(语句)序列。数据是使程序能正常操纵信息的数据结构。文档是与程序开发、维护和使用有关的图文资料。可见软件由两部分组成:一是机器可执行的程序和数据;二是机器不可执行的,与软件开发、运行维护、使用等有关的文档。

23. 下面对"对象"概念描述错误的是(　　)。

A. 对象不具有封装性

B. 对象是属性和方法的封装体

C. 对象间的通信是靠消息传递

D. 一个对象是其对应类的实例

【解析】答案 A。面向对象基本方法的基本概念有对象、类和实例、消息、继承与多态性。对象的特点有标识唯一性、分类性、多态性、封装性、模块独立性。数据和操作(方法)等可以封

装成一个对象。类是关于对象性质的描述，而对象是对应类的一个实例。多态性指同样的消息被不同的对象接收时可导致完全不同的行为。

24. 一名员工可以使用多台计算机，每台计算机只能由一名员工使用，则实体员工和计算机间的联系是(　　)。

A. 一对多　　B. 多对多　　C. 多对一　　D. 一对一

【解析】答案 A。因为一名员工可以使用多台计算机，而一台计算机只能被一名员工使用，所以员工和计算机两个实体之间是一对多的关系。

25. 第二范式是在第一范式的基础上消除了(　　)。

A. 非主属性对键的部分函数依赖

B. 非主属性对键的传递函数依赖

C. 非主属性对键的完全函数依赖

D. 多值依赖

【解析】答案 A。目前关系数据库有六种范式：第一范式(1NF)、第二范式(2NF)、第三范式(3NF)、Boyce－Codd 范式(BCNF)、第四范式(4NF)和第五范式(5NF)。满足最低要求的范式是第一范式(1NF)。在第一范式的基础上进一步满足更多要求的称为第二范式(2NF)，其余范式以次类推。一般说来，数据库只需满足第三范式(3NF)就行了。第一范式：主属性(主键)不为空且不重复，字段不可再分(存在非主属性对主属性的部分依赖)。第二范式：如果关系模式是第一范式，每个非主属性都没有对主键的部分依赖。第三范式：如果关系模式是第二范式，没有非主属性对主键的传递依赖和部分依赖。BCNF 范式：所有属性都不传递依赖于关系的任何候选键。

26. 下列叙述中正确的是(　　)。

A. 有的二叉树也能用顺序存储结构表示

B. 有两个指针域的链表就是二叉链表

C. 多重链表一定是非线性结构

D. 顺序存储结构一定是线性结构

【解析】答案 A。树是一种简单的非线性结构。对于满二叉树和完全二叉树来说，根据完全二叉树的性质 6，可以按层序进行顺序存储，即有的二叉树可以用顺序存储结构表示，也说明顺序存储结构不一定是线性结构。双向链表和二叉链表都有两个指针域。

27. 设二叉树共有 375 个节点，其中度为 2 的节点有 187 个，则度为 1 的节点个数是(　　)。

A. 0　　B. 1

C. 188　　D. 不可能有这样的二叉树

【解析】答案 A。根据二叉树的性质 3，对任何一棵二叉树，度为 0 的节点(即叶子节点)总是比度为 2 的节点多一个，因此本题中度为 0 的节点个数为 187＋1＝188，则度为 1 的节点个数为 375－187－188＝0。

28. 某带链的队列初始状态为 front＝rear＝NULL。经过一系列正常的入队与退队操作后，front＝10，rear＝5。该队列中的元素个数为(　　)。

A. 不确定　　B. 5　　C. 4　　D. 6

【解析】答案 A。在链式存储方式中，每个节点有两部分组成，一部分为数据域，一部分为指针域，front＝rear 时说明只有一个元素，其他情况无法判断。

29. 某二叉树的前序序列为 ABDFHCEG，中序序列为 HFDBACEG。该二叉树按层次输出(同一层从左到右)的序列为(　　)。

A. ABCDEFGH　　B. HFDBGECA　　C. HGFEDCBA　　D. ACEGBDFH

【解析】答案 A。

30. 下面对“对象”概念描述正确的是(　　)。

A. 操作是对象的动态属性　　B. 属性就是对象

C. 任何对象都必须有继承性　　D. 对象是对象名和方法的封装体

【解析】答案 A。面向对象方法中的对象是由描述该对象属性的数据以及可以对这些数据施加的所有操作封装在一起构成的统一体。对象有下面一些特性:标识唯一性、分类性、多态性、封装性、模块独立性强。继承是使用已有的类定义作为基础建立新类的定义技术。

31. 在数据库的三级模式中，可以有任意多个(　　)。

A. 外模式(用户模式)　　B. 模式

C. 内模式(物理模式)　　D. 概念模式

【解析】答案 A。数据库系统在其内部分为三级模式，即概念模式、内模式和外模式。概念模式是数据库系统中全局数据逻辑结构的描述，是全体用户的公共数据视图。外模式也称子模式或者用户模式，是用户的数据视图，也就是用户所能够看见和使用的局部数据的逻辑结构和特征的描述，是与某一应用有关的数据的逻辑表示。内模式又称物理模式，是数据物理结构和存储方式的描述，是数据在数据库内部的表示方式。一个概念模式可以有若干个外模式，每个用户只关心与他有关的模式。

32. 某图书集团数据库中有关系模式 R(书店编号，书籍编号，库存数量，部门编号，部门负责人)，其中要求：

(1)每个书店的每种书籍只在该书店的一个部门销售；

(2)每个书店的每个部门只有一个负责人；

(3)每个书店的每种书籍只有一个库存数量。

则关系模式 R 最高是(　　)。

A. 2NF　　B. 1NF　　C. 3NF　　D. BCNF

【解析】答案 A。(书店编号，书籍编号)→部门编号，(书店编号，部门编号)→部门负责人，(书店编号，书籍编号)→库存数量。因为 R 中存在着非主属性“部门负责人”对候选码(书店编号，书籍编号)的传递函数依赖，所以 R 属于 2NF。

33. 下列叙述中正确的是(　　)。

A. 解决一个问题可以有不同的算法，且它们的时间复杂度可以是不同的

B. 解决一个问题可以有不同的算法，但它们的时间复杂度必定是相同的

C. 解决一个问题的算法是唯一的

D. 算法的时间复杂度与计算机系统有关

【解析】答案 A。解决一个问题可以有不同的算法，不同的算法的时间复杂度不尽相同。算法的时间复杂度是指执行算法所需要的计算机工作量，而算法的计算机工作量是用算法所执行的基本运算次数来度量的。算法所执行的基本运算次数和问题的规模有关，也可以说是待处理的数据状态。

34. 设表的长度为 n。下列查找算法中，在最坏情况下，比较次数最少的是(　　)。

A. 有序表的二分查找

B. 顺序查找

C. 寻找最大项

D. 寻找最小项

【解析】答案 A。顺序查找和寻找最大项、最小项在最坏情况下比较次数为 n。对于长度为 n 的有序线性表，在最坏情况下，二分法查找只需要比较 log2n 次。

35. 设一棵树的度为 3，其中没有度为 2 的节点，且叶子节点数为 5。该树中度为 3 的节点数为(　　)。

A. 2　　B. 1　　C. 3　　D. 不可能有这样的树

【解析】答案 A。在数结构中，一个节点所拥有的后件个数称为该节点的度，所有节点中的最大的度称为树的度。本题中，树的度为 3，没有度为 2 的节点，叶子节点数为 5。因此，根节点为度为 3，第二层的 3 个节点中有一个度为 3，共有 2 个度为 3 的节点。

36. 某二叉树的前序序列为 ABDFHCEG，中序序列为 HFDBACEG。该二叉树的后序序列为(　　)。

A. HFDBGECA　　B. ABCDEFGH　　C. HGFEDCBA　　D. ACEGBDFH

答案 A。

37. 下面对软件特点描述正确的是(　　)。

A. 软件是一种逻辑实体而不是物理实体

B. 软件不具有抽象性

C. 软件具有明显的制作过程

D. 软件的运行存在磨损和老化问题

【解析】答案 A。软件具有以下特点：软件是一种逻辑实体，而不是物理实体，具有抽象性；软件没有明显的制作过程；软件在运行、使用期间不存在磨损、老化问题；软件的开发、运行计算机系统具有依赖性；软件复杂性高，成本高昂；软件开发涉及诸多的社会因素。

38. 结构化程序设计风格强调的是(　　)。

A. 程序的易读性　　B. 程序的执行效率

C. 不考虑 goto 语句的限制使用　　D. 程序的可移植性

【解析】答案 A。良好的程序设计风格可以使程序结构清晰合理，程序代码便于维护。按结构化程序设计方法设计出的程序具有程序易于理解、使用和维护的特点。可见结构化程序设计风格强调的是易读性。

39. 一名员工可以使用多台计算机，每台计算机可由多名员工使用，则实体员工和计算机间的联系是(　　)。

A. 多对多　　B. 一对多　　C. 一对一　　D. 多对一

【解析】答案 A。因为一名员工可以使用多台计算机，而每台计算机可以被多名员工使用，所以员工和计算机两个实体之间是多对多的关系。

40. 下列叙述中错误的是(　　)。

A. 算法的时间复杂度与问题规模无关

B. 算法的时间复杂度与计算机系统无关

C. 算法的时间复杂度与空间复杂度没有必然的联系

D. 算法的空间复杂度与算法运行输出结果的数据量无关

【解析】答案 A。算法的时间复杂度是指执行算法所需要的计算机工作量，而算法的计算机工作量是用算法所执行的基本运算次数来度量的，算法所执行的基本运算次数和问题的规模有关。算法的空间复杂度指执行这个算法所需要的内存空间。为降低算法的空间复杂度，主要应减少输入数据所占的存储空间及额外空间，通常采用压缩存储技术。算法的时间复杂度与空间复杂度没有必然的联系。算法的空间复杂度与算法运行输出结果的数据量无关。

41. 设表的长度为 20，则在最坏情况下，冒泡排序的比较次数为（　　）。

A. 190　　　　B. 20　　　　C. 19　　　　D. 90

【解析】答案 A。对长度为 n 的线性表排序，在最坏情况下，冒泡排序需要比较的次数为 $n(n-1)/2$。本题中 $n=20$，$20\times(20-1)/2=190$。

42. 下列叙述中正确的是（　　）。

A. 带链栈的栈底指针是随栈的操作而动态变化的

B. 若带链队列的队头指针与队尾指针相同，则队列为空

C. 若带链队列的队头指针与队尾指针相同，则队列中至少有一个元素

D. 带链栈的栈底指针是固定的

【解析】答案 A。由于带链栈利用的是计算机存储空间中的所有空闲存储节点，因此随栈的操作栈顶栈底指针动态变化。带链的队列中若只有一个元素，则首尾指针相同。

43. 设一棵树的度为 3，共有 27 个节点，其中度为 3，2，0 的节点数分别为 4，1，10。该树中度为 1 的节点数为（　　）。

A. 12　　　　B. 13　　　　C. 11　　　　D. 不可能有这样的树

【解析】答案 A。在树形结构中，一个节点所拥有的后件个数称为该节点的度，所有节点中最大的度称为树的度。根据题意，度为 3 的树第 1 层 1 个根节点，第 2 层 3 个子节点，每个子节点下各 3 个子节点，所以第 3 层共 9 个子节点，前 3 层共 13 个节点。第 3 层有一个节点度为 2 即有 2 个子节点，本层其他节点各 1 个子节点；即第 4 层共 10 个节点。前 4 层共 23 个节点。第 4 层中的两个节点下各有一个子节点，即第 5 层有 2 个节点，此 2 个节点下各有一个子节点。第 3 层有 8 个度为 1 的节点，第 4 层有 2 个度为 1 的节点，第 5 层有 2 个度为 1 的节点，$8+2+2=12$。

44. 下面描述中正确的是（　　）。

A. 好的软件设计应是高内聚低耦合

B. 内聚性和耦合性无关

C. 内聚性是指多个模块间相互连接的紧密程度

D. 耦合性是指一个模块内部各部分彼此结合的紧密程度

【解析】答案 A。软件设计中模块划分应遵循的准则是高内聚低耦合、模块大小规模适当、模块的依赖关系适当等。模块的划分应遵循一定的要求，以保证模块划分合理，并进一步保证以此为依据开发出的软件系统可靠性强，易于理解和维护。模块之间的耦合应尽可能低，模块的内聚度应尽可能高。

45. 某系统总体结构如下图所示：

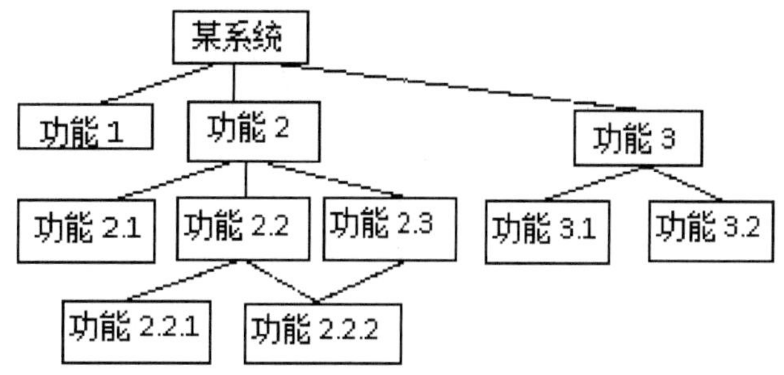

该系统结构图的最大扇出数、最大扇入数的总和是(　　)。

A. 5　　B. 7　　C. 4　　D. 8

【解析】答案 A。模块的扇出是指本模块的直属下层模块的个数。或者说是由一个模块直接调用的其他模块数。模块的扇入是指有多少个上级模块调用它。题干中某系统为一个模块,其扇出数目为 3,功能 2 模块扇出数为 3,功能 3 模块扇出数为 2,功能 2.2 扇出数目为 2,故最大扇出数为 3。功能 2.2.2 有 2 个上级模块调用,为最大扇入数为 3+2=5。

46. 下面属于应用软件的是(　　)。

A. 人事管理系统　　B. Oracle 数据库管理系统

C. C++编译系统　　D. ios 操作系统

【解析】答案 A。系统软件是管理计算机的资源,提高计算机的使用效率,为用户提供各种服务的软件,包括各种系统开发、维护工具软件。应用软件是为了应用于特定的领域而开发的软件。人事管理系统属于应用软件。Oracle 数据库管理系统、C++编译系统、ios 操作系统是系统软件。

47. 下面选项中不是关系数据库基本特征的是(　　)。

A. 不同的列应有不同的数据类型

B. 不同的列应有不同的列名

C. 与行的次序无关

D. 与列的次序无关

【解析】答案 A。二维表由每行数据组成,每行数据包含若干属性值,每个属性都有指定的类型和取值范围。数据行数是有限的,每行数据互不相同(元组唯一性),每行的次序可以任意交换(元组的次序无关性);表中属性名各不相同即字段名不重复,属性名(字段名)次序可任意交换。

48. 工厂生产中所需的零件可以存放在多个仓库中,而每一仓库中可存放多种零件,则实体仓库和零件间的联系是(　　)。

A. 多对多　　B. 一对多　　C. 多对一　　D. 一对一

【解析】答案 A。零件可以存放在多个仓库中,而每一仓库中可存放多种零件,则实体仓库和零件间的联系是多对多。